The Essence of Software
Why Concepts Matter for Great Design

優れたデザインにとってコンセプトが重要な理由

使いやすく安心なソフトウェアを作るために

Daniel Jackson 著
中島 震 訳

丸善出版

原書献辞：両親に捧ぐ

The Essence of Software：**Why Concepts Matter for Great Design**

by

Daniel Jackson

Printed in Japan

訳者序文

本書はソフトウェアのデザインへの新しい考え方を論じています．デザインという言葉は，ソフトウェアシステムなど人が作るもの（人工物）に関して良く使われる名詞です．本書の使い方は通常とは少し違うのですが，動詞の形で意味を考えるとわかりやすいようです．策定する，考察する，計画する，といった意味です．じっくりと考えることですが，では，何を考えるのでしょうか．

ソフトウェア開発では，何（WHAT）を作るかと，如何にして（HOW）作るか，を分けて考えます．WHATは顧客の期待や要求を表すもので，作り手（HOW）の都合で歪めては困るからです．一方，開発で重要なことは，最終成果物がWHATを忠実に実現していることです．この開発者視点に立つ製品品質だけでソフトウェアの品質を考えることはできません．ユーザが感じる利用時の品質は，WHATとして整理した機能・振舞いに依存します．ソフトウェアシステムに限らず一般に人工物は，達成する目的が何かあって作られます．何故（WHY）開発するのか，といって良いでしょう．

本書は，WHYを明確にすることが，利用時の品質の本質的な側面であるとし，WHATと同じ抽象レベルで整理した機能・振舞いをコンセプトと呼びます．コンセプトの目的を明らかにし，ブレなく一貫した思想の下にデザインすることで，ユーザにとっても開発者にとってもわかりやすいソフトウェアシステムを得ることが可能になる，という考え方です．本書では，ソフトウェアに関わる通常の言葉を使いながらも，独自の意味を与えているのですが，ソフトウェア分野の歴史的な発展経緯を振り返りながら，用語の使い方を慎重に説明します．

本書の主題には，ソフトウェア開発でプログラミングに至る前の作業工程（開発の上流工程）について論じられてきた数多くの技術が関わります．関連研究の解説が混在して本書の中心テーマがぼやけるのを避けようと，コンセプトの説明を中心とする本文と解説のノートを分離する構成になっています．ノートのいくつかは，特定テーマの技術解説です．専門性の高い学術論文としてのみ知ることができた内容も多々あります．ノートは，重要な研究成果を平易な言葉で説明するもので，ソフトウェア開発上流工程の技術の入門的な教材として使うことができます．

本書は，さまざまな立場の読者に，コンセプトがどのように役立つかも論じています．実際，ソフトウェアによるイノベーションを目指す顧客やシステム作りを担う開発者だけでなく，仲介役となるコンサルタントにとって，優れたソフトウェアシステムを形作る道具になると思えます．優れたソフトウェアのデザインを考える新しいタイプの本と言えるでしょう．

令和5年初夏

中島　震

本書の読み方

マイクロマニアは何事も可能な限り小さくしようとする人です．
この語は辞書に載っていないのですが．

—— Edouard de Pomiane『French Cooking in Ten Minutes』

コンセプトデザインは，複雑な技術を習得しなくても，ソフトウェアを使う人もデザインする人も，自身の仕事に生かせる簡潔なアイデアです．本書の例が示すコンセプトは，昔から知っているものばかりでしょう．ですから，本書を読んで，コンセプトはソフトウェアを考える自然で当たり前の方法で，直感的なアイデアの枠組みを体系的に学んだに過ぎない，と思われたなら，褒め言葉として受け止めたいと思います．

ですが，本書の根底にあるテーマが心に響き，親しみを覚えるとしても，多くの読者にとって，ソフトウェアに関するこの新しい考え方は，少なくとも最初は戸惑いを感じると思います．ソフトウェア設計者は長い間，概念モデルやその重要性を論じてきましたが，コンセプトがソフトウェアデザインの中心を占めたことはありません．すべてのソフトウェアアプリケーションやシステムがコンセプトから書き表されていたら，デザインはどのような姿形を示すのでしょうか．一体どのようなコンセプトなのでしょうか．コンセプトは，どのように構造化されるのでしょうか．そして，どのように組み合わされ，全体として製品を形作るでしょうか．

これらの疑問にできる限り答えようとしたことから，私の好みよりも長い本になってしまいました．この長さの問題を軽減しようと，読者ごとに希望に沿った道筋を辿れるように本書を構成しました．できるだけ早く実用的な内容に行き着きたい読者がいるでしょうし，より深く理解しようと，本筋から離れた回り道を厭わない読者もいるでしょう．以下のガイドが道筋を計画する助けになります．

対象読者

一言で言えば，本書はソフトウェア，デザイン，使いやすさに興味を持つすべての人を対象にしています．プログラマー，ソフトウェアアーキテクト，ユーザインタラクションデザイナー，コンサルタント，アナリスト，プログラムマネージャー，マーケティング，計算機科学の学生，教員，研究者などが興味を持ってくださるでしょう．あるいは，私のように，特定の方法でデザインされる理由や，あるデザインが成功する一方で他のデザインが完全に失敗する理由に考えを巡らし楽しむ人たちかもしれません．

本書は計算機科学やプログラミングの知識を前提にしていません．紹介する原則の多くは，ロジックを使って正確に表現することができるのですが，数学的な知識を必要としません．できるだけ幅広い読者が関心を持つように，ワープロからソーシャルメディアまで，よく使われているアプリを例として取り上げました．各々の読者にとって，わかりやすい例ばかりでなく，理解するのに相当な努力が必要な例もあるでしょう．本書を読むことで，よく理解しないまま使っているアプリを，しっかりと知り，使いこなせるようになればと願っています．

本書の目標

本書には互いに関連する3つの目標があります．1つ目は，ソフトウェア制作者がデザインの品質を向上させるのに直接適用可能な技法を紹介することです．本質的なコンセプトを特定し取り出して明確にし，明瞭かつ頑健なコンセプトにすることを支援し，開発の初期段階（製品の構想と形作り）から最終段階（ユーザとの詳細なやりとりの決定）まで，どの段階においても良いソフトウェアデザインができるようになります．

第2の目標は，ソフトウェアに対する新しい捉え方を提供し，ソフトウェアが単に絡み合った機能の塊ではなく，古典的なよく理解されたコンセプトから，新奇な特定用途のコンセプトを系統的な組み合わせたものと見られることです．この新しい視点に依ることで，開発者はより効果的に仕事に集中することができますし，ユーザはソフトウェアをより明瞭に理解しソフトウェアの潜在能力を最大限に活用できるようになります．

3つ目の最後の目標は，より幅広く，おそらくより簡単です．ソフトウェアアプリケーションやサービスの開発に携わる研究者や実務家のコミュニティに，ソフトウェアデザインが刺激的で知的かつ実質的な学問であると納得させることです．

ソフトウェアデザイン，特にユーザとのインターフェースに焦点を当てたデザインは，その重要性が認識されるようになったとはいえ，この数十年で関心が薄れてきました．その誤解の一因は，ユーザビリティの良し悪しの判断は主観的で（あるいは，ソフトウェアそのものよりもユーザに焦点を当てた，心理学的または社会学的な問いとして扱う方が良いので）あって，ソフトウェアのデザインが左右するものではないということです．

どんなに優れたデザインでもユーザテストによってのみ明らかになる欠点があるという考え方には適切な面もあるのですが，ソフトウェアの実務で，経験主義が高まりデザインの専門性を疑う人が多いことから，デザインに対する熱意が弱まったように思えます．ソフトウェアの使いやすさの向上策は経験則として表現されることが多く，豊かな理論に基づく原則を尊重しなくなり知的信頼が失われたというわけです．私は本書で，そのような原則ならびに理論が実際に存在することを示し，さらに発展および洗練の方策を求める人々を勇気づけたいと考えています．

選ぶべき道を選ぶ

目的に応じて，本書をさまざまな道筋で読み進めることができます．それには，本書がどのように構成され，各パートに何が書かれているかを知ることが役に立つでしょう．

第1部は，動機付けとなる3つの章からなります．**第1章**は前書きというべきもので，本書執筆の理由，私が関心を持った問題が他分野（ヒューマンコンピュータインタラクション，ソフトウェア工学，デザイン思考など）で議論されてこなかった理由を説明します．**第2章**は，コンセプトの最初の例と，コンセプトがユーザビリティに与える影響を説明し，コンセプトデザインがユーザエクスペリエンスのデザインレベルの最上位階層に位置することを説明します．**第3章**は，製品の差別化要因からデジタル変革の要に至るまで，コンセプトのさまざまな役割を概説します．

第2部は本書の核となる部分です．その最初の章（**第4章**）は，コンセプトとは何か，どのように構成すれば良いかを説明します．**第5章**は，コンセプトの目的が動機付けや指針になるという基本的な考え方を説明します．**第6章**は，単純だが強力な同期機構で合成されたコンセプトの組み合わせとして，アプリやシステムを理解する方法を紹介します．過剰な同期や同期の不足がユーザビリティを損なうこと，これまで複雑で不可分と思われていた機能が，異なる概念が相乗効果を持って融合したと理解できることを説明します．**第7章**は，コンセプトをユーザインタフェースにマッピングすることは必ずしも考えているほど簡単でないこと，時にデザイン上の問題点はコンセプトそのものではなくボタンやディスプレイによる実現に関わることを述べます．最後の章（**第8章**）は，ソフトウェア構造が，非常に高いレベルでは，相互に依存するコンセプトの集まりであるとする考え方を紹介します．これは，あるコンセプトが他に依存してはじめて正しく機能するということではありません．アプリを決めた時，特定のコンセプトの組み合わせだけが意味を持つということです．

第3部は，コンセプトデザインの3つの重要な原理，すなわち，コンセプトは具体的であること（目的と一対一），親しみやすいこと，そして，組み合わせ時にコンセプトの完全性を壊す状況（単独のコンセプトとして見るときに，そのコンセプト単独の仕様を満たさない振舞いに陥る状況）にならないことを，それぞれ独自の章で紹介します．

本書は，さまざまな役割を担う読者への問題提起で終わります．これらを本書の教訓のまとめ，あるいは，その後の実践の際に用いるチェックリストとして利用するのも良いでしょうし，本書の概要として最初に読むのも良いかもしれません．

最初から最も難しいところに飛び込みたい人は**第2部**からはじめ，**第1部**の動機の箇所を，学んだ考え方がどのように応用できるか要約した結論として読むことができるでしょう．各章の最後に，「本章から得られる教訓と実践」のまとめと，「今すぐ実践できること」が掲載されています．

実地踏査と余談

本書のほぼ半分はノート・注釈です．このように書いたのは，本文をできるだけ簡潔にしつつ，自分のアプローチを慎重に説明し，既存のデザイン理論との関連性を説明したかったからです．ですから，本文には関連研究の議論はなく（引用もなく），多くの微妙な点を無視し，デザインについての一般的な私の考えも省いています．

それを補うのが巻末のノートで，関連する研究を引用するだけでなく，関連事項をまとめて整理し，その意義の説明を試みています．また，コンセプトデザインの際立つ特徴を詳しく説明し，理解する上で必要な，より多くの背景知識（あるいは粘り強い理解）が必要な事例を紹介しています．また，例えば，経験主義の横行や，欠陥の除去にこだわる近視眼的な見方を非難したい気持ちが抑えられなくなると，せめて，自分勝手な言い草を注記に追いやることにしました．

ノートの引用は本文の適切な箇所に上付き数字で示しています．ここから10行後に最初のノートがあります．何度も行ったり来たりする煩わしさを避けようとして，ノートを独立したセクションにまとめ，それぞれにタイトルをつけました．それぞれ独立して読むことができ，また，好きな時に飛ばして読んでいただけます．

複数の索引

本書は1つの索引ではなく，事例の素材となったアプリケーション名の索引，コンセプト名索引，人名索引，一般的な用語索引の4つに分かれています．用語索引のコンセプトの各項目は，コンセプトの重要な性質をまとめ，巻末ノートのミニエッセイへの対応を示すので，特に，有用と思います．

注意事項：マイクロマニア作業中

『French Cooking in Ten Minutes』[1]の著者，De Pomianeは，序文で自分がマイクロマニアだと告白しています．私も同じ症状だと認めます．あるデザインが幾つもの事情が重なりあったことが理由で，失敗したとか，成功したとか，そんな話は聞きたくありません．仮にそうだとしても，そんな話が何の役に立つというのでしょう．私は本質を見極めたいのです．目も眩むような成功を収めた製品とか，会社全体を沈没させてしまったような決定的なデザイン上の決断そのものを指で差し示したいのです．

私は甘くは考えていないし，特に不具合原因を分析する際には，デザインが抱える複数の要因を認識することが才知縦横と知っています．ところが，それは過去の経験から教訓を導き出すのに良い方法ではありません．皆が「マイクロマニア」になる必要があり，ほんのわずかな部分に注目して有力な説明を探し求め，それを一般化することで長く広く応用可能な教訓を得るのです．悪魔は細部に宿り，天使もまた細部に宿ることにご注意ください．[2]

目　次

第 1 部　動　機

第 2 部　基　礎

第 3 部　原　則

リソース

第 *1* 部
動　機

第 *1* 章

本書執筆の理由

物理の学部生だった私は，世界は $F=ma$ のような単純な方程式でとらえられるという考えに魅了されました．プログラマーになり，その後計算機科学の研究者になった私は，形式手法の分野に引き寄せられました．形式手法は，ソフトウェアの本質を簡潔なロジックで表現することで，ソフトウェアの方程式を実現できると期待したからです．

デザインへの熱意

博士号取得後30年間の私の主な研究上の貢献は，ソフトウェアデザインを記述し自動解析する言語Alloy[3]です．刺激的でやりがいのある研究でしたが，そのうちに，ソフトウェアの本質はロジックや解析にはないと気づきました．私にとって本当に魅力的な問いかけは，形式手法の研究者の多くが抱く問題，つまり，プログラムの動作が仕様に正確に適合しているかどうかを検査する方法ではなく，デザインに関する問題だったのです．[4]

ここでいう「デザイン」は，他のデザイン分野での意味合いと同じで，人間のニーズを満たす人工物を形作ることです．建築家のChristopher Alexanderの言葉を借りれば，デザインとは，状況に適した構造を作り出すことです．ソフトウェアの場合は，その振舞いがどうあるべきか，どのようなコントロールを生み出すか，どのように反応するかを決めることを意味します．これらの問いには，正解や不正解があるわけではなく，程度の良し悪しがあるだけです．[5]

あるソフトウェア製品が自然に思える上に洗練されていて，基本さえ理解すれば予測通りに反応し，それぞれの機能を強力に組み合わせられる理由を知りたかったのです．そして，不必要な複雑さで溢れていたり，予想外の動作や一貫性のない動作をしたりするような製品をおかしいと感じる原因を突き止めたいのです．これらすべてを説明できる本質的な原理，ソフトウェアデザインの理論があるに違いない，と考えました．ソフトウェア製品が良いか悪いかの理由を説明できるようになるだけでなく，問題点を解消したり，最初から問題点を回避したりするのに役立つはずです．

計算機科学と他分野のデザイン

いろいろと調べました．私の専門分野（形式手法，ソフトウェア工学，プログラミング言語）には，プログラム構造のデザインと呼ばれる「内部設計」の理論があります．プログラマーには，表現力が豊な設計言語があり，良いデザインと悪いデザインを区別する基準が確立されています．しかし，ユーザ向けという意味でのソフトウェアデザイン，つまり，使用する状況の中で感じられるデザインについては言語も基準も存在しません．[6]

プログラムコードの内部設計は非常に重要で，ソフトウェアエンジニアがいうところの「保守性」に影響します．保守性とは，ニーズの進化に応じたプログラムコードの変更しやすさ（または変更しにくさ）のことです．また，実行性能や信頼性にも影響します．ところが，ソフトウェアアプリケーションやシステムの有用さとか，ユーザのニーズを満たしているかどうかを決めるのは，別のところ，機能やユーザとのインタラクションパターンを形作るソフトウェアデザインの中にあります．

この大きな問題が計算機科学の中心だったことがあります．ソフトウェア工学の分野では，ソフトウェアのデザイン・仕様・要求に関するワークショップで取り上げられました．また，ヒューマン・コンピュータ・インタラクション（HCI）の分野では，グラフィカル・ユーザインタフェースやユーザ行動モデルの初期の研究でよく見られました．[7]

ところが，時が経つにつれ，流行遅れになって衰退していきました．ソフトウェア工学の研究は狭くなり，テスティングやプログラム検証といった高度な手段で不具合を除去すること，つまり，ソフトウェア品質の代名詞となりました．[8] とはいっても，どうしようもないことがあります．ソフトウェアデザインが良くないと，ど

んなに不具合を取り除いても，最初に戻ってデザインそのものを直さない限り，解決できません.[9]

HCIの研究は，新しいインタラクションの技術，ツールやフレームワーク，ニッチな領域，そして他の学問（民族学や社会学など）に移りました．ソフトウェア工学とHCIはともに経験主義を積極的に取り入れましたが，それは経験主義が一目置かれるという誤った期待を抱いてのことでした．むしろ，具体的な評価方法が求められたことから，評価が容易な野心さに劣るプロジェクトに研究者を向かわせ，より大きく重要な問題の解決の進展を妨げてきました.[10]

不思議なことに，デザインへの関心が薄れていると思える一方，「デザイン」という言葉があちこちで聞かれます．これは決して矛盾しているわけではありません．ほとんどの場合，「デザイン思考」（反復的なデザインプロセスをひとまとめにしたもの）や「アジャイル」ソフトウェア開発のいずれも，デザインプロセスについて述べています．（万能薬としてではなく，慎重に適用される限り）これらのプロセスには間違いなく価値があるのですが，ほとんどの場合，特定の状況に即した議論ではありません．誹謗中傷しているのではなく説明しようとしているのです．例えば，デザイン思考では，問題への理解を深めながら解決策を練ったり，ブレインストーミング（「発散」）とリダクション（「収束」）のフェーズを交互に行ったり来たりします．ところが，私が読んだデザイン思考の本は，特定のデザインについても，どのようにしてそのデザインに至ったかについても，深く言及していません．デザイン思考がドメインに依存しないことで，幅広くアピールし適用し得るかもしれませんが，同時に，このことがソフトウェアといった特定の分野で，デザインについての深遠な課題にほとんど言及しない理由でしょう.[11]

デザインの明快さと簡明さ

Alloyプロジェクトを始めた時，自動解析が可能な設計言語を目指し，ツールサポートがないことが理由になって「書くだけ」に終わっている既存のモデリングや仕様言語に対して批判的でした．このような批判は，あながち的外れではありませんでした．結局のところ，何もできないのであれば，なぜわざわざ精巧なデザインモデルを構築する必要があるのでしょうか？　特に，デザイナーの努力は「押しボタン式の自動化」によって直ちに報われるべきであり，気づかなかったようなシナ

リオを即座にフィードバックして，デザインについてより深く考えるよう方向付けるべきと主張しました.[12]

私は自分が間違っていたと思っていません．Alloyの自動化によって，デザインモデリングの方法が大きく変わりました．一方で，デザインを書き下すことの価値を過小評価していました．形式手法の研究者は，既存デザインの欠陥を発見することで，自身のツールの有効性を証明したがります．極秘事項でもないのですが，そのツールの実行前に欠陥の大部分が検出されているのです．デザインをロジックに書き写すだけで，重大な問題を明らかにすることができたのです．ソフトウェア工学の研究者Michael Jacksonは，ロジックそれ自体ではなく，ロジックを使うことの難しさを気にしていて，設計者がデザインをラテン語で記録するように義務付けるだけで，ソフトウェアシステムの品質が向上するかもしれないと提案したことさえあります.

明瞭さは，デザインの欠点を後から見つけるのに良いだけではありません．良いデザインの鍵でもあるのです．この30年間，プログラミングやソフトウェア工学を教える中で，ソフトウェア開発の成否を決めるのは，最新のプログラミング言語やツールを使うかどうかでもなければ，アジャイルなどの管理プロセスでもなく，プログラムコードの構造ですらないと確信するようになりました．単に，自分が何をしようとしているかを知っているかどうかです．ゴールがはっきりしていて，デザインが明瞭で，どのようにデザインがゴールを達成するかが明らかになっていれば，プログラムコードも明確になるようです．そして，もしうまくいかないなら，どう修正するかがわかりやすいです.[13]

優れたソフトウェアが他と違うのは，まさにこの明瞭さです．1984年にApple Macintoshが登場した時，フォルダを使ってファイルを整理する方法がすぐにわかり，それまでの（フォルダ間のファイル移動コマンドでさえ複雑だったUnixなどの）OSの複雑さが嘘のように感じられました.

ところで，この明瞭さは一体何なのでしょうか，どのようにして実現するのでしょうか．1960年代にはすでに，「概念モデル」が果たす中心的な役割が知られていました．問題は，ソフトウェアの概念モデルをユーザに伝え，ユーザの内的モデル（「メンタルモデル」）をプログラマーのものと一致させるだけでなく，概念そのものをデザインの中心課題として扱うことでした．正しい概念モデルがあれば，ソフトウェアは理解しやすくなり，結果として使いやすくなるでしょう．これは素晴らしいアイデアだったのですが，誰も追求しなかったようです．ですから，今に至るま

で「概念」というのは，何か示唆的ではあるものの曖昧なままなのです.[14]

このプロジェクトの経緯

概念モデルがソフトウェアの本質であると確信したので，8年ほど前から，概念（コンセプト）がどうあるべきかを考え始めました．具体的な表現を与えて，ソフトウェアのコンセプトモデルを示し，他のコンセプトモデル（およびユーザのメンタルモデル）と比較し，デザインに焦点を絞った議論をしたいと考えました.

それほど難しいことではないように思えました．結局のところ，コンセプトモデルの妥当な最初の切り口は，ソフトウェアの振舞い記述で，たまたまの「コンセプト的でない」側面（物理的なユーザインタフェースの詳細など）を適切に抽象化したものに過ぎないのかもしれません．より難しいのは，モデルの中に適切な構造を見つけることでした．コンセプトモデルはコンセプトで構成されるべきであると直感的に感じましたが，コンセプトとは何なのかが分かりませんでした.

例えば，Facebookのようなソーシャルメディアアプリでは，「いいね！」に関連するコンセプトが必要だと思いました．このコンセプトは，関数やアクション（投稿に「いいね！」をクリックするボタンに結びついた振舞いなど）ではないことは確かです．このようなものは多すぎるくらいあり，一部しか示しません．また，（アクションで生じる「いいね！」のような）オブジェクトやエンティティでも決してなく，少なくとも，対象と「いいね」の関係に関することと思えました．さらに，「いいね！」というコンセプトは，投稿やコメント，ウェブページなど，特定のものに関連付けられないことが重要だと思いました．コンセプトは，プログラミングの用語でいうところの「ジェネリック」とか「ポリモルフィック」なのです.

本書：会話のきっかけ

本書は，これまでに探求したことの成果です．広く使われているアプリケーションのデザイン上の問題を解決しようと，ソフトウェアデザインの新しいアプローチを展開し，その過程で洗練し検証してきました．このプロジェクトで嬉しかったのは，アプリケーションの失敗や使い勝手の悪さには裏があり，本書の事例を増やす機会になったことです．また，私の分析が，デザイナーの直面する問題の複雑さを明らかにしたとき，彼らに共感し，尊敬の念を抱きました．

もちろん，ソフトウェアデザインの問題が解決したわけではありません．しかし，友人のKirsten Olsonが賢明にも助言してくれたように，本の目的は会話を始めることで，終わらせることではありません．このプロジェクトについて多くの話をする中で，本書がこれまでのどの本よりも聴衆の心に響くことがわかり感激しました．ソフトウェアデザインを，誰もが語りたがっているのに，その語り方を知らないからではないでしょうか．

ですから，読者である研究者，デザイナー，ユーザの皆さんの，実りある楽しい会話になることを願って，まず手始めに本書をお届けいたします．

第 2 章

コンセプトの発見

ソフトウェア製品は，携帯電話の小さなアプリから大規模な企業システムまで，自己完結した機能単位のコンセプトで構成されています．多数のコンセプトが連動して目的を達成するのですが，ひとつひとつは独立しています．アプリが化合物だとすると，コンセプトは分子のようなものです．他とどのように結合されるとしても，特定のコンセプトは同じような性質や振舞いを示します．

私たちは，すでに多くのコンセプトに出会っていて，使い方を知っています．例えば，電話のかけ方やレストランの予約方法，ソーシャルメディアのフォーラムにコメントをアップする方法，フォルダ内でファイルを整理する方法などを知っています．よく知られたコンセプトがうまくデザインされたアプリは，そのコンセプトがユーザインタフェースに忠実に反映され，また，正しくプログラムされていると，使いやすいでしょう．これに対して，コンセプトが複雑でとっつきにくいアプリは，見た目がどんなに派手でも，アルゴリズムが賢くても，うまく機能しないようです．

コンセプトは目に見える形がなく抽象的です．ここに，これまで注目されなかった理由があるかもしれません．本書を通して読者にわかっていただきたいことは，まずコンセプトを考え，ユーザインタフェースを通して裏にあるコンセプトを眺めることで，より深くソフトウェアを理解できるということです．より効果的に利用し，より良くデザインし，不具合をより正確に診断でき，より明瞭にまた確実に新しい製品を構想できるのです．

一般に，人はモノが壊れるまで，その仕組みを理解しようとしません．給湯器は，単に魔法のように，熱湯を常に提供していると思うかもしれません．ところが，家族の誰かが熱湯を使い過ぎると，シャワーは冷たくなります．そうなって初めて，給湯器が限られた容量のタンクしかないことを知るのです．

同じように，コンセプトについて学ぶには，うまくいかないとどうなるかを見てみる必要があります．ですから，本書は，起こりそうにないシナリオで不具合が生じたり，理解することが想像以上に難しいとわかったりするようなコンセプトの例からなります．本章では，コンセプトの最初の例と，そのコンセプトによって，予想外の（また驚くほど複雑な）振舞いの説明が可能なことを見ていきます．

ところで，コンセプトという考え方は，それ自体わかりにくくて複雑だ，という結論に至らないようにしてください．そうではなくて，コンセプトという考え方はわかりやすいのです．コンセプトの考え方を採用すると，今日私たちが使っている多くのソフトウェアよりも，わかりやすくかつ強力なソフトウェアをデザインできるようになるのです．

最初の例：不可解なバックアップ機能

作成したファイルをディスクの破損や不慮の削除から守ろうと，Backblazeという素晴らしいバックアップユーティリティを使用します．ファイルをクラウドにコピーすることで，必要に応じて古いファイルに戻せるようにするものです．Backblazeはバックグラウンドで継続的に作動します．コンピュータ内のファイルを監視し，変更されたファイルをクラウドにコピーします．

最近，ある動画ファイルを編集したのですが，容量を増やそうとして古い動画ファイルを削除する前に，新しいバージョンがバックアップされていることを確認したくなりました．バックアップの状態を確認すると，「バックアップ：本日の午後1時5分」と表示されました．午後1時5分よりも前に新しい動画ファイルを作成していたので，バックアップされたと思いました．念のため，クラウドからファイルを復元しましたが，そんなファイルはありませんでした．

テクニカルサポートに問い合わせたところ，正確にはファイルが継続的にバックアップされているわけではないとの説明を受けました．定期的にスキャンし，新しいファイルや変更されたファイルのリストを作成します．そして，次のバックアップの際に，作成したリストのファイルだけをアップロードします．ですから，スキャンとバックアップの間に行われた変更は，隙間に落ち込んでしまい，次のスキャンまで発見されません．

オプションキーを押しながら「今すぐバックアップ」ボタンをクリックすると，強制的に再スキャンできるということでした．このアドバイスにしたがって，スキャンとバックアップが完了するのを待ちました．確実に，新しい動画ファイルが，復

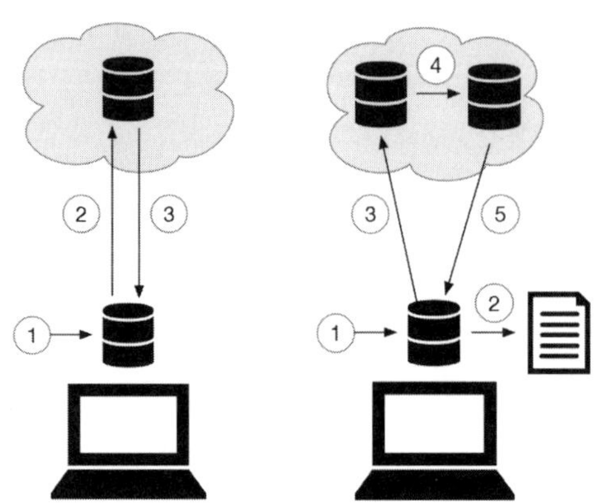

図2.1　Backblazeのバックアップコンセプト．左は想定したこと：(1) ファイルに変更を加える，(2) バックアップが実行されるとファイルがクラウドにコピーされる，(3) その後，ファイルを復元できる．右は実際に起こること：(1) ファイルに変更を加える，(2) スキャンが実行されバックアップ対象リストにファイルが追加される，(3) バックアップが実行され，最後のスキャンで追加されたファイルのみがクラウドにコピーされる，(4) バックアップ対象ファイルが定期的にクラウド上に移され，(5) そこからファイルを復元できる

元リストに表示されるはずです！　ところが，そうはならないのです．私は完全に混乱し，さらに助けを求めました．動画ファイルはアップロードされていたのですが，特別な「中間」領域にありました．そこから復元領域にファイルが移動されるのは数時間おきだったのです．

私の問題は，Backblazeの重要なバックアップのコンセプトを誤解していたことでした．ファイルが連続的にアップロードされ，そのまま復元領域（図2.1左）に移動するものと思っていました．実際は，前回のスキャンで作成されたリスト上のファイルのみがアップロードされますが，さらにアップロード先から復元領域（図2.1右）に転送されるまで，利用できないままなのです．

これは，小さな例ですが，重要なポイントを説明しています．Backblazeのデザインに欠陥があるかないかについて，私の立場を表明するものではありませんが，より良いデザインにできるように思います（第8章に助言があります）．バックアップのメッセージを額面通りに受け取り，スキャンのことを知らないとしたら，いくつかの重要なファイルを失っていたに違いありません．

ここで主張したいのは，デザインについて，基本的なコンセプト，この例ではバックアップのコンセプトを中心に議論し，デザインの振舞いパターンが目的に適しているかどうかを評価すべきということです．ユーザインタフェースも重要ですが，それは，アプリのコンセプトをユーザに提示する限りのことです．ソフトウェアをより使いやすくするには，コンセプトが出発点になるべきなのです．

Dropbox の妄想

友人が，ノートパソコンの空き容量が足りなくなり，ファイルをサイズ別にソートし，削除しても良いファイルを確認しようと，サイズが大きくて覚えのないファイルがないか調べました．そのようなファイルを特定し，まず削除しました．数分後，「重要なプロジェクトのデータが入った大きなファイルはどうなったんだ」と大慌ての電話が上司からありました．

何が悪かったのでしょうか．これに答えるには，ファイル共有ユーティリティとして良く使われているDropboxの主要なコンセプトを理解する必要があります．Dropboxでは，複数ユーザが共有ファイルやフォルダを閲覧し，共同で更新することができます．このように見せかける方法として，Dropboxはあるユーザが行った変更内容を，他のユーザに見えるバージョンに伝搬させます．問題は，どのような種類の変更が伝搬されるのか，また，どのような条件下で伝搬されるのかです．

パーティプランナーのAvaは，顧客との調整にDropboxを使用しています．Bellaのパーティを計画していて，「Bella Party」という名前のフォルダを作成しBellaと共有します（図2.2）．Avaがフォルダに入れたものはすべて，Bellaも見ることができます．実際，この共有は対称的で，Bellaが何を入れてもAvaも見ることができますし，どちらかが加えた変更は何であっても，もう一方も同じ変更を見られます．ですから，AvaとBellaが一緒に作業できるフォルダが，あたかも1つしかないように見えます．

実際は，そんなに単純ではありません．というのも，どちらかが行った変更すべてが，もう一方に反映されるとは限らないからです．Bellaは，このフォルダを「Bella Party」と呼びたくないでしょう．何しろ自分のパーティなのです．そこで，そのフォルダに新しい名前「My Party」を付けました．問題はAvaにどう見えるかです．Avaにもフォルダの名前が変わって見えるのでしょうか．

可能性は2つしかありません．Bellaの操作によってAvaに見える名前が変わり，共有名がひとつだけになるか，そうでなければ，同じフォルダに2つの名前，Avaが使う名前とBellaが使う名前が存在するかです．

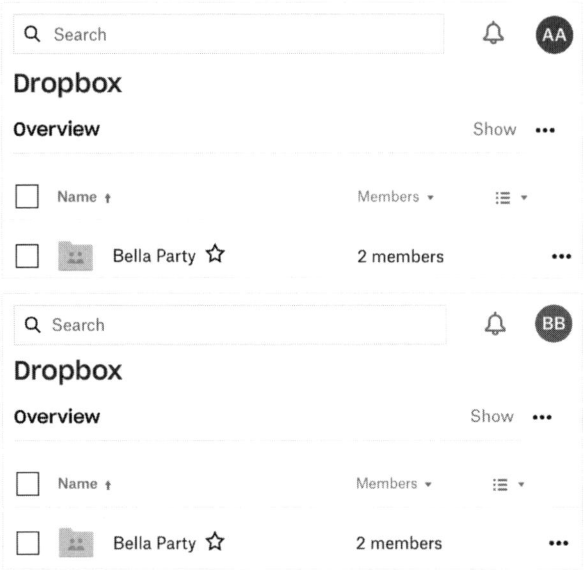

図2.2　Dropboxのフォルダ共有．Ava(AA)が「Bella Party」という名前のフォルダをBella (BB) と共有した．Bellaがフォルダ名を変更したら，Avaには変更が見えるだろうか？

では，どちらが起きるでしょうか．フォルダの共有方法によっては，どちらの結果もあり得ます．AvaがBellaと明示的にフォルダを共有した場合，Bellaの名前変更はBellaにしか見えず，Avaはその変更を見ることはありません．ところで，Avaが「Bella Party」の中に「Bella Plan」という別のフォルダを作成したとします（図2.3上）．この2つ目のフォルダは（自身を含むフォルダが共有されているので）暗黙に共有されます．ここで, Bellaがフォルダ名「Bella Plan」を「My Plan」に変更すると，Avaにその変更が見えます．

このような動作のばらつきは偶然起こり，Dropboxが進化する過程でたまたま生じた選択結果であると想像するかもしれません．あるいは，バグの証拠だと思うかもしれません．実は，そのどちらでもありません．この一見奇妙なデザインは，Dropboxのデザインの基本的な側面の直接的な帰結なのです．

何が起こっているのかを正確に説明する前に，もう1つ質問です．もしBellaがフォルダを削除したらどうなるでしょうか？　Avaのコピーも削除されるでしょうか？　これもまた状況によりますが，「Bella Party」を削除すると，Bellaのコピー

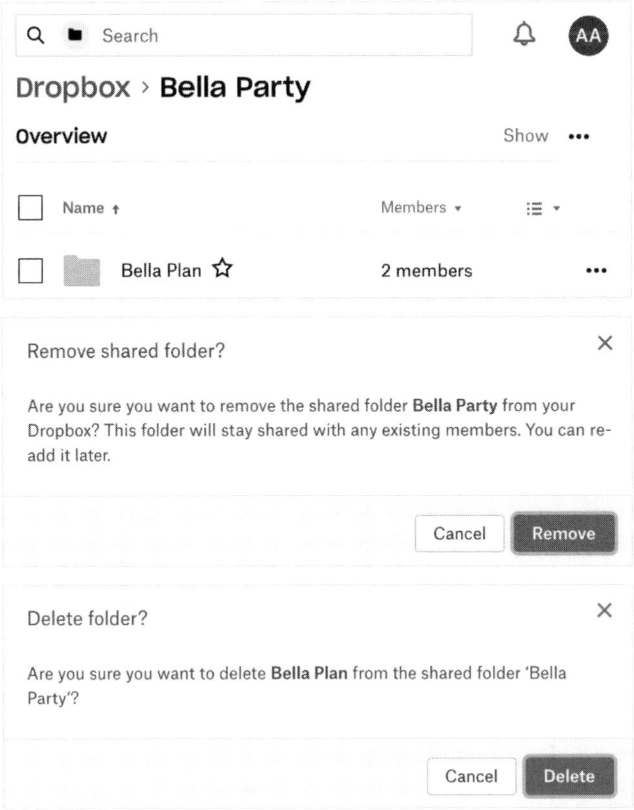

図2.3　Dropboxのフォルダ削除メッセージ．フォルダBella Partyが共有された（上）．そのフォルダを削除しようとすると，「既存メンバーとはフォルダが共有されたままとなる」というメッセージが表示される（中）．Bella Partyに含まれるフォルダBella Planを削除しようとしても，「既存メンバーもそのフォルダがなくなる」とは警告してくれない（下）

だけが消えます．Bellaが「Bella Plan」を削除すると，Avaも失うことになります．Dropboxはこの2つの場合で異なるメッセージを出力し（図2.3），片方は何が起こるかをより詳しく説明しています．ところが不思議なことに，詳しい追加情報は最初の場合で表示されますが，永遠にファイルを失うこととなる削除の場合には表示されません．

さて，これで友人の経験が説明できます．上司は，1つのファイルだけを共有したかったのに，その代わりにフォルダ全体を共有しました．使っていないファイルを友人が削除したとき，共有フォルダから削除することになりました．その結果，上司を含むすべての人からファイルが削除されてしまったのです．

Dropboxについての説明

これらの共有のシナリオで起こっていることを知るのに，何を期待していたのかを明確にすることから始めましょう．名前について，単純でわかりやすいデザインにするには，猫の首輪やナンバープレートのように，ひとつの物理的な対象にひとつを添付するラベルシールのように考えることです（図2.4左）．このアプローチを「メタデータとしての名前」と呼びます．より一般的なメタデータというコンセプトの具体例になっていて，写真のタイトルやキャプションなどのように対象についての記述を添付したデータのことです．

削除の最も単純なデザインは，削除によってファイルやフォルダを消し去るというもので，「フッと消える」アプローチと呼べるでしょう．削除をクリックすると「フッ」となくなります．この背景にあるコンセプトは，（技術的な用語を用いると）アイテムのプールへの追加やプールからの削除といったアクションでアイテムを保存可能とするものです．基本的でわかりやすいコンセプトなので特に名称はありません．このデザインでは，別個の共有に関するコンセプトとして，共有ファイルやフォルダを削除するのに，他の人のコピーを削除せずに自分のアカウントが使うスペースを空けるという共有解除アクションが欲しくなります．

「名前はメタデータであり，削除はプールからアイテムを削除するだけである」という理解は（少なくともDropboxでは）どちらも間違っています．このような理解の裏にあるコンセプト自体は問題ないのですが，Dropboxが使用しているコンセプトとは異なるのです．ソフトウェアのアプリに対するコンセプトモデルを間違えていても，しばらくの間はそれで済ませられるかもしれません．あるシナリオではうまくできることがわかっても，他のシナリオではうまくいかず，場合によっては悲惨な結果を招きます．

実際，Dropboxは全く違うコンセプトを使っています（図2.4右）．フォルダ内にアイテムがある時，そのアイテム名はアイテム自身ではなく，アイテムを含むフォルダに属します．フォルダをタグの集まりと考えましょう．タグは，アイテム（ファイルやフォルダ）の名前とアイテムへのリンクです．このコンセプトをunixフォルダと呼ぼうと思います．Dropboxの発明ではなく，呼び方からわかるように，Unixから借用したものです．[15]

図2.4（右）のダイアグラムを見てください．AvaとBellaはそれぞれ自分のトップレベルのDropboxフォルダを持っており，この2つのフォルダ各々に，「Bella Party」と名付けられたひとつの共有フォルダに対する独自のエントリがあります．Bellaが「Bella Party」と名前変更すると，自分のDropboxフォルダのエントリが変わりますが，Avaのフォルダのエントリは変更されません．

ところが，「Bella Plan」は2番目のレベルにある共有フォルダで，その名前を保持するエントリはひとつしかなく，「Bella Party」というフォルダに属します．フォルダのエントリがひとつしかないので，AvaとBellaの両方から同じエントリが見えます．Bellaが名前を変更する時，この共有フォルダのエントリを変更するので，Avaにも変更結果が見えるのです．

このunixフォルダのコンセプトを使って，削除動作を説明できます．削除は，フォルダそのものを除去するのではなく，対応するエントリを取り除きます．Bellaが「Bella Party」というフォルダを削除すると，自分のフォルダからエントリが除去されますが，Avaからの見え方は変化しません．他方，Bellaが「Bella Plan」を削除すると，共有フォルダからエントリが除去されて，削除されたフォルダは

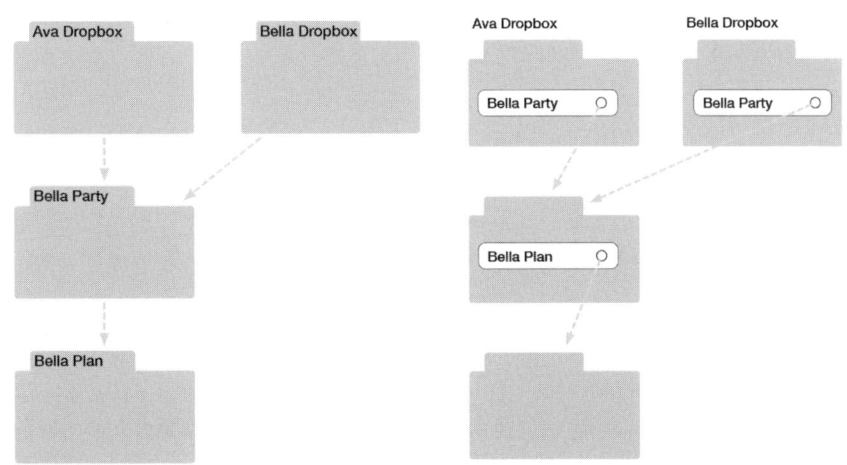

図2.4　Dropboxフォルダの可能な2つのコンセプト．メタデータコンセプト（左）だと，名前はフォルダに付加されたラベルである．Unixフォルダコンセプト（右）だと，名前は親フォルダ内のエントリーに属する

Avaからもアクセスできなくなります.

どのような欠陥なのか

ここまで来て，こう呟くかもしれません.「こんなことは，当たり前．Dropboxがこういう振舞いをすることは知ってたし，全く驚かない．Dropboxは間違っていないし，これを理解できない人は使うべきじゃない」と．でも，こう思っている人は，読者の中でも少数派だと思います．マサチューセッツ工科大学（MIT）の計算機科学の学生たちにこのシナリオを提示したところ，Dropboxを常用している学生でさえ，その多くが混乱していることがわかりました.[16]

こういう微妙な違いをすべて理解したとしても，問題がないわけではありません．コマンド実行の対象になるフォルダがトップレベルで共有されているか，あるいは，それ自身が共有対象になるフォルダに属するのか，による違いが，ユーザインタフェースからわかりにくいので，常に，どちらの状況にあるのかを気にしなければならず，頭痛のタネとなります.

さらに，動作振舞いが，予測不能な違いで決まるのは合理的ではありません．トップレベルのフォルダにだけ名前をつけられる理由は何でしょうか．自分が共有するフォルダ全てにプライベートな名前をつけられない理由は何でしょうか．逆に，皆が，共有フォルダの名前を変更する時，変更可能なフォルダと不可能なフォルダがある理由は何でしょうか.

これらのシナリオが実はDropboxの欠陥の証拠と仮定すると，どういう欠陥なのか，という疑問が生じます．決してバグではありません．Dropboxは何年も前からこのように作動しています．ユーザインタフェースの欠陥と思うかもしれませんが，それもなさそうです．もちろん，他のユーザに影響を与える変更時に，より詳しいメッセージを表示することは可能でしょう．ところが，複雑さが増えただけと思われるでしょうし，経験上，ユーザは，頻繁に表示される警告メッセージを無視することがわかっています.[17]

本当の問題はもっと深いところにあります．ファイルやフォルダの名前の付け方や，フォルダとそのコンテンツ間の格納関係と名前の関係の本質的なところにあります．これが，私がコンセプトデザイン問題と呼ぶことなのです．欠陥は，Dropboxの開発者が，あるコンセプトを念頭に，それを忠実に実現したことそのものにあります．少なくとも，それらのコンセプトは多数のユーザの頭の中にあるコンセプトと一致していません．最悪なのは，これらのコンセプトがユーザの目的に合わないことです．[18]

デザインのレベル

図2.5に示すように，ソフトウェアデザインをレベル分けすると，コンセプトデザインのイメージを掴みやすいでしょう．この分類は私が考えたのですが，これまでに提案された枠組みに似ています．[19]

デザインの最初のレベルは，物理的なレベルで，生成物の物理的な特性に関するものです．インタフェースが画面のタッチセンサだけのソフトウェアであっても，限られているものの，物理的な特性を持ちます．[20]　このレベルでは，デザイナーは人間の身体能力を考慮しなければなりません．視覚障害者，色覚障害者，聴覚障害者がどのように操作するかを考慮するので，アクセシビリティに関する懸念が生じるのです．

人間には共通する特性があり，これがデザイン原則のいくつかを決めます．例えば，視覚のサンプリング周波数が限られているので，30ミリ秒よりも短い間隔で起きたイベントの区別が困難です．したがって，映像が滑らかに見えるようにするには毎秒30フレームで十分です．また，30ミリ秒よりはるかに長い時間がかかるシステムの反応は遅延と認識されるので，そのような遅れを回避するか，あるいは，

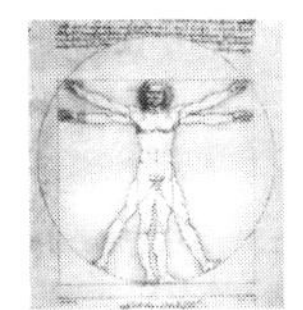

図2.5　インタラクションデザインのレベル

進捗バーを表示すべきです．さらに，非常に長い時間がかかる場合は処理を中止できるようにすべきです．似たことですが，Fittsの法則は，ユーザがポインティングデバイスを移動するのに要する時間を予測でき，また，メニューバーをWindowsのようにアプリケーションウィンドウ内に置くのではなく，Macintoshのデスクトップのようにスクリーンの上部に配置すべき理由を説明できます（図2.6）．[21]

デザインの2番目のレベルは言語の利用です．このレベルは，ソフトウェアが提供する動作振舞いを伝える際に言語表現を用います．ユーザがソフトウェアを操作し，どのような動作が可能で，それがどのような効果を与え，何が起こっているのか，といったことを理解するのに役立ちます．物理的なレベルのデザインでは，ユーザの多様な身体的特徴を尊重しなければなりませんが，このレベルのデザインでは，文化や言語の違いを尊重する必要があります．

当然ですが，アプリのボタンラベルやツールチップは，英語圏向けかイタリア語圏向けかによって異なります（幼い頃，イタリアで休暇を過ごしたのですが，caldaと書かれた蛇口がお湯だとわかるまで苦労したことを覚えています）．デザイナーは文化の違いにも気を配らなければなりません．ヨーロッパでは，赤丸に白抜きの道路標識は，車両通行が一切禁止されていることを意味します．でも，大抵のアメリカ人は，正しく解釈できないようです（通行禁止は赤い斜線で表すものだと思うはずです）．[22]

一貫性が必要であると，ユーザインタフェースのデザイナーがいうとき，このレベルでの言語の使い方のことを意味しています．例えば，ファイルを格納する入れ物を，どこかで「フォルダ」と呼びながら別のところで「ディレクトリ」と呼ぶ，と

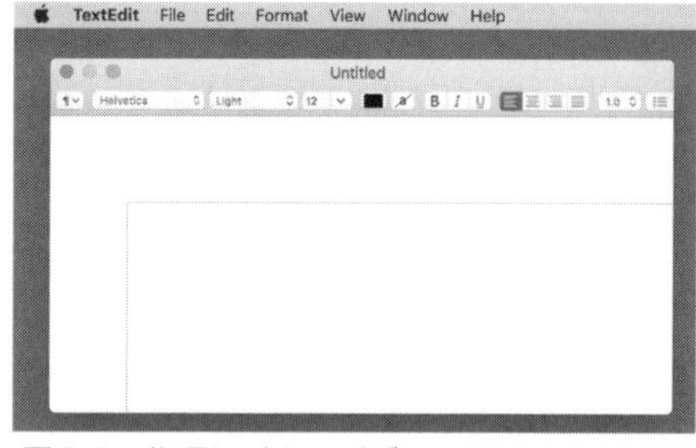

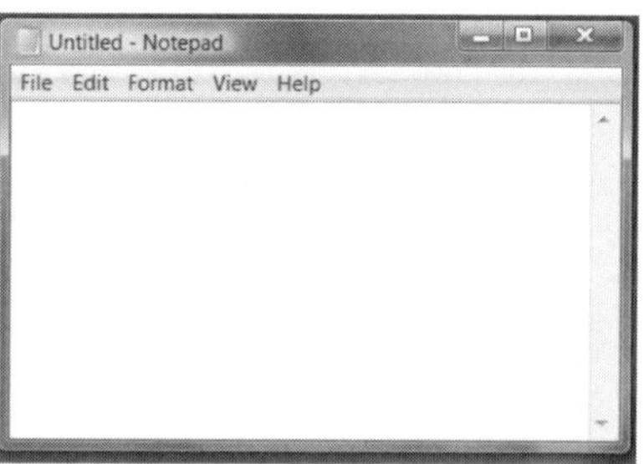

図2.6　物理レベルのデザイン問題とFittsの法則適用の昔からある例．どちらのメニュー配置がわかりやすいだろうか：macOSの配置（左）では，アプリケーションメニューは常にデスクトップの上部に現れる．Windowsの配置（右）では，メニューバーはアプリケーションウィンドウの一部になる

いったことがないように，インタフェースを通して同じ言葉を使ったり，系統的にアイコンを用いたりすることなどです．図2.7は，Googleがこの原則に反して，ほぼ同じ2つのアイコンを異なる機能に使った例を示しています（この問題は数年後に修正されました）．両方とも黒い四角形の配列ですが，一方はGoogleアプリのメニューを表示し，もう一方はファイルを格子状に表示する画面への切り替えでした．

デザインの3つ目，最上位のレベルは，コンセプトレベルです．デザインの背後にあるアクションと関係するレベルで，ユーザ（およびソフトウェア自身）が実行するアクションと，その背後の構造に及ぼす結果に関わるものです．（第10章で説明しますが）コンセプトについての予備知識があれば学習や利用を容易にするのですが，コンセプトレベルは，言語レベルと違って，コミュニケーションや文化に関することではありません．

よく言われる重要なことですが，プログラミングでは，抽象化と表現を区別します．抽象化は，プログラムのアイデアの本質をとらえることであり，観測可能な動作振舞いの仕様として表されることがあります．表現は，そのエッセンスをプログラムコードによって実現したものです．

同じように，ユーザとのインタラクションには，抽象化と表現があります．抽象化は，構造と振舞いのエッセンスを表すコンセプトであり，コンセプトレベルのデザインの対象です．表現は，コンセプトのユーザインタフェースによる実現です．物理上および言語上，具体的かつ詳細で，下位レベルのデザインの対象です．

あるプログラミングの抽象化が異なる表現になり得るように，コンセプトも異なるユーザインタフェースで実現できます．プログラマーが最初に抽象化されたものを考え，その次に具体的な表現について考えるように，デザイナーは下位のレベルに先立ってコンセプトレベルで考えるのです．これまで，デザイナーには，具体的なユーザインタフェースで表現することなく，概念的なデザインのアイデアを表す

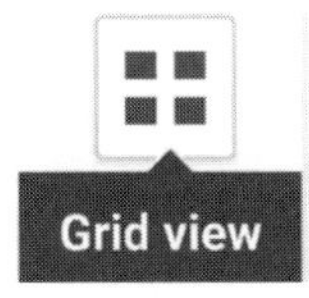

図2.7　言語レベルのデザイン問題．アイコンの解釈に一貫性がないGoogleアプリと，この問題を解決する新しいアイコン．左はアプリ起動とグリッドビューへの変更のアイコン，右は同じアクションの新しいアイコンで，2つの違いが一目瞭然である

方法がありませんでした．本書の目標は，表現を選択する前に，また表現とは独立に，このようなアイデアを直接的に表せると示すことです．

メンタルモデルとコンセプトデザイン

多くのソフトウェアアプリでユーザが難しいと感じる理由は，その機能が少なすぎたり，多すぎたりすることではありません．存在する機能をユーザが有効に活用できないという問題の方が多いです．ユーザが積極的に機能を探そうとせず，そのような機能がないと思い込んでいることで起こる可能性があります．[23]

よくあるのは，機能があると知っているにもかかわらず，うまく使いこなせないことです．これは，一般的には，ユーザが間違ったメンタルモデルを持っていること，ソフトウェアデザイナーや構築技術者のメンタルモデルと整合しないことが理由です．これまでの研究で繰り返し示されていることですが，多くの場合，ユーザは，利用する機器について，曖昧で不完全な一貫性のないメンタルモデルを持ち，また，デザイナーが心の中で意識するイメージと細部まで同じではないまでも，少なくとも外形が似たイメージを持ちます．[24]

一方で，Dropboxの例で見たように，ユーザが全く間違ったメンタルモデルを持つ場合，その機能を効果的に利用できません．大きな損失を被るかもしれませんし，取り返しのつかない間違いを恐れるあまり，ごく一部の機能しか使わないかもしれません．

ユーザを教育しようとしても問題は解消しません．時間をかけてアプリの使い方を学ぶことに抵抗を示すユーザが多いでしょうし，（無理もないことですが）そのうちに使いこなせるようになることを期待するからです．わかりやすく柔軟で，ユーザのニーズに合うように，ソフトウェアのコンセプトをデザインし，そのコンセプトをユーザに伝えるようにユーザインタフェースをデザインすることが，より良い解決策です．

そこで，コンセプトは，意図通りにユーザが持つメンタルモデルと，プログラマーへの仕様の両方の基本になります．ユーザインタフェースデザイナーの仕事は，ユーザビリティの研究者Donald Normanが言うところの「システムイメージ」，つまり，コンセプトモデルと正確に対応するものを計画し，ユーザがこれに沿ったメンタルモデルを持つようにすることです．[25]

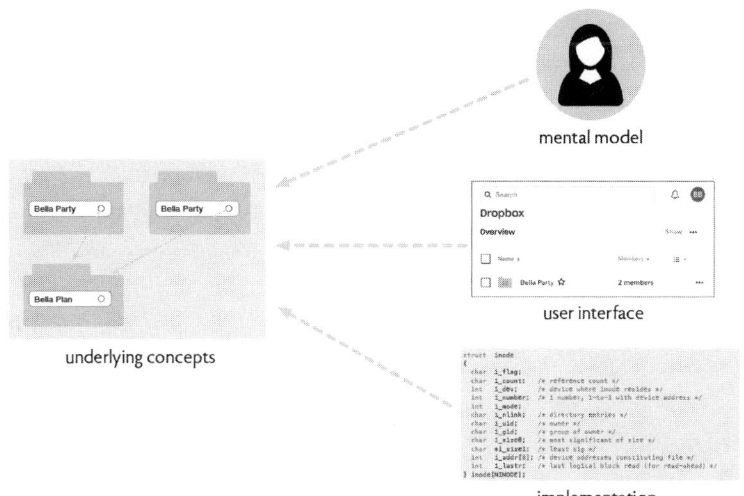

図2.8　コンセプトの中心的な役割（左）は，ユーザのメンタルモデル（右上）とプログラムコードとして実現されたデザインモデル（右下）を調整すること．コンセプトは，ユーザインタフェースのデザインに対応することで実現され，ユーザにも見えるようになる．

図2.8にこれを表します．右側上部にユーザ，下部にプログラマーが書いたプログラムコード，その間にユーザインタフェースを示しましたが，ソフトウェアを成功させるには，（ユーザのニーズ，作業環境，心理的資質などの調査によって）ユーザを理解し，（テスト，レビュー，検証によって）プログラムコードが仕様を満たすことを確認し，使いやすいインタフェースを作成する必要があるのです．そして最も重要なことは，ユーザの頭の中にあるモデルとプログラマーの頭の中にあるモデルを一致させることで，これを達成するには，ユーザとプログラマーが共有するコンセプトが同じになるようにコンセプトを明示的にデザインし，ユーザインタフェースとして明確に伝えることなのです．

教訓と実践

本章から得られる教訓

- ソフトウェア・アプリケーションにおけるユーザビリティの大きな問題は，しばしばその根底にあるコンセプトに起因します．例えば，Dropboxでは，削除が他のユーザに影響するかどうかという混乱は，DropboxがUnixに由来するコンセプトを採用したことで説明されます．

- ソフトウェアのデザインは3つのレベルでなされます．ユーザの身体・認知的な能力に合わせて，ボタン，レイアウト，ジェスチャーなどを扱う「物理レベル」，ユーザとのやりとりを司るアイコン，メッセージや専門用語などを扱う「言語レベル」，基本的な動作振舞いをコンセプトの集まりとしてデザインする「コンセプトレベル」です．このうち，下位の2つのレベルは，ユーザインタフェースでのコンセプトの具体的な表現に関わります．
- ユーザにとって，正しいメンタルモデルを持つことは，ユーザビリティを高めるのに不可欠です．そこで，簡明でわかりやすいコンセプトをデザインし，そのコンセプトをユーザインタフェースにマッピングすることで，コンセプトがわかりやすく使いやすいものにする必要があります．

そして，今すぐ実践できることも

- あなたが使い方に困っているアプリをあげてください．どのようなコンセプトが関わっているかを考え，動作振舞いについて自分が持つ仮説が実際と一致しているかを確認してください．合わない場合，より正確に動作振舞いを説明するコンセプトを見つけられますか？
- アプリのデザイナーとして，ユーザが最も使いにくい（あるいは誤用しやすい）機能を考えてください．その原因となっているコンセプトを1つ以上あげられますか？
- デザインするときは，どのレベルの作業をしているのかを知ることです．まずはコンセプトレベルから始めて，徐々にレベルを下げましょう．下位レベルでコンセプトを広げると，コンセプトを直感的に理解する助けとなります．コンセプトを明らかに把握するまで，（書体，色，細かなレイアウトなどにこだわって）物理的なインタフェースに磨きをかけたいという誘惑に負けないでください．
- アプリの物理的あるいは言語的な側面に不満が集中する場合，根本的な問題はコンセプトレベルではないか，と考えてみてください．

第 3 章

コンセプトの効果

伝統的なデザインの分野では，デザインは概念上の中核から発展していきます．何を中核とするかは分野によって異なります．建築家は「parti pris（決定方針）」と呼び，図，短い文章，スケッチなどで表現し，その後に続く作業を組織だって行う原則をまとめたものです．グラフィックデザイナーは「アイデンティティ」と呼びます．一般的に，プロジェクトや組織の意図をうまく表現したいくつかの要素で構成されます．作曲家は，モチーフを中心に音楽を作ります．モチーフ（音符の連続）を，変化，繰り返し，重ね合わせ，組み合わせによって，より大きな構造を形成します．本のデザイナーは，レイアウトから始め，テキストと余白の寸法，テキストの書体とサイズを指定します．

中核をうまく選ぶと，その後のデザイン上の決定事項は必然のように思えます．デザインは全体として一貫性を保ち，大規模なチームの仕事であっても，一人の頭脳の産物であるかのように見えます．また，ユーザにとっては統一感があり，複雑さは消えて，分かりやすいという印象に変わります．

ソフトウェアアプリケーションでは，概念上の中核は，当然かもしれませんが，キーとなるコンセプトの集まりです．本章では，個々のアプリケーション，アプリケーションファミリー，あるいはビジネス全体を特徴付け，複雑さや使いにくさを明らかにし，安全さとセキュリティを確保し，分業や再利用を可能にするコンセプトの役割について考察します．

アプリを特徴づけるコンセプト

アプリを説明しようとする時，主なコンセプトを一通り述べるだけでも長くなります．1960年代からタイムスリップしてきた人と出逢ったとしましょう．

Facebook（図3.1）とは何で，どう使うかを知りたがっているとします．投稿というコンセプトから始めて，他の人が読める短い文章を書くこと，細かくいうと，Facebookでは「ステータスアップデート（状態更新）」（Twitterでは「ツイート」）と呼ばれていると説明することでしょう．次は何かを返信として書く「コメント」というコンセプトです．投稿内容に賛同することを登録する「いいね」のコンセプトは表示順位を上げると言われていること，そして，当然ですが「友達」というコンセプトで，これは表示内容をフィルタしたり，投稿内容を見る人を制限するアクセス制御を行うことです．

同じような機能を持つアプリの違いは，多くの場合，コンセプトの比較によって説明することができます．例えば，テキストメッセージと電子メールの主な違いは，テキストメッセージが会話コンセプトに基づいて特定の受信者に送られたメッセージをすべて表示するのに対して，電子メールはメールボックス，フォルダやラベルなどのコンセプトによって整理されていることです．テキストメッセージでは送信者と受信者が電話番号で一意に決まるのに対し，電子メールのユーザは複数のアドレスを持つことが多く，会話にグループ分けしにくいことも理由の一つです．また，

図3.1　3つのコンセプトが見られるFacebookのスクリーンショット．投稿（メッセージと関連画像で示されている），いいね（左下のエモーションで示されている），コメント（右下のリンクで示されている）

対話モードの違いも反映しています．テキストメッセージは会話の文脈に依存しますが，メールメッセージは単独で読まれる（それゆえ，以前のメッセージを引用する）ことが多いです．

アプリの主要コンセプトを見極めるのに，経験や専門知識が必要な場合があります．例えば，Microsoft Wordの初心者は，段落が中心的なコンセプトと知って驚くかもしれません．文書は段落の列として構成され，行についての（行頭や両端揃えなどの）書式設定プロパティは，行ではなく段落に関連付けられます．Wordで本を書こうと思っても，章や節といった本の階層構造に対応するコンセプトはなく，見出しも他と同じように段落として扱われます．Wordは，段落というコンセプトを通して，また，他のコンセプトと組み合わせることで，柔軟性と強力さを実現しています．[26]

ファミリーを特徴づけるコンセプト

コンセプトは個々のアプリを区別するだけでなく，アプリをファミリーとして統一するものです．例えば，プログラマーはプログラムコードの編集にテキストエディタ（Atom，Sublime，BBEdit，Emacsなど）を，一般に，あらゆる種類の文書作成にはワードプロセッサ（Word，OpenOffice，WordPerfectなど）を，プロのデザイナーは文書を整理して本や雑誌の最終レイアウトを作るのにDTPアプリ（Adobe InDesign, QuarkXPress, Scribus, Microsoft Publisherなど）を使うことが多いです．

テキストエディタのキーコンセプトは「行」と「文字」です．行コンセプトには，プログラムコード管理に不可欠な「差分」「マージ」などの強力な機能を具体化すると同時に，改行と段落の区切りの区別がないという制限があります．これを避けようと，テキストエディタから入力を受けとるレイアウトツール（LaTeXなど）には，段落の区切りを示すのに空行を挿入するといった取り決めをしているものがあります．

ワープロのコンセプトには，段落だけでなく，テキストに「太字」や「12pt」などの組版特性を付与する「書式」とか，書式設定を束ねて段落に関連付ける「スタイル」があり，例えば，通常の段落すべてに同一の文字サイズやフォントなどを設定する「本文」スタイルを定義できるようにします（図3.2参照）．

DTPアプリケーションには，ワープロの基本的なコンセプトが含まれますが，

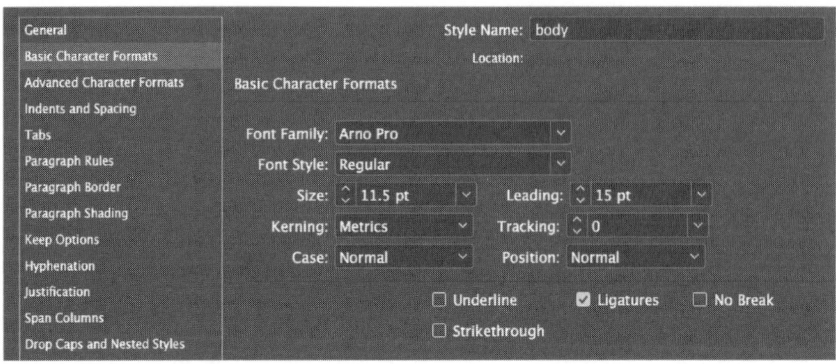

図3.2 Adobe InDesignのスタイルコンセプトで，「本文」と呼ぶスタイルの書式設定タブを示しており，これは本書の通常パラグラフのスタイルになっている

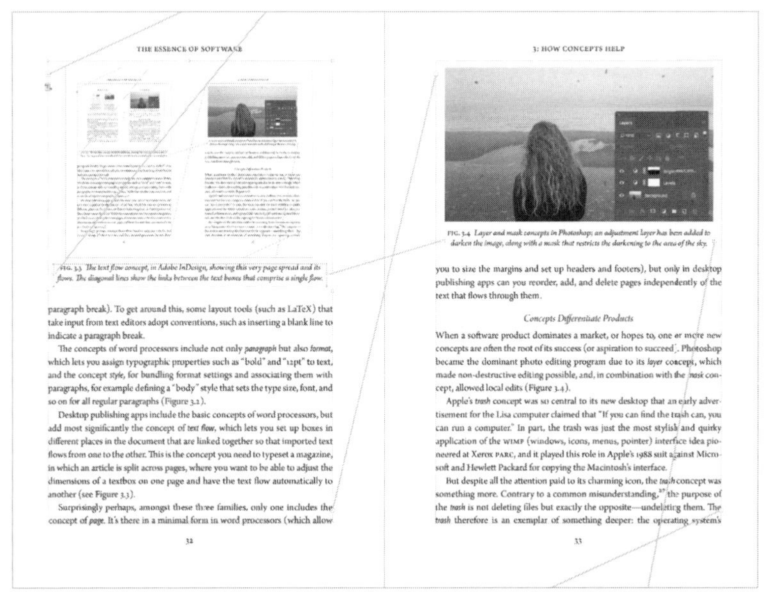

THE ESSENCE OF SOFTWARE

FIG. 3.3 *The text flow concept, in Adobe InDesign, showing this very page spread and its flows. The diagonal lines show the links between the text boxes that comprise a single flow.*

paragraph break). To get around this, some layout tools (such as LaTeX) that take input from text editors adopt conventions, such as inserting a blank line to indicate a paragraph break.

The concepts of word processors include not only *paragraph* but also *format*, which lets you assign typographic properties such as "bold" and "12pt" to text, and the concept *style*, for bundling format settings and associating them with paragraphs, for example defining a "body" style that sets the type size, font, and so on for all regular paragraphs (Figure 3.2).

Desktop publishing apps include the basic concepts of word processors, but add most significantly the concept of *text flow*, which lets you set up boxes in different places in the document that are linked together so that imported text flows from one to the other. This is the concept you need to typeset a magazine, in which an article is split across pages, where you want to be able to adjust the dimensions of a textbox on one page and have the text flow automatically to another (see Figure 3.3).

Surprisingly perhaps, amongst these three families, only one includes the concept of *page*. It's there in a minimal form in word processors (which allow

32

3: HOW CONCEPTS HELP

FIG. 3.4 *Layer and mask concepts in Photoshop; an adjustment layer has been added to darken the image, along with a mask that restricts the darkening to the area of the sky.*

you to size the margins and set up headers and footers), but only in desktop publishing apps can you reorder, add, and delete pages independently of the text that flows through them.

Concepts Differentiate Products

When a software product dominates a market, or hopes to, one or more new concepts are often the root of its success (or aspiration to succeed). Photoshop became the dominant photo editing program due to its *layer* concept, which made non-destructive editing possible, and, in combination with the *mask* concept, allowed local edits (Figure 3.4).

Apple's *trash* concept was so central to its new desktop that an early advertisement for the Lisa computer claimed that "If you can find the trash can, you can run a computer." In part, the trash was just the most stylish and quirky application of the WIMP (windows, icons, menus, pointer) interface idea pioneered at Xerox PARC, and it played this role in Apple's 1988 suit against Microsoft and Hewlett Packard for copying the Macintosh's interface.

But despite all the attention paid to its charming icon, the *trash* concept was something more. Contrary to a common misunderstanding,[27] the purpose of the *trash* is not deleting files but exactly the opposite—undeleting them. The *trash* therefore is an exemplar of something deeper: the operating system's

33

図3.3 Adobe InDesignのテキストフローコンセプトで，まさに本ページ（原著）の見開きとフローを示す．対角線は一つのフローを成すテキストボックス間のリンクを示す

最も重要なのは，テキストフローのコンセプトが加わったことです．このコンセプトによると，文書内の異なる場所にボックスを設定し，ボックス間を繋げて，テキストを一方から他方へ流れるようにできます．これは複数ページにまたがる記事を

組版する雑誌で必要なコンセプトで，あるページのテキストボックスの大きさを調整し，別のページにつなげることができます（図3.3参照）．

意外かもしれませんが，この3つのファミリーの中で，ページというコンセプトを持つのは1つだけです．ワープロでは，余白の大きさやヘッダーとフッターを設定できるなど，最小限の形で存在します．DTPアプリケーションだけが，テキストの流れと独立にページを並べ替え，追加，削除することができます．

コンセプトは製品の差別化

ソフトウェア製品で市場を支配する，あるいは支配したいと願うとき，1つまたは複数の新しいコンセプトが，成功（あるいは成功への願い）の根源になることが多いです．Photoshopが写真編集ソフトの覇者となったのは，非破壊編集を可能にするレイヤーのコンセプトとマスクコンセプトとを組み合わせることで，局所的な編集を可能にしたからです（図3.4）．

Appleのゴミ箱コンセプトは，Lisaコンピュータの初期の広告で，「ゴミ箱を見つけることができれば，コンピュータを動かせます」と謳っていたほど，新しいデスクトップの中心でした．ゴミ箱は，Xerox PARCが開拓したWIMP（ウィンドウ，ア

図3.4　Photoshopのレイヤーコンセプトとマスクコンセプト．空の領域だけを暗めにするマスクとイメージを暗めに設定する調整レイヤーを追加した

イコン，メニュー，ポインタ）インタフェースのアイデアの最も粋で風変わりな応用にすぎません．Appleが1988年にMicrosoftとHewlett Packardに対してMacintoshのインタフェースを模倣したとして訴訟を起こした際にも中心になりました．

その魅力的なアイコンに注目が集まったものの，ゴミ箱コンセプトはそれ以上のものでした．よくある誤解に反して[27]，ゴミ箱の目的はファイルを削除することではなく，その正反対，つまりファイルを削除しないことです．ゴミ箱はより深い意味を持つ具体例なのです．つまり，オペレーティングシステムがユーザの誤りに対応する例で，今では，ユーザインタフェース設計の基本原則と認識されています．(ゴミ箱コンセプトについては，**第4章**で詳しく説明します)．

1979年にDan Bricklinが発明した表計算ソフトは，計算の分野で最も成功した革新の1つで，会計帳簿に影響された新しい計算モデルをもたらしました．斬新なのは会計帳簿機能ではなく，あるセルの値を他のセルの値を用いて定義可能にする数式という新しいコンセプトにありました．実は，Bricklinの製品であるVisiCalcは，会計アプリでは全くなく，会計業務を直接の目的とする他アプリの失敗作でした．数式のコンセプトは，あらゆる計算をモデル化できるので強力でした．また，同時に導入された参照というコンセプトを巧妙に用いることで，絶対位置と相対位置を区別し，あるセルから別のセルに数式をコピーできるようにしたことは興味深いものでした．

より現代的な例ですが，スケジュール管理のCalendlyは，イベントタイプというコンセプトで差別化するアプリを提供しています．15分の電話，1時間の対面会議など，イベントの種類の集まりを定義し，それぞれに時間，キャンセルの方針，通知の種類などの特性を与えます．そして，イベントタイプごとに，自分の空き時間を示します．これらのイベントタイプを基に面会の予約をするのです．

身近なアプリやシステムの基軸となるコンセプトを見つけ出すのは，楽しく理解を深めるのに役立つゲームです．例えば，WWW (World Wide Web) を考えましょう．htmlやlinkを思い浮かべるかもしれませんが，マークアップ言語やハイパーテキストは以前からありました．Webの中核は，実はURL (Uniform Resource Locator) コンセプトで，ドキュメントにグローバルでユニークかつ永続的な名前を付けるというアイデアです．これがなければ，Webは，各々が連携しない独自ネットワークの集まり以上のものではありません．

コンセプトは複雑さを露呈する

多くのコンセプトはわかりやすく，簡単に学ぶことができます．ところが，もっと複雑なものもあります．複雑さは正当化できず，悪いデザインの証拠に過ぎませんが（これについては後述します），コンセプトには複雑さを正当化する力さえあります．

Photoshopのレイヤーコンセプトとマスクコンセプトがこれにあたります．Photoshopを使い始めた頃，遊びながら，赤目の除去といった特殊な作業の方法を紹介するビデオを見ながら，Photoshopを学ぼうとしたものです．そのうち，中核になるコンセプトを深く理解する必要に気づきました．レイヤーとマスク（およびチャンネル，曲線，色彩空間，ヒストグラムなど）を，コンセプトから解説した本を見つけました．それを読んでから，やりたいことができるようになりました．

一般ユーザが広く使っているアプリにも，複雑なコンセプトが見られます．ブラウザアプリは，サーバが認証情報を盗もうとする不審者ではなく銀行など考えている通りの企業かを調べる証明書コンセプトや，ログアウト後に閲覧情報を他ユーザから見られるのを防ぐプライベートブラウジングのコンセプトを持ちます．これらのコンセプトは，セキュリティ上重要にもかかわらず，よく理解されてはいません．ほとんどのユーザは，証明書がどのように機能し目的が何なのかを知らないし，プライベートブラウジングだと追跡されることなくサイトを閲覧できると考えていることが多いのです．

さらに悪いことに，ブラウザの最も基本的な動作は，ほとんどのユーザに見えない複雑なコンセプトに依存しています．例えば，ページキャッシュのコンセプトは，ウェブサイト開発者が使うもので，以前にダウンロードしたコンテンツを使用することで，ページの読み込みを速くします．ところが，古いコンテンツがいつ置き換えられるかのルール（およびそのルールの変更方法）は，開発者にとっても明らかでなく，そこで，ユーザも開発者も同じなのですが，ブラウザに表示されるコンテンツが新しいかどうかが分からない場合があります．

巧妙なコンセプトを強調することで，焦点を絞ることができます．ユーザとして，何を学べばよいかを教えてくれます．パワーユーザになりたければ，インタフェースの細部は無視し（後で簡単に習得できます），いくつかの主要コンセプトを理解すると良いです．教える立場になるときにエッセンスに焦点を当てるのを助けてくれます．例えば，ウェブ開発を教えるとき，特定のフレームワークの個別性にとらわれずに，セッション，証明書，キャッシュ，非同期サービスなどの重要なコンセプトを説明できます．そして，デザイナーとしてイノベーションを起こす機会を与えてくれるのです．例えば，サーバ認証の良いコンセプトがあれば，多くのフィッシング攻撃を防げるかもしれません．

コンセプトがビジネスを定義する

「デジタルトランスフォーメーション（DX）」は，言葉は大仰ですが，ビジネスの中核をオンライン化し，顧客が自分のデバイスからサービスにアクセスできるようにするという単純なアイデアのことです．コンサルタントをしてきた経験からすると，ビジネス刷新と拡大を求める経営者は，中核が何かを理解しようとする代わりに，格好いいテクノロジーに目を向けていることに何度も気づきました．クラウド化，機械学習やブロックチェーンの利用などでシェア拡大を図ろうとしますが，多くの場合，解くべき問題に明確な考えを持っていません．

中核になるコンセプトへの投資は，派手さはないものの，より効果ある可能性が高いです．第1に，ビジネスの中核のコンセプトを特定するだけで，現在提供している（そして将来提供する可能性のある）どのようなサービスに焦点を当てるかがわかります．第2に，そのコンセプトを分析することで，ビジネスを合理化する際の軋轢や機会を明らかにできます．第3に，コンセプトを棚卸しすれば，各コンセプトの（顧客と会社にとっての）価値ならびに実現し維持するコストを反映してランク付けでき，会社が提供するサービスに関する戦略立案の基礎になります．第4に，一連の中核のコンセプトを統合することで，企業は，技術プラットフォームや部署を問わずに，顧客に均一な体験を提供でき，また，コンセプトの複数のバリエーションを維持するコストを減らせます．コンセプトを個別に実現し，また，これに伴って，部門間でのデータ交換時にスキーマの違いを解決するという頭痛の種を減らせます．

優れたサービスは，顧客が理解しやすく使いやすい少数のコンセプトを中心に展開されています．また，革新的なサービスは，わかりやすい一方，説得力のある新しいコンセプトを含むことが多いです．例えば，Appleの楽曲についてのコンセプトでは，Steve Jobsは，音楽の選択，購入，ダウンロード，再生のすべてのステッ

プを統一的なコンセプトで提供する機会を得たのでした.[28]

それに対して，航空ビジネスを考えます．その主要コンセプトは間違いなく座席ですが，これほど不明瞭で扱いにくいコンセプトはないでしょう．利益を最大化しようとして，ほとんどの航空会社は（提示された座席の価格と同じ飛行機の他の座席との比較，たった今売れた価格との比較，過去の価格との比較が専門家しかわからないように）座席の価格戦略を隠し，（例えば，空き座席数，同じ飛行機の異なる座席との比較といった）商品の詳細についてはほとんど情報を明かさず，また，座席選択が事前にできないことがあります．フリークエントフライヤーのコンセプトは，注意事項や除外事項だらけで，顧客が価値を可能な限り得られないように，誤解を招く不誠実な戦術を用いています.[29]

コンセプトがコストと便益を決める

アプリの開発を計画する際，候補となるコンセプトのリストを使うと，アプリ機能の範囲を決め，コストと便益のトレードオフを検討できます．もちろん，開発者は，機能とか特徴についてインフォーマルな方法で，似たことを，長い間，行ってきました．ここで，コンセプトがもたらすのは，機能を個別の価値とコストから構成される独立した単位に明確に分割することです．

別の言い方をすれば，コンセプトをデザインに取り入れる前に，次のことを考えて，正当かを確認します．(a) コンセプトの目的（ユーザにとってどれだけ価値があるか），(b) コンセプトの複雑さ（開発にかかるコスト，潜在的な混乱という意味でのユーザのコスト），(c) コンセプトの新規性（それに伴うリスク）です．

80：20の法則がコンセプトにも当てはまるのは間違いありません．20％のコンセプトが80％の便益をもたらすということです．有用性の低いコンセプトが重要でないとは言い切れません．あるユーザには役に立たないコンセプトが，別のユーザには不可欠ということはよくあります．また，アプリのデザインの中心にあるコンセプトが，結局はあまり使われてないこともあります．

例えば，Gmailのラベルコンセプトは，メッセージを整理する重要なメカニズムで，Gmail開発の複雑さの大部分を占めているはずです．後述するように，このコンセプトは複雑怪奇で，ユーザを混乱させる原因になっているようです（図3.5）．Gmailのユーザが，どのメッセージを送信し，どのメッセージを受信したかを区別

図3.5　Gmailのラベル．ユーザ定義ラベルを持たないメッセージの探索例なのに，最初の項目は，そのような（「hacking」と「meetups」という）ラベルを伴う．その説明は次の通り．Gmailは，問合せを満たすメッセージを含む全ての会話と，そのメッセージのラベルを表示する．したがって，ラベルのないメッセージも，ラベルのあるメッセージも，探索結果に現れるのである

できないのも，同じ理由です．送信済みラベルは，他のラベルと同様に，表示上，個々のメッセージではなく，会話全体に付けられるからです．ですが，Gmailユーザの3分の1以下しか，ラベルを作成しないようです．[30]

コンセプトは関心事を分離する

最も重要な問題解決の戦略は何でしょうか．関心事の分離に軍配をあげたいと思います．異なる側面あるいは関心事は，完全に独立していないとしても，別々に扱われることになります．[31]

コンセプトは，ソフトウェアデザインで関心事を分離する新しい方法を提供します．例えば，メンバーがメッセージを投稿し，様々な種類のアセット（画像など）を共有するグループフォーラムをデザインしているとします．ちょっと見には，グループコンセプトに気付いて，グループに参加する，メッセージを投稿する，他の人の投稿を読むなどに具体化するかもしれません．粒度の小さいデザインでは，機能をさらに細かいコンセプトに分離したかもしれません．会員やアセットをグループに関連付ける方法に着目した単純なグループコンセプト，メッセージの作成と書式設定についての投稿コンセプト，メンバーに招く招待コンセプト，活動を開始する要求コンセプト，状態が変化した時あるいは投稿に誰かが返信した時に通知を受け取るメッセージを管理する通知コンセプト，メッセージの調整を司る調整コンセプトなどです．

このように分離することで，デザイナーは一度に一つの側面に集中することができます．モデレータの流れを作ろうとするのと，会員招待を取り消すことができるかどうかを同時に考えるようなことは必要ありません．各コンセプトは思うように充実させればよく，コンセプト自体で小さなシステムになることさえあります．また，コストが便益に比例しないとデザイナーが判断する場合は，そのコンセプトを完全に省くこともできます．

細分化が，デザイナー1人にとって有益なら，同じように，チームにも有益です．コンセプトをチームメンバー（またはサブチーム）に割り当てることで，並行して作業を進めることができます．また，コンセプトの目的が明確なので，各々の作業結果が対立することは滅多になく，組み合わせた時，デザインしたコンセプト間の不整合を解消できます．

コンセプトは再利用をもたらす

デザインを最も基本的な要素のコンセプトに分解すると，再利用の可能性が見えてきます．例えば，グループフォーラムのアプリでは，調整のコンセプトを特定したデザイナーにとって懸命なことは，他でどのように調整が実現されているかを調べることでしょう．最初は，調整対象が新聞記事のコメントではなく，フォーラムの投稿であるということを無視できます．調整のさまざまなオプションを検討する準備ができたら，デザイナーは，あるオプションが他よりも，考えている状況に適しているかどうかを検討できます．さらに良いことに，デザイナーは，既製ソリューションをそのまま採用できることがわかり，コンセプトのアイデアだけでなく，その実現も再利用できるかもしれません．[32]

コンセプトの多くは，アプリ間でほぼ同じ形で再利用されています．コンセプトデザインのハンドブックがあると想像してみてください．デザイナーはゼロから再発明するのではなく，あるコンセプトを調べ，そのコンセプトに関連するすべての細かな問題と，従来からの解決方法を知ることができます．

例えば，ほとんどすべてのソーシャルメディアアプリは，何らかの賛成投票コンセプトを取り入れています．あるアイテムに「いいね！」（あるいは「嫌い」）を登録すると，そのアイテムのフィードと検索結果での重要さに影響を与えます．このコンセプトを初めてデザインする場合，二重投票を防ぐ方法が必要で，それは，賛成投票する際にユーザを識別する何らかの方法に依存すると，早い段階で気づけるでしょう．

ところが，どのようなユーザ識別方法があり，相対的な利点や欠点がわからないかもしれません．ログインさせてユーザ名に頼るべきか，IPアドレスを代替情報として使用すべきか，ユーザ識別という目的だけにクッキーを使うべきか，などです．例えば，ユーザの識別情報を格納するコストを低減するのに，（実際は以前の投票で用いた識別情報を廃棄できますが）投票済みアイテムへの投票を凍結する方法を考えなかったかもしれません．また，あるユーザの投票がより影響力を持つか，古い投票よりも最近の投票を信頼すべきか，というような投票の重みのことを考えなかったかもしれません．コンセプトハンドブックには，賛成投票の項目があり，こういったデザインオプションとそれらのトレードオフがリストアップされているので，これまでに何度となく他の人が辿ったデザイン過程での労力を省けます．

コンセプトがユーザビリティの問題を発見する

ソフトウェアアプリやサービスが非常に使いにくく，拒絶反応を起こすほどユーザをイライラさせることがあります．このような場合，問題の原因を1つのコンセプトに絞り込めることがあります．

Appleは，ノートパソコンや携帯電話など，ユーザのデバイス中のデータにクラウドストレージを提供しています．このクラウドストレージには，2つの目的があります．1つは，デバイス間でデータを同期させることで，例えば，ブラウザのブックマークをどの端末でも一致させることができます．もうひとつはバックアップの提供で，デバイスを紛失したりストレージが破損したりしても，クラウド上にあるコピーからデータを復元できます．

Appleのデザイン戦略は，ユーザ主導が不可欠と思われる場合でも，常に，単純さと自動化を手動操作より優先する傾向があります．同期コンセプトはこの戦略の典型例で，結果として，混乱した顧客の苦情原因になっています．

Appleのデザインは，可能な選択肢がない，身動きが取れない状況にユーザを追い込むようです．iPhoneのストレージ容量が足りなくなったときのジレンマを考えてみてください．この場合，iPhoneの容量が不足しそうという警告メッセージが表示され，「設定で容量管理する」ように勧められます．

この時点では，可能な選択肢のどれもあまり魅力的ではありません．写真に多くの容量を取られているとしたら，どうでしょう．「写真」アプリケーション全体を，関連するデータと状態も含めてすべて削除できます．「最適化ストレージ」をオンにして，（高画質の写真はマスターコピーとしてクラウドに保存する一方で）写真を低画質に変換することもできます．ところが，携帯電話から写真を数枚削除する一方で，他のデバイスに残すという簡単なことができません．そんなことをすると，携帯電話から削除した写真はクラウドからも削除されます．そして，他のすべてのデバイスに伝搬し，その写真が削除されるのです．

Appleの同期コンセプトに欠けているのは，一部のファイルを同期しない「選択的同期」というアイデアです．この機能があれば，携帯電話から古い写真を削除し，そのコピーをクラウドに残すことができます．これに対し，Dropboxの同期コンセプトは，この選択的同期機能を提供しているので，確かにまともです．[33]

安全・安心を確保するコンセプト

「デザインからの安全さ」という言葉が流行したのは，今日のあらゆるソフトウェアシステムの懸念事項であるセキュリティは，すべてのセキュリティホールを塞ぐこと（これは不可能ですが）ではなく，セキュリティホールがあっても安全なようにシステムを設計することであるという共通認識の高まりを反映しています．

セキュリティのデザインは，2〜3のキーとなるコンセプトでシステム全体の特性を取り扱えます．リクエスト主体（セキュリティ分野では「プリンシパル」と呼びます）を正しく識別する認証，主体が特定のリソースにのみアクセスできることを保証する権限，すべてのアクセスを確実に記録する（悪い主体をそれに応じて罰する）監査，などです．

これらのコンセプトにはそれぞれ多くのバリエーションがあり，システムの安全性を理解するには，これらのバリエーションの深い理解が必須です．目的や前提を注意深く分析しないで何気なくコンセプトを使用すると，正しく保護されているように見えるシステムが，実は脆弱だったかもしれません．

例えば，2段階認証を考えましょう．次のようになります．ユーザがあるサービスにログインすると，別のチャンネル，通常は携帯電話へのテキストメッセージ，によってユーザに特別なキーを送信します．ユーザはこのキーを入力し，期待するアクセスを許可する認証IDを（cookieあるいは他の種類のトークンの形で）受け取ります．このシナリオでは，ユーザは（例えば）電話の所有者であり，したがって正当なアカウント所有者であるとされます．

しかし，このデザインには複雑さという問題があります．まず，電話番号にアクセスすることが携帯電話の所有者を意味するという仮定に疑問が残ります．TwitterのCEOであるJack Dorseyは，2019年にハッカーに電話番号を乗っ取られ，「SIM交換」攻撃の餌食になりました．第2に，このデザインはトークンを保有する人にアクセス許可するケイパビリティというもう1つのコンセプトを含みます．この2つのコンセプトの相互作用の中でセキュリティホールを生じます．

LinkedInとの接続確認を求めるフィッシングメールを受け取ったとしましょう．そのURLは，本物のLinkedInのサイトではなく，ハッカーが所有するサーバを指しています．このサーバは本物のサーバを模倣し，あたかもLinkedInとやり取りしているような印象を与えます．2段階認証キーを入力すると，悪意のあるサーバはLinkedInにキーを送ってアクセストークンを取得し，そのトークンを渡します．すべてうまくいっているように見えますが，ハッカーもトークンも持っており，本人のふりをしてアカウントにアクセスできます．[34]

これらの問題は，いくつかの重要なセキュリティコンセプトに隠れています．コンセプトとそれらの間のやり取りのデザインが関連します．もちろんプログラムコードはコンセプトを正しく実現していなければなりませんが，基本はデザインの問題なのです．システムのセキュリティは，セキュリティのコンセプトと既知の脆弱性への理解にかかっていることが多いです．分析の結果，より強力な保証が必要とされた場合，コンセプトを置き換えるか，補強する必要があります．つまり，セキュリティのデザインは，その大半が，適切なコンセプトをデザインし使用することです．

コンセプトはすべての重要なシステムのデザインの中心です．[35]　セキュリティと違って安全性では，標準的なコンセプトはほとんどありません．とはいっても，事故が繰り返し起こることから，セキュリティにおけるコンセプトと同様の役割を果たす新しいコンセプトがありそうなことをわかります．例えば，医療機器では投与量の計算に関わるミスが多発しており，単位，濃度，流量に関わる煩雑な作業を取り扱う投与量コンセプトがあれば，防ぐことが可能なミスによって患者が負傷したり死亡したりする痛ましい事故の多くをなくせるかもしれません．[36]

コンセプトはデザイン批評に磨きをかけた

デザインの分野では，デザイナーが互いの作品をレビューし分析する「批評」が中心的な役割を果たします．批評は，原理原則を体系的に適用した正式な評価ではなく，その非公式さゆえに，洞察やインスピレーションを得る余地を提供できます．また，批評は，参加者それぞれの思いや関心が異なるので，必然的に主観的なものです．一方，効果的な批評は，批評家が既知の原理やパターンを用いて語るので，経験や専門知識からなされるといえます．[37]

このような原則やパターンは，物理レベルや言語レベルのデザインを中心に発展してきたもので，あまり，コンセプトのレベルには見られません．システムが明確なコンセプトモデルを持つべきという考えは広く受け入れられているのですが，言語レベルの原則と解釈されることが多く，コンセプトモデル自体の構造ではなく，モデルが忠実かつ効果的にユーザインタフェースに反映されるかに焦点があります．[38]

――本書の残りは，まさにこのギャップを埋めることを目的としています．第II部は，コンセプトを論じる語彙と，コンセプトを表わす構造を紹介します．第III部は，コンセプトの選択と組み合わせ法を規定する3つのデザイン原理を示します．

デザイン原理はいろいろと利用できます．デザイン批評を共通理解する土台になり，ヒューリスティック評価へ系統的に適用できます．最も大切な役割はデザイナーの思考法を形作ることです．例えば，Normanの「マッピング」は，制御ユーザインタフェースを制御対象オブジェクトのレイアウトと沿うように配置することで，この考え方を理解しさえすれば，自然なマッピングになっているレイアウトを得ることができます．[39]

同様に，コンセプトの言語と原理を身につけると，より良いソフトウェアデザイナーとしての力がつくでしょう．直接的かつ明確にアイデアを表現する方法，体系的な枠組みで直感と経験を固め，高いデザインセンスに基づく判断の方法を得ることができるはずです．

教訓と実践

本章から得られる教訓

- コンセプトは，個々のアプリ，アプリのクラス，製品ファミリー全体を特徴づけます．アプリを比較し，本質的な機能に焦点を当て，アプリを効果的に使用する方法を学べます．
- コンセプトは，製品の差別化要因になり，マーケティングの中心課題を決め，製品の成否の理由を明らかにできます．
- コンセプトは，DXに取り組む企業が，その道筋を描くのに役立ちます．DXは，顧客がサービスにアクセスするプラットフォームを拡張したり話題の技術を採用したりすることではなく，中核のビジネスコンセプトを特定，統合，拡張して，顧客に真の価値をもたらすようにすることです．
- コンセプトは，ソフトウェアデザイナーが関心事を分離し，再利用を推し進め，より効果的にエンジニアリングの労力分担を決める詳しい情報を提供します．
- コンセプトは，安全・安心のデザインの本質であり，適切なコンセプトを選び，その意味を理解することが最も重要です．
- コンセプトデザインは，デザインレビューに適用するルールを提供し，後になってはじめて発見されるような問題を回避できます．このようなルールを身につけたデザイナーは，明確に意識していなくても，よりよいデザインを生み出す可能性が高いです．

そして，今すぐ実践できることも

- よく知っているアプリを取り上げ，そのアプリを特徴づける中核のコンセプトをいくつかあげてください．類似アプリを検討し，そのコンセプトによって共通点と相違点を明らかにできるか考えてください．
- これまでに作成または利用したことのあるソフトウェア製品の成功（または失敗）要因となるコンセプトを特定してみてください．
- グループコンセプトを例にとって，身近なソフトウェアから複雑な機能を探し，個別の小さなコンセプトに分解してみましょう．他の製品との関連や，コンセプトをより統一的に適用する可能性が見えますか？

第 *2* 部
基　礎

第 4 章

コンセプトの構造

これまで，コンセプトについて，かなり曖昧で一般的にお話ししてきました．ところで，そもそもコンセプトとは何でしょうか．コンセプトを有効活用するには，一般論にとどまらず，具体的に検討する必要があります．本章では，コンセプトの定義をどのように組み立てるかを説明します．これによって，コンセプトとは何(であって何でない）かが明らかになります．コンセプトのデザインに向けてのロードマップを提供し，個々のコンセプトを正確に定義できるようにします．

ここでは，3つのコンセプトを例に，その構造を中心に，創案ならびに使い方の経緯やデザインの微妙な違いを説明します．

もちろん，コンセプトによってデザインに関わるあらゆる問題が解決されるわけではありません．しかし，問題が，あるコンセプトに特有であると気づくことで，課題の在り処を特定できます．コンセプトが具体的に表現する振舞いだけでなく，そのデザインに関して蓄積された知識，適用過程で実際に生じた数々の問題，デザイナーが実施してきたさまざまな対処の方法を詰め込んだ器になります．

ゴミ箱：Appleの強力なコンセプト

ゴミ箱というコンセプトは，Macintoshの前身であるLisaコンピュータで1982年にAppleが考案しました．ゴミ箱のアイコン（と，何かを入れるとかわいく膨らみ，空にする時のカリカリという気の利いた音）は身近で使いやすいOSにしたいというMacintoshの主張の象徴となりました（図4.1）．以降，ゴミ箱のコンセプトは，至るところで見られるようになり，他のオペレーティングシステムのファイルシステム・マネージャだけでなく，多くのアプリケーションにも登場するようになりました．

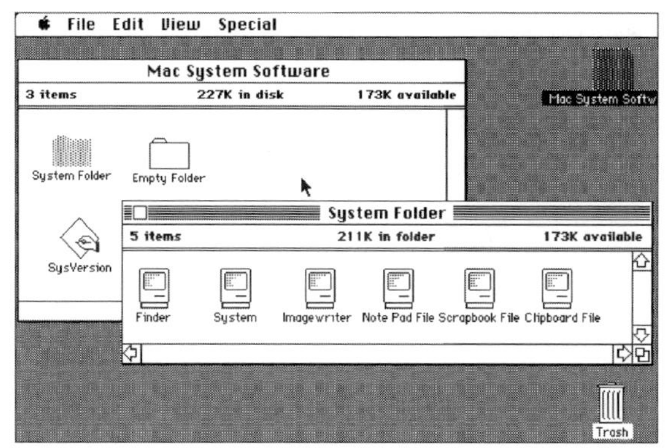

図4.1 オリジナルMacintoshのデスクトップで，ゴミ箱が右下にある（1984年）

一見すると，ゴミ箱のアイコンは，削除コマンドの実行ではなく，ファイルやフォルダをゴミ箱にドラッグして削除する直感的なジェスチャーを提供するだけに見えます．しかし，本当の新しさは，ゴミ箱に移動することではなく，ゴミ箱から移動可能な点です．中にあるものは，ゴミ箱を開けて見ることができ，ゴミ箱から他の場所に移動して復元することができます．したがって，ゴミ箱コンセプトの目的は，削除ではなく，削除の取り消しであるといえるでしょう．[40]

もちろん，新しいファイル領域を確保するには，ファイルを永久に除去できるようにしなければなりません．これは，ゴミ箱を「空にする」ことで実現されます．つまり，削除したいときはゴミ箱に移動し，戻したいときはゴミ箱から取り出し，容量が足りなくなり永久に除去するときはゴミ箱を空にします．

コンセプトデザインを実践するには，コンセプトを簡潔かつ的確に記述する方法が必要です．**図4.2**は，ゴミ箱コンセプトがどのように記述できるかを示します．各部分は先ほどの説明に対応します．

最初はコンセプトの名前です．[41] 名前と共に，タイプのリストを示します．ここはひとつのタイプで，*Item*は，このコンセプトをインスタンス化する際に確定します．あるインスタンス化では*Item*はファイルシステムのファイルに，別の場合では電子メールクライアントのメッセージになるかもしれません．

名前の次に，そのコンセプトの目的の簡潔なまとめが続きます．その次に来る状態は，コンセプトを構成するものを構造化して整理します．この例では，アクセス可能な（ゴミ箱の外の）*Item*の集合である*accessible*と，ゴミ箱に入った（削除されたがまだ除去されていない）*Item*の集合である*trashed*の2つだけです．[42]

```
concept trash [Item]
purpose
  to allow undoing of deletions
state
  accessible, trashed: set Item
actions
  create (x: Item)
    when x not in accessible or trashed
    add x to accessible
  delete (x: Item)
    when x in accessible but not trashed
    move x from accessible to trashed
  restore (x: Item)
    when x in trashed
    move x from trashed to accessible
  empty ()
    when some item in trashed
    remove ever y item from trashed
operational principle
  after delete(x), can restore(x) and then x in accessible
  after delete(x), can empty() and then x not in accessible or trashed
```

図4.2　ゴミ箱コンセプトの定義

アクションは，コンセプトの動的な側面，つまり動作振舞いを記述します．アクションは瞬時に終わり時間がかかりませんが，アクション間で，いくら時間が経過しても構いません．アクションの記述は，アクションが生じた時に，どのように状態が更新されるかを述べています．例えば，アイテム削除は，*accessible*の集合から*trashed*の集合に移動することです．また，アクションが生じるタイミングを制限する事前条件を含めることも可能です．例えば，*accessible*で*trashed*でない時，そのアイテムを削除できます（ここまでの簡単な概要説明にあったアクションに加えて，削除されたアイテムは何らかの形で存在しなければならないので，記述の完全性から，生成アクションを含めます）．

最後に，アクションが目的を達成することを示し，典型的な使用シナリオから構成される操作の原則があります．この例では，2つのシナリオがあります．ひとつは，復元で，アイテムxの削除後，そのアイテムを元に戻し，アクセス可能にします．もうひとつは，永久的な除去で，アイテムを削除した後，ゴミ箱を空にすることができ，そのアイテムはアクセス不可能となり，ゴミ箱からもなくなります．

狭い技術的な意味では，アクションの仕様からシナリオを推測できるので，操作の原則は，新しい情報を追加するものではありません．しかし，コンセプトがそのようにデザインされた理由や，どのように使用されるかを理解する上で，操作の原則は基本となります．[43]

以上のことは，振舞いに関する数学的なモデルに基づき，アクション定義ならびに操作の原則の形式的な記法を用いて，より厳密に表すことができます．詳細は，多くの読者にとって重要でないので，巻末のノートに譲りました．[44]

ゴミ箱コンセプト：デザイン欠陥の最終的な修正

このゴミ箱コンセプトは非常に成功しており，広く使われています．すべてのグラフィカル・ファイルマネージャ（Mac，Windows，Linux），電子メールクライアント（Apple MailやGmailなど），クラウドストレージシステム（DropboxやGoogle Driveなど）に搭載されています．このコンセプトの具体例すべてがまったく同じ動作を提供するわけではありません．よくあるのは，アイテムが削除されてから一定時間（例えば30日）が経過すると，ゴミ箱から永久に除去されるというバリエーションです．

Macintoshでは，システムに対してゴミ箱が1つなので，いくつか不都合な結果が生じます．まず，外付けドライブを抜き差しすると，そのドライブに関連した削除済みアイテムが入れ替わるので，ゴミ箱の中身が増えたり減ったりします．これは，ちょっと困った状況を招きます．つまり，ゴミ箱中のアイテムを復元しようと思っても，消えて見当たらないのです（ドライブが取り出し済みなことが理由です）．

次のようなシナリオで，実際，問題が生じます．ファイルをコピーしようとUSBキー（小型の外付けフラッシュドライブ）を挿入するのですが，十分な空き容量がなかったとしましょう．USBキー上のファイルをいくつかゴミ箱に捨てて空き容量を得ようとしますね．次に，ファイルをコピーしようとしますが，うまく行きません．ゴミ箱に捨ててもファイルが永久に除去されるわけではないので，空き容量を得られなかったのです．容量を得るにはゴミ箱を空にする必要があります．

ここで，ジレンマに陥ります．ゴミ箱を空にしないとUSBキーにファイルをコピーできませんが，空にすると，これまでにハードドライブから削除したファイルを全て失い，後に，復元できなくなってしまいます．

驚くべきことですが，この問題は30年以上も解決されないまま放置され，2015年に出されたAppleのOSバージョンのOS X El Capitanで，ようやく取り扱われました．解決策は，回避策といっても良いですが，ワンクリックでゴミ箱の中の選択したアイテムを永久に除去する「即時削除」アクションを提供することでした．

もう一つのデザイン欠陥は，ゴミ箱内のファイルの一覧表示方法です．何十年もの間，ゴミ箱の中のアイテムを削除日順に並べ替える方法がありませんでした．誤って削除したファイルを復元しようとしてゴミ箱を探しても，あとの祭りです．どうしても空き容量が必要になるまでゴミ箱の中を放置しておくとすると，何千ものファイルがたまることになります．削除したファイル名を覚えておかないと，見つけることさえできないのです．

2011年，AppleはOS X Lionで，フォルダ内のアイテムを「追加日」でソートできるようにしました．ゴミ箱の場合，削除日に相当します（第6章では，このデザインを詳細に説明し，コンセプトの巧みな組み合わせ方法を紹介します）．

スタイル：デスクトップパブリッシングの裏にあるコンセプト

2つ目の例は，先に述べたスタイルというコンセプトで，Adobe InDesignについては図3.2に，Microsoft WordとApple Pagesについては図4.3に示しています．一貫した書式を容易に実現することが目的です．

この機能を使用するには，文書内の段落にスタイルを割り当てます．例えば，セクションの見出しに対応する各段落に見出しスタイルを割り当てることができます．また，すべての見出しを太字にしたい場合，見出しスタイルの書式設定を太字に変更すると，すべての見出しの段落が一斉に更新されます．

以上は操作の原則で表すことです．実際には，かなり凝ったシナリオになっていて，複数の段落を作成し，複数の段落に1つのスタイルを割り当て，そのスタイルを修正します．操作の原則は必ずしも最も単純なシナリオとは限りませんが，目的

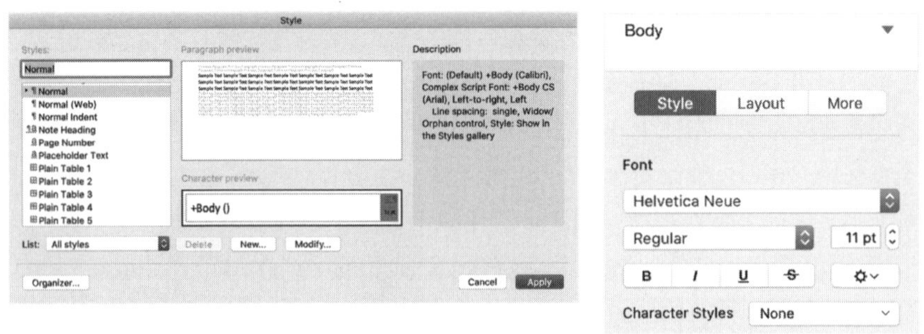

図4.3　Microsoft Word（左）とApple Pages（右）のスタイルコンセプト

```
concept style [Element, Format]
purpose
  easing consistent formatting of elements
state
  assigned: Element -> one Style
  defined: Style -> one Format
  format: Element -> one Format = assigned.defined
actions
  assign (e: Element, s: Style)
    set s to be the style of e in assigned
  define (s: Style, f: Format)
    set s to have the format f in de.ned
    create s if it doesn't yet exist
operational principle
  after define(s,f), assign(e1,s), assign(e2,s) and define(s,f'), e1 and e2 have format f'
```

図4.4 スタイルコンセプトの定義

達成の方法を示す最も小さなシナリオです．段落が一貫した書式に従うことを示すには，当然，複数の段落が必要です．コンセプト定義では，操作の原則は，書式*f*を持つスタイル*s*を定義し，*f*を2つの要素*e1*と*e2*に割り当て，次に*s*を書式*f*を持つように再定義すると，*e1*と*e2*の両方がその新しい書式を持つようになる，というものです．

このマジックを実現するのに，コンセプト状態（図4.4参照）はかなり複雑にならざるを得ません．2つのマッピングがあり，1つ（*assigned*と呼びます）は各要素を要素に割り当てられた1つのスタイルに関連付け，もう1つ（*defined*と呼びます）は各スタイルをスタイルが定義する書式に関連付けます．この説明では，「書式」は抽象的なもので，すべてのフォーマット特性（太字，12 pt，Times Romanなど）を表すものと考えます．状態の第3の構成要素formatは略記として導入され，2つのマッピングの組み合わせ（*assigned.defined*と記述）のことです．要素*e*にスタイル*s*が割り当てられ，スタイル*s*が書式*f*を持つと定義されていると，要素*e*は書式*f*を持つことになります．[45]

このように，要素にスタイルを割り当てるアクションおよび指定スタイルに書式を定義するアクションの2つを定義しました．2番目のアクションは，指定書式のスタイルを作成する時と，既存スタイルを新しい書式に更新する時の両方で使用されます．これらを個々のアクションに分離する可能性もあるのですが，どちらの方法も妥当です．

スタイルもどき：正真正銘とは限らない

スタイルというコンセプトは広く使われています．Microsoft WordやApple Pagesなどのワードプロセッサ，Adobe InDesignやQuarkXPressなどのDTPツールでは，段落のスタイルだけでなく，文字のスタイルにも使用されています．Microsoft PowerPointでは「カラーテーマ」に使われ，さまざまな種類のテキスト（タイトル，ハイパーリンク，本文など）やスライドの背景に色付けする定義済みスタイルの集まりのことです（図4.5左）．Webの書式設定言語CSS（Cascading Style Sheets）の「クラス」もスタイルで，書式設定をコンテンツから明確に分離しています．

スタイルコンセプトが使われているかが明らかでないこともあります．Adobe InDesignやAdobe Illustratorでは，色見本を適用することで要素に色付けできます（図4.5右）．最初は気づかないかもしれませんが，この色見本は変更可能です．赤の色見本で複数の要素を着色すれば，当然，すべて赤になります．ここで，その色見本を開いてスライダーを調整し緑にすると，赤い要素がすべて緑になるのがわかるでしょう．これは非常に便利で，パレットの色を最初から決めなくても，整合性のあるパレットを容易に維持できます．

また，あるコンセプトのインスタンスのように見えるものの，そうでないものに

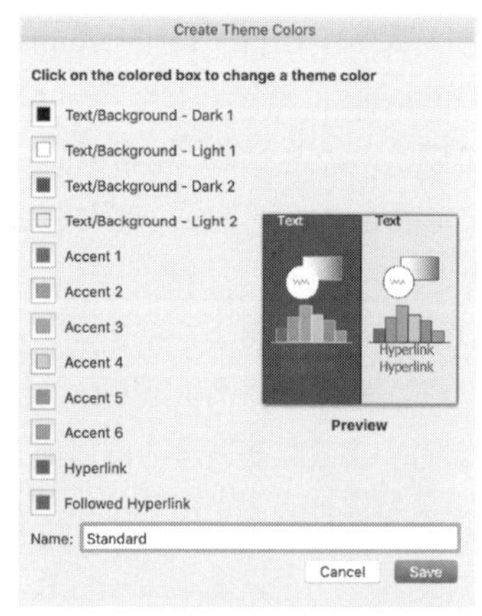

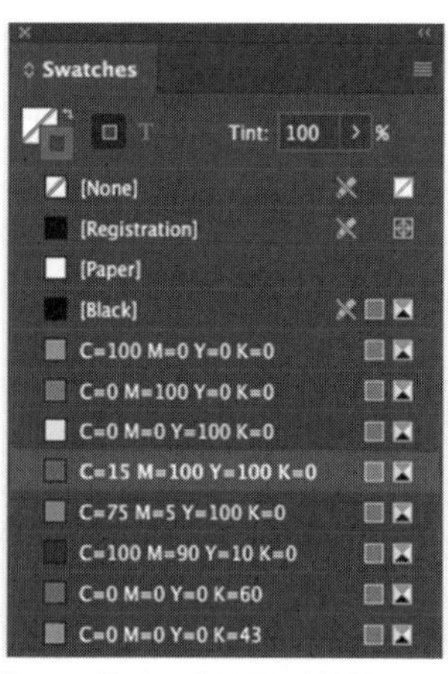

図4.5　スタイルコンセプトのMicrosoft PowerPointのスライドテーマ（左）とAdobeアプリの色見本（右）への適用

出会うこともあります．Appleのすべてのアプリにおいて色彩の選択に使われているColor Pickerは，Adobeの色見本とよく似ているので（図4.6左），スタイルコンセプトのインスタンスだと思うかもしれません．しかし，実際に使ってみると，色見本の削除や追加はできても，既存の色見本の色変更はできないことがわかります．スタイルの書式を変更する機能は，スタイルコンセプトにとって不可欠です．これがないと，このコンセプトはまったく機能しません．つまり，操作の原則が成り立ちません．新しいスタイルを追加しても，古いスタイルに関連付けられた要素に影響しないので，書式が定義された要素を一斉に変更する方法がないのです．

もう一つのスタイルコンセプトに似て非なるものは，Appleの基本的なワープロ，TextEditの「スタイル」です（図4.6右）．名前からしてスタイルコンセプトのようですし，名前のついた「スタイル」を作成したり削除したりするだけでなく，修正することも可能です．しかし，段落にスタイルを適用すると，その段落の書式は更新されますが，スタイルとの関係はその場かぎりです．スタイルと段落の関連性が持続しないのです．したがって，スタイルを変更しても，そのスタイルが将来使用される段落に影響するだけで，以前に適用されていた段落には影響しません．[46]

スタイルコンセプトはさまざまに拡張されてきました．既存の書式に新たな書式を重ねわせるものが多いです．例えば，（テキストをイタリックにするがサイズには影響しないといったように）いくつかの特性だけを設定する書式の部分スタイル，あるスタイルの拡張として定義されるスタイル継承，一部の書式を上書きするスタイルで定義されるオーバーライドなどです．

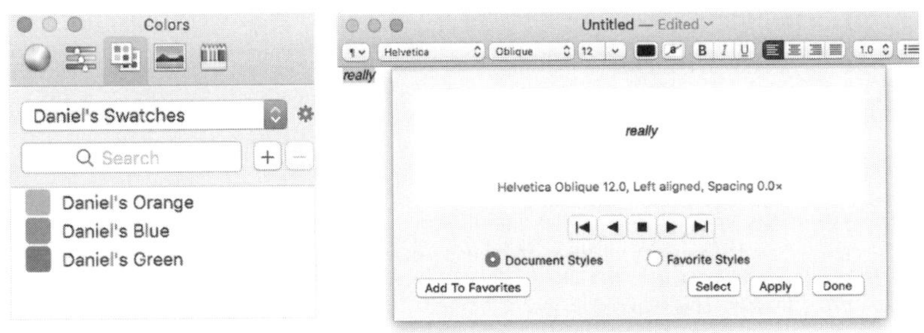

図4.6　スタイルと似て非なる２つのコンセプト．Appleの色選択（左）とApple TexyEditのスタイル（右）

予約：19世紀からあるコンセプト

本章の最後の例として，ソフトウェアよりもずっと以前から存在する，身近なコンセプトを考えましょう．予約コンセプト（図4.7）は，限られたリソースを効率よく使うのに役立ちます．提供者はリソースができるだけ多く使われることを，また，消費者は必要なときにリソースが利用できることを望みます．

動作はこんな感じです．あるリソースを使用したい消費者が予約しようとします．そのリソースが予約されていなければ，予約は成功します．その後，消費者がリソースを使用するとき，そのリソースが使用可能になります．

このコンセプトに従うには，一連の予約を追跡する必要があります．予約それぞれは対象リソースと予約した消費者を関連付けます．予約後にリソースを使用するだけでなく，消費者がもう必要ないと判断した際に予約のキャンセルができなければなりません．

もちろん，これは当たり前のことです．近所のレストランで席を予約したり，図書館で本を予約したり，コンサートで座席を予約したりといったことは，どれも目新しいことではありません．でも，その説明の形は注目に値します．目的（リソー

```
concept reservation [User, Resource]
purpose
  manage efficient use of resources
state
  available: set Resource
  reservations: User -> set Resource
actions
  provide (r: Resource)
    add r to available
  retract (r: Resource)
    when r in available and not in reservations
    remove r from available
  reserve (u: User, r: Resource)
    when r in available
    associate u with r in reservations and remove r from available
  cancel (u: User, r: Resource)
    when u has reservation for r
    remove the association of u to r from reservation and add r to available
  use (u: User, r: Resource)
    when u has reservation for r
    allow u to use r
operational principle
  after reserve(u,r) and not cancel(u,r), can use(u,r)
```

図4.7　予約コンセプトの定義

スの有効活用）から始め，操作の原則（予約手順と予約成立の方法），状態（予約の集まり），そして動作（予約，利用，キャンセル）を説明しました．

このコンセプトの説明では，（どのリソースがまだ利用可能かを記憶する）集合と，ユーザから予約対象リソースへのマッピングを用います．このマッピングは，スタイルコンセプトの定義でのマッピングとは異なり，1対多です．一人のユーザが複数リソースを予約できます．

また，リソース（例えばレストラン）の所有者がリソース提供したり回収したりするアクションも含まれます．リソースの回収は，予約されている場合は微妙です．話を簡単にして，ここではリソースを回収できないこととしていますが，実際的なデザインでは，リソース回収や，暗黙の了解による予約キャンセルを伴います．最後に，操作の原則には，これまでの説明になかった注意事項が追加されています．予約後，使用するまでにキャンセルしなかった人のみが使用できることです．

デザイナーから見た予約

他のコンセプトと同様に，予約には多くのバリエーションと追加機能があります．多くの場合，リソースは一定の期間と結びついています．レストランの予約システムでは，消費者は開始時間のみを選択し，終了時間は明示されず，レストランのオーナーが決定します（食事時間の想定が長すぎると顧客数が少なくなり，逆に短すぎると予約している人を待たせることになるので，微妙な判断が必要です）．リソースは，特定の物理的なオブジェクト（例えば飛行機の座席）に関連付けられることもあれば，あるクラスに属する置き換え可能なメンバー（例えばレストランのどこの席かや，特定の本など）を表すこともあります．

予約は無料のことが多いので，提供者はリソースを予約しておきながら利用しないユーザに対するリソースの保護が必要かもしれません．レストラン予約システムでは，レストランのオーナーが実行するノーショー・アクション（無断キャンセル）を追加することで，この保護を実現します．ノーショーが多い顧客のアカウントは停止されます．また，同じ夜に2つのレストランを予約するなど，同時に利用できないリソースの予約を避ける戦略もあります．航空会社の予約の重なりを検出するルールは複雑で，結果としておかしな事態を引き起こします．[47]

予約コンセプトは非常に有用で，さまざまな領域で応用されています．鉄道信号では，列車が入線する前に線路の区間を予約させることで安全性を確保します．2台の列車が同時に同じ区間を占有することがないことを確認できます．ネットワークでは，RSVP（Resource Reservation Protocol）というプロトコルがあり，ルータの帯域を予約することで，必要なときに一定レベルの（「QoS」と呼ばれる）ネットワーク性能を保証できます．

教訓と実践

本章から得られる教訓[48]

- コンセプトの定義は，その名称，目的，状態，動作，操作の原則を含みます．操作の原則は，振舞いがどのように目的を達成するかを示すもので，コンセプトを理解する鍵であり，最も単純なシナリオとは限りません．
- すべてのコンセプトは特定の状況下の特定の目的で考案されています．広く使われているコンセプトの多くは長い時間をかけて発展し，洗練されてきました．
- 多くのコンセプトはジェネリックで，さまざまな種類のデータに対してさまざまな状況で適用できます．ジェネリック性は再利用に役立ち，コンセプトの本質を抽出するのに役立ちます．
- コンセプトは互いに独立にデザインされ，理解できます．デザインを個別の小問題に分割することで，ソフトウェアデザインを簡素化し，デザインの多くは既存コンセプトの再利用によって解決可能になります．

そして，今すぐ実践できることも

- ソフトウェア製品をデザインまたは分析するには，まずコンセプトの特定から始めます．それぞれのコンセプトについて，良い名前を選び，目的を簡潔に要約し，操作の原則を策定します．さらに深く掘り下げるには，アクションをリストアップし，アクションを記述するのに必要な状態を考えます．
- コンセプトが興味深い振舞いを持たない場合，説得力のある操作の原則を思いつかない場合，あるいはアクションさえリストアップできない場合は，コンセプトとはいえないか，そのコンセプトを拡張して真のコンセプトを特定する必要があるかもしれません．

第 5 章

コンセプトの目的

目的は，人生のあらゆる場面で重要です．方向を決め，自分のことを説明し，他の人と合意する助けになるからです．このような点で，デザインは他の活動と何ら変わりません．そもそも，なぜそうしたいかを意識しないで何かをデザインすることはできません．[49]

コンセプトでも，目的が不可欠です．デザイナーにとって，目的は，コンセプトをデザインし，実現する労力を正当化するものです．ユーザにとって，なぜそれが必要なのかを示し，何を目的とするかがわからなければ，どう使うのかを理解することが困難です．

当たり前のことと切り捨てる前に，多くの場合，ソフトウェアデザイナーがデザインしている製品全体の目的以外を気にしていないことを思い出してください．ですので，ここでは，極論を述べようとしているのです．ある製品をデザインする理由を知るだけでは不十分です．デザインの各要素についてその「理由」，つまり，コンセプトひとつひとつに対して目的を明らかにする必要があります．

コンセプトの目的を見つけるのは大変な作業ですが，解決しようとする問題について洞察を深め，重要な部分に集中することで，十分な見返りが得られます．[50] 本章では，コンセプトの目的を理解することがいかに微妙なのか，また，その目的を直接的に表現することに失敗すると，いかに厄介な結果を招くかを説明します．特にソフトウェアでは，限りなく複雑になる可能性があるので，細部にこだわりすぎて全体像が見えなくなりがちです．目的について考えることで，一歩引いて，方向性を取り戻すことができます．

目的が決まれば，手元のコンセプトが目的を達成するかを確認できますが，後に見るように，いつも直接的に確認できるわけではありません．というのは，目的は期待される動作の単純な記述ではなく，ニーズを明確にしたものであり，そのニーズはユーザや使用状況によって異なるからです．ミスフィットは使用状況にふさわしくないことで，ここでは，目的を満たさないという意味ですが，このミスフィットは予測不可能なことが多いです．なぜなら，ニーズや使用状況をデザイン時に完全に予測することはできませんし，ましてや正確な論理的な記述を得ることもできないからです．

コンセプトがこの問題を解消することはありませんが，コンセプトの価値は，この問題を緩和する枠組みを提供することにあるのです．目的が果たす役割を膨らませ，デザインと使用の経験から蓄積した知識を整理する構造を提供することです．本章では，目的を中心に考えることの利点をいくつか紹介します．また，後の**第9章**では，目的とコンセプトの関係を再検討し，ここで述べる考え方を洗練します．

目的：明瞭さへの第一歩

使いやすくするには，コンセプトに明確な目的がなければなりません．そして，その目的はデザイナーの秘密であってはならず，ユーザと共有されなければなりません．例を紹介します．

Apple Mailを最新版にアップグレードした際，新しいVIPボタンがあることに気づき，調べました．Appleのヘルプガイドにはこう書いてありました．

> 大切な人をVIPにすることで，その人からのメールを簡単に追跡できます．受信トレイのVIPからのすべてのメッセージは（会話の一部として送信されたものであっても），VIPのメールボックスに表示されます…

たった2つの文で，vipコンセプトの目的（自分にとって重要な人からのメールを追跡する）と，コンセプトの操作の原則（誰かをVIPにすることができ，その後，その人からのメッセージが特別なメールボックスに表示される）の多くを説明しています．

次に，Google Docsのセクションとは何かを理解したいと思い，オンラインヘルプで「セクション」という言葉を調べました．まず，セクションのコンセプトに関する記事が表示されないことに戸惑いました．最も近いのは，「リンク，ブックマーク，セクションブレーク，またはページブレークを使用する」というタイトルの記事でした．その記事をスクロールしてみると，こんなことが書いてありました．

> アイデアを分割したり，画像をテキストと区別したりする場合，Google Docsでは，セクションブレークやページブレークを追加できます．

目的の説明はたったこれだけでした．セクションがアイデアを分割するのに使われることは想像できたものの，それでは何の役にも立ちません．画像についての記述は，少し不安になりました．というのは，セクションがなければ，テキストとは別に画像を持てないと示唆しているように思えたからです．要するに，セクションが何のためにあるのか，よくわからないままでした．

後に，セクションの目的は，文書内の異なる部分に異なる余白，ヘッダーとフッターを設定し，後続ページに独自のページ番号を設定することとわかります．セクションを使わなくても，画像とテキストを分離することができますし，セクションでできることは，画像の余白を，周囲のテキストから独立して変更することです．

目的の基準

説得力のある目的をコンセプトに落とし込むことは容易ではありません．目的は人間の側で生じるニーズに関することなので，論理的あるいは数学的な方法で評価することができず，大雑把で荒削りにならざるを得ません．それでも，ここにいくつかの基準を示しますので，参考にしてください．

説得力があること：目的は，分かりやすいニーズの説得力ある表現でなければならず，ユーザの願望や実行したいタスクの漠然としたヒントではありません．「アイデアを分割する」や「画像をテキストと区別する」といったGoogle Docsのセクションコンセプトの目的を説明する言葉からは，ユーザが何をしようとしているのかがぼんやりとしかわかりません．これに対して「ページごとに異なる余白をとる」というのは非常に明快です．

ニーズに焦点があること：目的は，ユーザのニーズを表現するものでなければならず，意義が不明確な振舞いそのままを再現するものではありません．ブラウザが提供するブックマークというコンセプトを考えましょう．ブックマークの目的が「ページをマークすること」あるいは「お気に入りのページを保存すること」と言っても，「なぜそんなことをしたいのか」という疑問が湧くだけで，役に立ちません．

むしろ,「後でページを見返しやすくする」とか「他のユーザとページを共有する」ことが目的でしょう．最初から目的が明確でなくても気にしないでください．もし，(別のデバイス上で「後で見返す」ことはないか，など）すぐに疑問が生じるようであれば，それは良くなる兆候です．

具体的なこと：目的は，手元のコンセプトデザインに対して十分に具体的でなければなりません．「ユーザを幸せにする」とか「ユーザの作業を効率化する」といった表現は，（その意味が正確に理解できるので）確かに説得力があり，ニーズに焦点を当てたものです．しかし，他のコンセプトと区別するのに十分な具体性がないので，このような目的は，コンセプトデザインの根拠として，役に立ちません．

評価可能なこと：目的は，コンセプトを測定する基準を提供しなければなりません．操作の原則が目的を満たしているかどうかを簡単に評価できるようにする必要があります．ゴミ箱コンセプトでは,「削除の取り消しが可能」という目的は，ファイルが削除され，その後にゴミ箱から復元されるというシナリオでサポートされます．一方,「誤ってファイルを削除しないようにする」という目的は，ユーザの振舞いに関する付加情報，特にユーザが誤ってファイルを削除するだけでなく，誤ってゴミ箱を空にする可能性がないかという情報が必要なので,あまり役に立ちません．

目的がデザインのパズルを解く

仕掛かり中のデザインで，複数の選択肢が同等に見えて，どれかを選択する合理的な根拠がないように思えることがあります．多くの場合，このジレンマは，目的を深く理解していないことに原因があります．目的を理解すれば，どの選択肢が正しいのかが明らかになります．

通話転送を考えましょう．電話に関するコンセプトで，ある回線にかかってきた電話を自動的に別の回線に転送するというものです．*A*，*B*，*C*の3つの電話回線を持つユーザがいるとしましょう（図5.1)．ここで，最初のユーザが*B*に転送するとします．つまり，*A*にかかってきた電話が*B*に転送されます．次に，2番目のユーザが*C*に転送するとし，*B*にかかってきた電話を*C*に転送するとどうなるでしょうか？*A*にかかってきた電話は，（最初のユーザの転送要求に基づいて）*B*に転送すべきでしょうか，それとも（両方のユーザの要求に基づいて）*C*に転送すべきでしょうか？

このジレンマを解決するには，通話転送の2つの異なる目的に気づくことです．

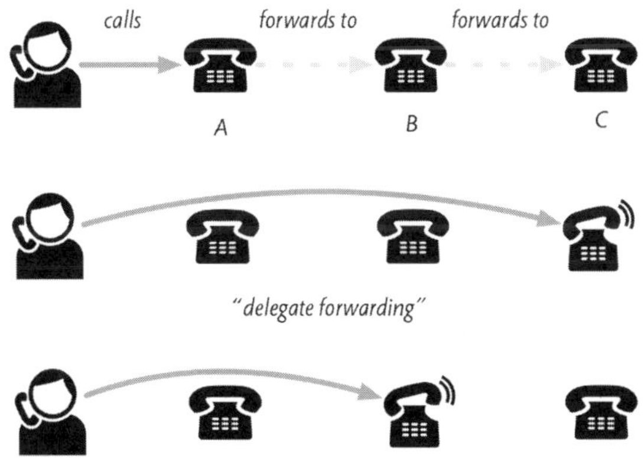

図5.1 通話転送．デザインのパズル（上）と2つの解決策（下）．AがBに転送し，BがCに転送する場合，Aへの電話はBに転送すべきかCに転送すべきか？

1つは，移譲と呼ばれるもので，自分の通話を他の誰かに渡せることです．この場合，AのオーナーがBに移譲し，BがCに移譲したとすると，Aへの電話は2段階でCに転送されるべきです．もう1つの後追いは，他の場所で作業しているときに，通話転送できることです．この場合，AのオーナーがBの場所に移動し，BのオーナーがCの所在地にいるとすると，Aへの電話はBにのみ転送されるべきです．[52]

この2つの目的を明確にすることで，移譲転送と後追い転送という2つの異なるコンセプトが存在し，個別の目的を担っていることがわかります．両者の動作は他の点でも異なる可能性があります．移譲転送コンセプトは，オプションを考えることができ，例えば，最初にAの電話が鳴り，応答がない場合にのみBに転送するようにもできます．

目的を伴わない概念：蛇口とエディタバッファ

説得力のある目的が全くないコンセプトもあります．そこで，そのコンセプトの有用さに疑問が残るのですが，疑わしいコンセプトでも役立つのです．初期のフェイスブックのポークというコンセプトが何を目的とするのか，誰も本当のところは知りませんでした．[53]

図5.2　物理的なアナロジー．蛇口に目的があるか？

コンセプトが目的を持たないのは，ユーザの本当のニーズがデザインの動機ではなく，作りやすかったからという場合が多いです．この点を物理的な例で説明します．一般的な2種類の混合水栓を比べてみてください(図5.2)．どちらのタイプも，温水と冷水を混合する蛇口が1つあります．

古いタイプ(写真左)では，“hot”と“cold”と書かれた2つの蛇口が付いています．コンセプトとして見ると，この2つの蛇口には何の説得力もありません．“hot”の蛇口を開ければ，お湯が混じる量が増えるのは確かです．しかし，ユーザは水の温度と流量を設定したいのであって，このニーズとコントロールにはわかりやすい関係がありません．温度を上げたいなら，“hot”の蛇口を開ければいいのですが，流量が増えるので“cold”の蛇口を閉める必要があるでしょう．また，単に流量を増やしたいだけなら，両方の蛇口を開き，慎重に調節して目的の温度に再設定する必要があります．どちらの場合も，何度も調整が必要です．

新しいデザイン(右)では，1つの水栓蛇口に，左右に回転させると温度が，上下に動かすと流量が調整されるという，2つの独立したコントロールを備えています．これはユーザのニーズにマッチした明確な目的をもちます．[54]

ソフトウェアの例に移ります．エディタバッファというおなじみのコンセプトは，以前はニーズを満たしていましたが，今では説得力を失っています．ディスクの速度が遅かった頃，高速なテキストエディタを作るには，メモリ上のバッファでテキストを編集し，定期的にバッファをファイルに保存する方法しかありませんでした．しかし，このバッファはユーザにとっての目的がなく，実際，アプリケーションがクラッシュしたり，ファイルに保存する前に閉じたりすると，バッファ内のテキストが失われる可能性があり，技術面に詳しくないユーザは混乱しました．

おそらくこれが，Appleが(2011年のOS X Lionで)すべてのアプリケーションの

図5.3 Appleのファイルメニュー．昔のメニューの「save as」（左）はバッファコンセプトを反映しているが，新しいメニュー（右）には存在しない

動作を変更し，最初から変更をディスクに書き込み，ファイルへの「保存」は単にファイル名の指定だけになった理由と思われます．言い換えれば，目的が明らかでないエディタバッファのコンセプトが排除されたのでした．[55] バッファがなくなると，「名前を付けて保存」（バッファの内容を指定した名前の新しいファイルに保存）アクションは意味をなさなくなりました．ユーザがファイルを複製し名前を変更するようにしました（**図5.3**）．[56]

これらの例はすべて，目的が明らかでないコンセプトを実現する基本機構がユーザに晒された例です．テキストエディタがバッファで実現されていても何も問題ありません．それどころか，メモリ上のバッファで編集し，バックグラウンドでディスク上のファイルに書き出すことで，エディタはより良い実行性能を提供できるでしょう．悪いのは，このような煩雑な作業をユーザに負わせることです．

つまり，コンセプトは内部機構とは異なり，常にユーザに向き合います．そして，プログラマーだけでなく，ユーザにとっても意味のある目的を持っていなければならないのです．

目的が不明確なコンセプト：Twitterのお気に入り

コンセプトの目的がユーザにとって不明確だと，デザイナーが意図しなかった使い方をされる可能性が高いです．Twitterのお気に入りコンセプトは，この問題の説得力のある例になっています．

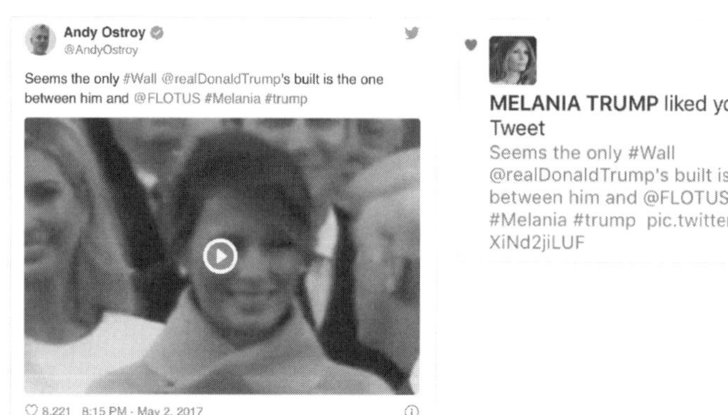

図5.4 Twitterのお気に入りコンセプトの目的を誤解したことから生じた意図に反して支持された好意的でないつぶやき

2017年5月，HuffPostに寄稿する政治アナリストのAndy Ostroyは，米国大統領とその妻の関係について冗談をツイートしました（図5.4）．夫人がそのツイートのハートアイコンをクリックして反応し，このツイートを気に入ったという（おそらく意図に反する）意思表示をしたようです．もちろん，何が起こったかに気づいた夫人が支持を撤回したのは言うまでもありません．

ここで問題なのは，Twitterのお気に入りコンセプトです．Twitterは実際，2015年にコンセプトのビジュアルデザインを変更し，星のアイコンをハートに置き換えました．[57] これでコンセプトに対するユーザの混乱を解消できると考えたようですが，先の通り特定のユーザには明らかに役に立ちませんでした．本当の問題は，お気に入りの目的そのものに対する混乱にありました．

多くのユーザは，お気に入りはツイートを保存して参照する手段と考えていたようです．これは，「お気に入り」という言葉が，通常，こういう目的のコンセプトに適用されることを考えると，妥当な推測でした．しかし，実際のところ，お気に入りの目的は，ツイートへの賛意を記録して他の人に示すことであり，「いいね」や「upvote」と呼ばれるコンセプトの目的であるとわかりました．

Twitterは2018年，お気に入りコンセプトを改名し，その目的に沿った適切な名称の「いいね」と呼ぶことでこの問題を解決しました（図5.5）．ユーザが将来の（プライベートな）参照に保存するツイートをマークできるというもう一つの目的に対処するのに，ブックマークという新しいコンセプトを導入し，（紛らわしいことに）ツイートの「共有」アイコンからアクセスするようにしました（おそらく，ツイー

図5.5 「お気に入り」コンセプトの問題に対してTwitterが出した答え．共有メニューから参照可能な新しい「ブックマーク」コンセプト（右）と，「いいね」と改名されたもののハートアイコンのままのオリジナルのコンセプト（左）

トのブックマークは自分自身と共有するという理由によるのではないでしょうか?)．

紛らわしいコンセプトの利用：ナニー詐欺

コンセプトは，その目的が誤解されていると，誤用される可能性が高くなります．次の利用可能資金というコンセプトは，善意で作られたものであるものの，詐欺師にとっては格好のターゲットになりました．小切手を預金すると，その小切手の金額の一部が預金者の口座に入り，すぐに引き出し可能になります．米国では，銀行による預金処理の遅延防止として，1987年に可決された議会法によって義務付けられています．

残念ながら，多くの人がこの利用可能資金コンセプトを小切手決済コンセプトと混同し，残高の増加を見て，小切手が取り消し不能にされたと判断してしまうのです．犯罪者は，この混同を冷酷に利用します．例えば，「ナニー詐欺」と呼ばれる手口では，新しくホームヘルパーに雇われた人が，引っ越し費用（例えば1,000ドル）の支払いを期待していて，受け取った高額（例えば5,000ドル）の小切手を預金します．その後，雇用主から余分な金額を返金するようにとの連絡が入ります．手持ちの資金から返金した後，小切手が不渡りになります．入金が取り消されて資金が引き出されることになるので，可哀想な従業員には4,000ドルの赤字が残ります．

このコンセプトは本当に難しい？　画像サイズの話

目的が明らかでないコンセプトが，混乱の波紋を広げることがあります．例えば，画像サイズのコンセプトとこれに伴う「解像度」を考えましょう．写真コンテストを主催している団体は，このことを理解しているはずなのに，ときどき勘違いして，画像の最小解像度を定めていることがあります．

画像の解像度は，画像の大きさがわからない限り，品質について何も語りません．1インチあたり360ピクセルの解像度は一見素晴らしいですが，画像の大きさが切手くらいだと，ハガキサイズの綺麗なプリントを得るのに十分ではありません．

この問題を把握するには，2つのコンセプトの理解が必要です．1つはピクセル配列と呼ぶコンセプトで，画像を色のついたピクセルの2次元配列としてとらえることができるという，よくある（以前は目新しかった）考え方です．その目的は画像編集であり，アクションに，ピクセル値を変更する調整（例えばコントラストや明るさ）に加えて，（より複雑なアクションの）再サンプリングがあります．これは，ピクセル数を変更して，品質を下げたり（複数のピクセルを1つに置き換え），品質を上げたり（より大きく画像を印刷できるように追加ピクセルを補間）します．

次に理解すべき2つ目のコンセプトは，画像サイズです．その目的は，画像に物理的なサイズを関連付けることですが，デジタル画像に物理的なサイズがあると考えることはあまりないので，わかりやすい一方で，不思議な感じもします．画像サイズは，印刷時の画像のデフォルトサイズと，Adobe InDesignなどのDTPアプリケーションに取り込んだときのページ上のサイズを決定します．しかし，これらのアプリケーションでは，通常，画像を手動で拡大縮小することができるので，画像サイズというコンセプトの目的は微妙といえます．

最後に，画像解像度それ自体はコンセプトではなく，画像を所定の画像サイズで印刷する場合の印刷品質の指標です．つまり，画素配列が1,000ピクセル四方で，画像サイズが10インチ四方の場合，解像度は100ピクセル/インチとなります．

ここまでで，まだ混乱しないようでしたら，Photoshopの画像サイズ，寸法，解像度を変更するダイアログ（図5.6）を見てみましょう．左上にはさまざまなパラメータが表示され，それらの関係を確認できます．幅20インチ，6,000ピクセルでは，

図5.6 Photoshopの画像サイズのダイアローグ．Resampleにチェックし（左上），解像度を300から600に変更すると，ピクセル数は倍になる（左下）．Resampleのチェックを外して解像度を変更すると（右上），ピクセル数はそのままだが，画像の幅と高さが半分になる（右下）

解像度は1インチあたり300ピクセルです．鍵のマークと縦棒は，どのパラメータが相互に関連しているかを示しています．Resampleを選択すると（デフォルト，左），解像度が2倍になるとピクセル寸法も2倍になり，選択しない場合（右）は，代わりに画像の幅と高さが半分になります．

専門家でも，これらのコントロールは煩雑で，間違いを起こしやすいです．画像サイズのコンセプトとその疑問符のつく目的が，この複雑さの原因であるように思われます．[58]

誰のため？ 私のため，あなたのため？

あるコンセプトの目的を理解しようとするとき，まず最初に考えるべきことは，「誰のためにあるのか」ということです．ソーシャルメディアアプリの場合，多くのコンセプトはユーザのためを装っていますが，実際はソーシャルグラフを拡大し，ユーザを増やし，より多くの広告を販売することで，企業利益の向上を目指してデザインされています.

例えば，通知コンセプトは，ユーザに最新情報を提供することをうたっています. しかし，その目的は多くの場合，「ユーザ参加」を高めることにあります. Facebookの場合，どのイベントが通知を発生させるかをコントロールするオプションが用意されている一方で，今のところ，通知を完全にオフにするオプションが存在しません.

タグのコンセプトは，特定の人々に関する投稿を見つけやすくするという，わかりやすい目的を果たすように見えるかもしれません. しかし，Facebookが写真に誰かをタグ付けするよう促すとき，タグの目的も結果も説明されないことに注意してください(図5.7). ここでも，注意深く見れば，本当の目的を知る手がかりがあります. デフォルトでは，タグを付された投稿は，(期待するように) タグ付けした人の友人だけでなく，タグを付された人のすべての友人に見えるようになっています. これにより，2つの友人グループ間の関連付けが促され，ソーシャルグラフへのつながりが追加されます.

クレジットカードの「ICチップとPIN」のセキュリティ機構には，異なる目的の2つのコンセプトがあります. ICチップのコンセプトは，(磁気ストリップのカードよりもICチップを内蔵したカードを作るのは難しいので) 偽カードによる詐欺を減らすことを念頭にデザインされているようです. 一方，PINのコンセプトは，(泥棒はPINを知らないので) 盗難カードによる詐欺を減らすことと考えられます.

図5.7　Facebookのタグ付けコンセプト. 必要な理由が示されない

一方，その基礎となるプロトコルは些細なことで壊れ，中間者攻撃を受ける可能性が判明しました．銀行がこのような問題を修正しようとしない（あるいは認めようとしない）ことは，ICチップコンセプトの目的が，不正行為をなくすことではなく，システムが安全であるという誤解を与え，不正行為の責任を消費者や小売業者に転嫁し，銀行自身のコスト削減にあったかもしれないことを示唆します[59].

欺瞞だらけの目的

デザイナーは，時に，コンセプトの目的を誤魔化し，より狡猾な目的を隠すことがあります．

- すべてのQAサイトには，ユーザというコンセプトがあり，その目的はスパムや低品質の回答を抑止することでしょう．しかし，多くは，最初にログインしないと，新しい投稿をすることはおろか，既存の質問や回答を閲覧することさえできないようにアクセス制限しています．このことを説明するのに，Quora（図5.8）は，「なぜログインする必要があるのでしょうか？　Quoraは知識共有コミュニティであり，回答を知っている誰もが参加できることを想定しています」と述べています．このように，ユーザのデータを収集する，厄介なことを経験する，より焦点を絞った広告を投下するといった，ユーザに魅力的でない目的を隠しています．
- プッシュ型世論調査は，回答を集計して有用な情報を得ることを目的としている標準的な調査のように見せかけています．しかし，その目的は，政治的な利益から，考え方を変えるように細工された示唆に富む質問をして，回答者を味方に引き入れることです．
- 直行便というコンセプトは，初期の予約システムで，単一の便名の路線が好まれたことに対して，航空会社が考案しました．区間をまたいで同じ便名で運航することで，航空会社はその便名を目立たせて，購入の可能性を高めることができました．しかし，この趣旨を誤解した消費者は，直行便が必ずしも直行でないと気付かないかもしれません．現在では，ほとんどのサイトがこの紛らわしいコンセプトを取りやめました．使用しているサイトでは，不注意な顧客に説明を加え（図5.9），元のコンセプトが保証していなかったこと，つまり，乗り換えがないことを約束するようになりました．

図5.8　投稿を読むのにサインインが必要な理由のQuoraの不誠実な説明

図5.9　航空機予約アプリの直行便オプション．左下のチェックボックスの隣にある括弧付きの直行便コンセプトの説明に注意

ミスフィット：目的が達成されないとき

デザインの本質は，与えられた状況に合わせて形を作り出すことです．幼児向け木製パズルのピースが穴にぴったりとはまるように，形と周りが完全に「適合」するような結果が望ましいのです．[60]

この論法に従えば，ソフトウェアデザインの目的は，穴の形状を記述することです．問題なのは，この形状が複雑で，完全には知られていないので，完全かつ正確に記述できないのです．最終的に，穴の形状を知る唯一の方法は，パズルのピースをデザインし，それを入れてみて，ピースがうまく適合しないこと，「ミスフィット」を見出すことです．

穴の正確な形状を知り得ないからこそ，テストが欠かせません．実際に使ってみないと，デザインの効果を完全に予測することができません．しかし同時に，形状が複雑で，どのようなテストを行っても，その一部しか明らかにならないので，テ

ストは万能ではありません.[61]

デザインのミスフィットを完全に予測することはできませんが，少なくとも過去にミスフィットを見つけた経験を基にすることはできます．つまり，要求を完全に列挙することは不可能ですが，負の要求（避けるべきミスフィット）を列挙することは可能です.

コンセプトは，2つの方法でミスフィットのリスクを軽減します．まず，デザインをコンセプトに分割することで，デザイン全体が適合するかの問題が，より扱いやすい部分問題の集まりに還元されます.

第2に，コンセプトは繰り返し発生するニーズを具現化し，異なる状況でも通用する共通性を示します．ある状況でコンセプトがミスフィットと分かったら，通常，別の状況でも同様です．例えば，予約コンセプトのミスフィットには，誰かが複数の予約枠を独占し，すべてを使うつもりがないことです．もし予約を含むシステムを構築するのであれば，この潜在的な問題をデザイン時に思い出し，問題を軽減する典型的な機能，例えばノーショーへのペナルティや予約の重複（例えば，別のレストランを同じ夜に予約）を避けることが考えられます.

以下の節で，興味深い情報が得られるミスフィットを調べます．ここで選んだ例は，さまざまな状況でミスフィットが起こり得ることを示し，ミスフィットを防ぐいくつかの戦略を提案するものです.

不良デザインによる致命的なミスマッチ

2001年12月，アフガニスタンにいた米兵は，タリバンの前哨基地を空爆するのに，PRGR（Precision Lightweight GPS Receiver，プラグルと呼ばれる装置）を使って，目標の座標を算出しました．計算中に電池が切れたので，電池を交換しました．再起動すると，計算した座標が残っているように見えました.

しかし，この端末は再起動すると自分のGPS位置が既定値に戻るように設計されていることに気づきませんでした．その結果，この不幸なユーザは自分のいる位置への攻撃を要請し，2,000ポンドの衛星誘導爆弾はタリバンの前哨基地ではなく，米軍の位置に着弾し，3人の兵士が死亡，20人が負傷したのでした.[62]

この場合，デバイスのデザイナーがバッテリーコンセプトとターゲットコンセプトの関係を考慮していれば，ミスフィットを予測できたかもしれません.[63] 簡単

図5.10　オペレーターが知らずに爆撃目標を自分の位置に設定してしまったアフガニスタンの事故を起こした機器に似たGPS受信機（左）と，現在表示されるようになった警告メッセージ（右）

なデザイン変更をしておけば禍いは免れたでしょう．その後の装置に組み込まれたデザインでは警告メッセージが表示されるようになりました（図5.10には，「DAGR」と呼ばれる代替デバイスと新しい警告メッセージが示されています）．

変化する文脈から生じるミスフィット

パンデミックの出現により，Zoom，Google Hangouts，Microsoft Teamsなどのコミュニケーションアプリを通じて，スライドプレゼンテーションをオンラインで行うようになりました．その時，迷惑なミスフィットが現れました．プレゼンを再生すると，スライドプレゼンテーションアプリがフルスクリーンモードに切り替わるのです．コミュニケーションアプリのパネルが消えて，聴衆がいるかどうかわからないまま講演をすることになったり，スライドが見えにくくなり，何を見せているのかがわからなくなったりしました．

Appleはこのミスフィットを解決するのに，スライドショーアプリケーションのKeynoteに「ウィンドウ内再生」モードを追加し，スライドが画面全体を占有しない通常のウィンドウ内で表示されるようにしました．

この例は，使用状況が変化したときに，どのようにミスフィットが生じるかを示しています．同じようなミスフィットは，先に述べた（第4章の）Appleのゴミ箱コンセプトの問題，つまり，コンピュータのメインドライブから削除されたすべてのファイルを永久に除去しなければ，USBキーのスペースを回復できないという問題でも発生しました．ゴミ箱がデザインされた40年前，パソコンには外付けのドライブ（ましてや小さなUSBメモリ）はありませんでした．

古くからのミスフィットが戻る

表計算ソフトでは，連続した一連のセルから結果を計算する数式を，範囲コンセプトで表せます．例えば，3つのセルの合計を*B1*＋*B2*＋*B3*と定義する代わりに，*SUM*（*B1*：*B3*）のように記述できます（図5.11）．

範囲指定の目的は，数式を入力する際のタイピングを減らすことでも，数式を簡潔に表すことでもありません．どちらも新しいコンセプトを導入しなくても（言語レベルで）実現できます．むしろ，数式を一連のセルの追加や削除に対応できるようにするものです．1行目と2行目の間に行を追加して，新しいセルを系列に含める場合，明示的な計算式は*B1*＋*B2*＋*B3*＋*B4*と手動で変更する必要がありますが，範囲の式は自動的に*SUM*（*B1*：*B4*）に調整されます．範囲についての操作の原則は次のように表せます．

> 範囲に依存する数式を作成し，その範囲内に行または列を追加してスプレッドシートを更新すると，数式は新しい行または列を含むように自動的に調整されます．

ここで「範囲内」をどのように定義するかが問題です．範囲は，最初のセルの前と最後のセルの後の2つのマーカーで区切られていると考えるのが良いでしょう．

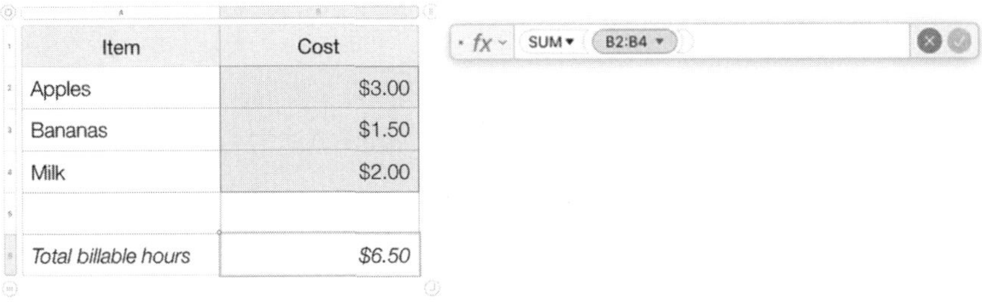

Item	Cost
Apples	$3.00
Bananas	$1.50
Milk	$2.00
Total billable hours	*$6.50*

fx SUM B2:B4

図5.11　Apple Numbersの値範囲定義．強調された範囲（左）と数式（右）

したがって，「範囲内」の追加には，範囲内の最後の行の下（最後の行とマーカーの間）に行を追加することや，最初の行の上に行を追加することを含みます．

Appleの表計算アプリNumbersには，行（に対応して列）を追加するアクションが2つあります．1つは現在の行の下に，もう1つは上にです．これらのアクションはキーボードのショートカットと連動しているので，範囲の拡張も素早く簡単に行えます．

範囲の最後の行を選択してその下に行を追加すると，新しい行は範囲に含まれるはずですが，範囲の1つ下の行を選択してその上に行を追加すると，新しい行は範囲から除外されるはずです．複雑に思えるかもしれませんが，実はとても直感的です．選択した行が範囲内の1行であれば，上下に行を追加しようが，どんな操作をしようが，新しい行は範囲内に含まれます．しかし，範囲の外から始めると，新しい行も範囲外です．

これは実際，Numbersが以前に（2009年版で）行っていた動作と全く同じでした．現在のバージョンでは，範囲の最初の行と最後の行は異なる扱いになっています．最初の行の上や最後の行の下に行を追加すると，どちらの行が選択され，どちらの行追加操作（上に追加，下に追加）を行ったかに関係なく，範囲に含まれません．

このミスフィットは，実務上，大きな悩みの種です．コンサルティングプロジェクトの請求書をスプレッドシートで管理しています（図5.12）．このシートの各行は，請求可能な作業期間に対応し，サマリー行には費やした時間の合計が表示されます．仕事を完了するたびに，このシートに行を追加します．以前のNumbersでは，最後に完了した期間を表す行を選択し，下に行を追加するコマンドを発行し，新しい行のフィールドに記入するだけでした．

新しいNumbersでは，これはもう機能しません．新しい行を範囲の最後の行の直前に追加し，最後の行を上にドラッグして新しい行の前に置くことができます．あるいは，最後の行の後ろに仮の空行を追加し，それを数式に含めることもできます（図5.12の数式の範囲を示す斜線部分参照）．うまくいきましたが，時間帯を合計する数式が，たまたまダミー行の空のセルをゼロとして扱うからにほかなりません．ちなみに，Microsoft Excelにも全く同じ欠陥があります（現在行の上下に行を追加する個別のアクションがありません）．

このミスフィットの謎は，なぜAppleが間違えたのか，あるいはミスフィットを知るのに何をすべきだったのか，ということではありません（操作の原則を注意深く考察すれば，明らかになったかもしれません）．もっと驚くべきは，Appleのデ

	Task	Time (hours)
Jan 1, 2018	Interviewing client	4
Jan 3, 2018	Making slides	5
Jan 7, 2018	Writing report	3.5
Total billable hours		*12.5*

図5.12　値範囲の問題の回避策．ダミー行を最後に追加して，その上に新しい行を挿入

ザイナーが正しいデザインを知っていたのに，それを忘れていたことです．もしAppleのデザイナーが自分たちの洞察をコンセプトカタログに記録していたら，彼らの最高のアイデアは，バージョンからバージョンへの移行を容易に乗り越えたかもしれません．

教訓と実践

本章から得られる教訓[48]

- コンセプトデザインは，提案されたコンセプトに対して，「何のためのコンセプトなのか」という単純な問いを投げかけることから始まります．この問いかけに答えることは，とても難しいことですが，大きな収穫となります．
- ユーザにとって，目的を知ることは，コンセプトを使う前提条件です．多くのマニュアルやヘルプ機能は，振舞いを詳細に説明していますが，目的を説明しておらず，とりわけ初心者に不幸な結果をもたらします．
- コンセプトの目的は，説得力があり，ニーズに焦点を当て，具体的で評価可能であるべきです．比喩は，コンセプトの目的の説明に役立つことはほとんどありません．
- 目的のないコンセプトは怪しいです．このような場合，そのコンセプトは本当のコンセプトではなく，ユーザに公開されるべきでなかった内部機構の名残であることが多いです．
- コンセプトの目的に対する混乱は誤用につながり，騙されたユーザが後悔することになるような行動を取らせることになります．
- コンセプトがその目的を果たすことを妨げるようなミスフィットは，使用状況が時間とともに進化するので，予測が容易ではありません．コンセプトは，経

験を記録する枠組みを提供するという点で役立ちます.

そして，今すぐ実践できることも

- コンセプトの使い方に悩んだら，まずそのコンセプトの目的を誤解していたという証拠を探しましょう.
- 誰かにコンセプトを説明するときは，どんなコンセプトであれ，目的から始めましょう.
- 手がけている製品にコンセプト追加を提案する場合，まず説得力のある目的を策定し，それがユーザの心に響くかどうかをチェックしましょう.
- チームがコンセプトの作成に取り掛かる際，ユーザインタフェースのスケッチを描く前に，簡潔なコンセプトの説明を書き出し，すべてのデザイナーとエンジニアが目的と操作の原則に同じ考えを持つか確認しましょう.

第 6 章

コンセプト合成

これまで，コンセプトを個別に詳しく見て来ました．ところで，簡単なアプリでも複数のコンセプトが関わります．そこで，コンセプトの組み合わせ方法を理解する必要があります．

本章では，新しい合成法を用いてコンセプトを組み合わせる方法を説明します．異なるコンセプトのアクションが互いに関連付けられ，あるコンセプトのアクションが起こると，他のコンセプトの関連アクションも発生します．

簡単な機構にも関わらず，実現できることに大きな興味があります．さまざまな合成法を紹介しますが，まず複数のコンセプトが単に平行実行する簡単なものからはじめます．平行合成では，互いに相互作用がなく，各々が目的を達成します．次に,コンセプトがより強く結合して新しい機能を生じるような合成法を説明します．最後に，単独のコンセプトが提供する場合に比べて，明解で統一感のあるユーザ体験に至るような相乗効果をもたらす合成法を紹介します．

コンセプトを利用してデザインを進める場合,コンセプト間の同期を密にするか,疎にするかを選択できます．同期を厳密にすると自動化が進みますが，柔軟性が失われます．以下では，過大な同期と過小な同期の例を示しながら，失敗に陥る落とし穴を説明します．

従来の合成法が通用しない理由

ソフトウェアコンポーネントは，通常，クライアントとサービスの組み合わせで構成されます．「クライアント」の役割を果たすコンポーネントとクライアントに提供する「サービス」の役割を果たす1つ以上のコンポーネントです．（クライアントがリスト中の数の平均値を計算する関数で，サービスが基本的な算術演算とリスト操作を提供する組み込みライブラリのような）小さなプログラムから，（クライアントが給与計算アプリケーションで，サービスが関係データベースのような）大規模なシステムまで，この見方が当てはまります．

このクライアントとサービスの組み合わせによって，単純なコンポーネントから複雑な機能を持つコンポーネントを構築することができ，コンポーネントの階層構造ができます．クライアントからは，自分が使うコンポーネントが提供するサービスが見えるだけで，そのコンポーネントが他のサービスを利用しているかは分かりません．

コンセプトでは，このような組み合わせ法はうまくいきません．コンセプトは，ユーザと向き合うものなので，あるコンセプトが他コンセプトの後ろに隠れてしまうようでは困ります．さらに，コンセプトは独立したものでなければなりません．というのは，他から独立して理解することができ，また異なる状況で再利用できるからです．クライアントとサービスという組み合わせでは，クライアントはサービスから独立して動作できず，使用サービスの振舞いがわからない限り，クライアントの振舞いさえ予測できないのです．

新しい合成法

コンセプト合成はあまりなじみがない一方で，明解です．コンセプトは，デフォルトでは，互いに独立して実行され，個々のコンセプトが許す限り，アクションはどのように入れ替えても，どのような順序でも呼び出せます．

鉄道駅に並ぶスナックや飲み物の自動販売機を思い浮かべてください．自動販売機にコインを入れて，商品を選択します．自動販売機にコインを入れた後，別の自動販売機にコインを入れ，元の自動販売機に戻って選択することもできます．アクションの順番に条件を課すのは自動販売機のほうで，例えば，コインを入れる前に飲み物を手にとることはできません．

コンセプトを連携して機能させるには，アクションを同期させます．この時，アクションの生起順序と入出力の関係に制限があります．

両替機と自動販売機をつなぎます．1ドル札を両替機に投入し25セントコイン4枚に両替し，そのコインでソーダを自動的に買えるようにできるでしょう．これが同期です．

アクションの列を観察するだけなら，各機械は以前と同じように振舞います．ところが，合成したのでいくつかのアクションの列はもはや起こり得ません．例えば，両替後に飲み物を買わないようなことです．この自動化は，これまで手作業でできなかった新しいことを行うのではありません．できたことを必ず行うようにするのです．

自由な合成

最も緩やかな合成法は自由合成で，1つの製品に統合されている複数のコンセプトが互いにほとんど独立して作動するものです．

Todoistは，明解で洗練された機能のtodoアプリです（図6.1）．基本的なtodoリストを拡張し，タスクをプロジェクトやサブプロジェクトに整理したり，タスクにラベルを貼ったりする機能を追加しています．ここで，追加機能の1つであるラベル付けが，コンセプト合成で表せるかを見ていきましょう．

まず，todoコンセプトとラベルコンセプトの最も基本的な形を考えましょう（図6.2，図6.3）．todoコンセプトは，タスクの集合を完了と保留に分けて管理し（状態を構成します），追加したタスクは保留から始まり，完了をマークすると終わります（操作の原則）．

ラベルコンセプトは，ラベルとアイテムを関連付け，そのラベルを持つすべての

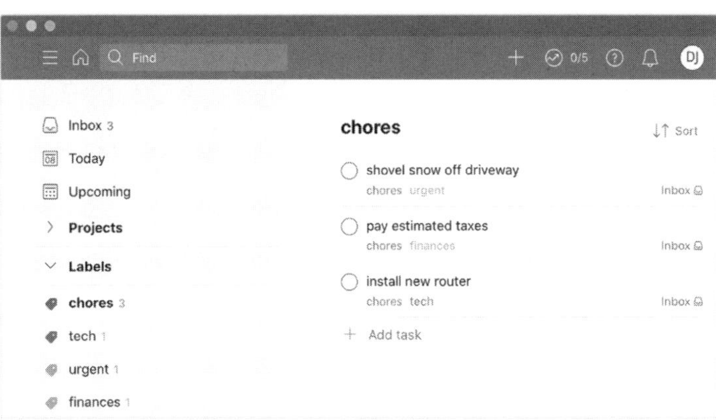

図6.1 「chores」ラベルのタスクを表示するtodoアプリ

```
concept todo
purpose keep track of tasks
state
  done, pending: set Task
actions
  add (t: Task)
    when t not in done or pending
    add t to pending
  delete (t: Task)
    when t in done or pending
    remove t from done and pending
  complete (t: Task)
    when t in pending
    move t from pending to done
operational principle
   after add (t) until delete (t) or complete (t), t in pending
   after complete (t) until delete (t), t in done
```

図6.2　todoコンセプトの定義

```
concept label [Item]
purpose organize items into overlapping categories
state
  labels: Item -> set Label
actions
  affix (i: Item, l: Label)
    add l to the labels of i
    detach (i: Item, l: Label)
  remove l from the labels of i
    find (l: Label) : set Item
    return the items labeled with l
  clear (i: Item)
    remove item i with all its labels
operational principle
   after affix (i, l) and no detach (i, l), i in find (l)
   if no affix (i, l), or detach (i, l), i not in find (l)
```

図6.3　ラベルコンセプトの定義

アイテムを生成するfindアクションを含みます．また，あるアイテムに付したラベルをすべて取り除くclearアクションもあります．操作の原則は，あるアイテムにラベルを貼った後，そのラベルだけを指定してfindを実行すれば（ラベルをアイテムから剥がしていなければ），そのアイテムが検索結果に含まれます．逆に，あるアイテムにラベルを貼らないか，ラベルを剥がせば，そのラベルに対して問合せした時，そのアイテムは結果に表示されません．

実際上，これらのコンセプトには，さらなる機能があります．例えば，todoコンセプトは締め切りをタスクに関連付けて表示したり，ラベルコンセプトは（例えばラベルの組み合わせで）より豊富な条件での問い合わせを提供したりすることがあるでしょう．ところが，このような複雑さは合成法の理解に必要ないです．

図6.4にコンセプト合成の記述を示します．合成で作られた小さな「アプリ」に名前（todo-label）を与え，含まれるコンセプト（todoとlabel）をリストし，同期方法を指定します．ラベルコンセプトは，todoコンセプトのTask型として実体化することで，タスクをラベル付けしていることに注意してください．

この例では同期は1つで，ラベルコンセプトでは，todoコンセプトのタスク削除が，そのタスクのラベル消去になると述べています．つまり，タスクが削除されると，そのラベルも消えるということです．この同期がないと，todoコンセプトから見て存在しなくなったタスクでも，ラベルコンセプトにはラベルが残っている可能性があります．これだと，異常な振る舞いが生じるでしょう．あるタスクにラベルを貼り付けて削除した後，そのラベルを検索すると，そのタスクが検索結果に表示されるのです．

この例が，何も面白くないと感じるとしたら，確かにつまらない合成ですといえば安心していただけるかと思います．もっと面白い例を作る準備に過ぎないのです．ここで理解していただきたいのは，2つのコンセプトを合成しても，各々のアクションを任意の順番で呼び出せるということです．同期がなければ，（例えば，タスクを追加する前に削除できないなど）制約条件はコンセプトそのものが規定するものだけになります．

自由合成では，コンセプトは互いにほぼ独立していますが，無意味な実行列が確実に排除されるように，ちょっとした管理が必要になる場合があります．この例では，同期をとらずにコンセプトを配置すると，（todoコンセプトで）削除したタスクが（ラベルコンセプトの）検索結果に表示されるような実行列が可能になります．同期をとると，todo.deleteの直後に必ずlabel.clearが実行されます．検索は実行で

```
app todo-label
2include
  todo
  label [todo.Task]
sync todo.delete (t)
  label.clear (t)
```

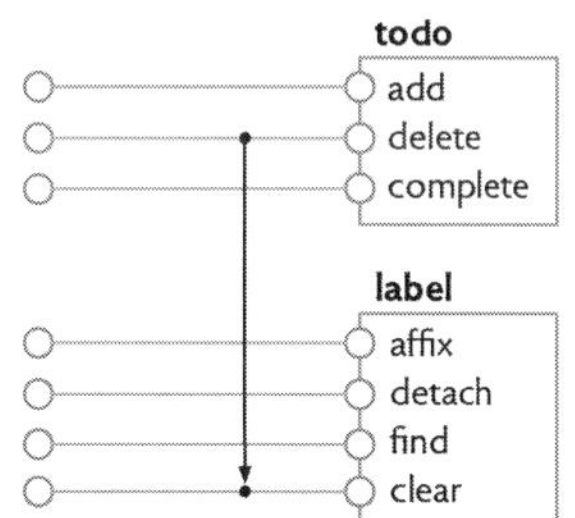

図6.4　todoコンセプトとラベルコンセプトの自由合成．図（右）では，左にある円はユーザに提供されたアクションを表し，黒矢印が同期を示す

きますが，clearアクションが実行済みなので，削除したタスクは表示されません．

逆説的かもしれませんが，同期は新しい実行列を追加するものではありません．ある実行や，無意味な実行を取り除くだけです．2つのコンセプトの交互実行から得られる実行例は残っています．例えば，todo.add（t），label.affux（t, l），todo.complete（t），label.find（l）: tといったアクションから得られる振舞いが可能です．つまり，新しいタスクtの追加，そのタスクにラベルlを付与，そのタスクの完了，そのラベルを持つすべてのタスクを問い合わせ，最初と同じタスクtの取得という振舞い動作が可能です．[64]

この例のような同期の目的は，個々のコンセプトから見て同じものが存在することです．つまり，ラベルコンセプトは，todoコンセプトが関わらないタスクを参照しないことで，コンセプトは「存在結合」していると言えるかもしれません．それ以外の点では，両コンセプトは直交しています．todoコンセプトはラベルの貼付・剥離と無関係で，ラベルコンセプトはタスクが保留か完了かと無関係です．

このような緩やかな合成の例は，コンポーネント間の高度な同期をサポートしないプラットフォーム上のアプリでよく見られます．例えば，コメントや投票といったコンセプトを提供するウェブサービスやコンテンツ管理プラグインがサイト接続に必要なのは，（コメントや投票される項目の）共有識別子だけです．このことは上例のタスクと同様です．

協調合成

個々のコンセプトにはなかった機能を提供するように，より緊密な合成法でコンセプトを組み合わせます．Todoistには優れた機能があり，Todoistアカウントと関連付けたメールアドレスにメールを送ることで，アプリを起動せずにタスクを追加できます．

コンセプト合成からみると，電子メールコンセプトのメール受信アクションと，todoコンセプトのタスク追加アクションを同期するだけです．もう少し具体的に考えるので，電子メールコンセプトを定義しましょう（図6.5）．状態は，各ユーザから受信メッセージへのマッピング，メッセージ送受信者の記録，およびメッセージの内容から構成されます．

送信アクションは，何らかのコンテンツを持つ新しいメッセージを作成します．

```
concept email
purpose communicate with private messages
state
  inbox: User -> set Message
  from, to: Message -> User
  content: Message -> Content
actions
  send (by, for: User, m: Message, c: Content)
    when m is a fresh message not in a user's inbox
    store c as content of m
    store 'by' as user m is from, and 'for' as user m is to
  receive (by: User, m: Message)
    when m is to user 'by' and not in inbox of 'by'
    add m to inbox of by
  delete (m: Msg)
    when m belongs to some user's inbox
     remove m from that inbox
    forget from, to and content of m
operational principle
  after send (by, for, m, c) can receive (by, m),
    and m in inbox of by and has content c
```

図6.5　電子メールコンセプトの定義

受信アクションは，受信者に対して作成されたメッセージを受け取り，受信箱に追加します．この操作の原則は，メッセージ転送の考え方を表しています．ユーザが何らかのコンテンツを含むメッセージを送信すると，受信者が受信し，受信箱にメッセージが追加され，送信時に関連付けられたコンテンツを入手できます．

この合成（図6.6）は，少し凝ったものです．これまでの同期に加え，電子メールコンセプトの受信アクションとtodoコンセプトの追加アクションを結ぶ新しい同期を組み込みます．ここでは，タスクメッセージを受信する特別なメールアカウントにtodo-userという名前を付けました．受信アクションをこのユーザに限定することで，他ユーザのメール受信がこの同期の影響を受けないことを保証します．また，追加アクションは，期待した通り，追加されるタスクをメールメッセージのコンテンツに結びついていることに注意してください．

実際のアプリでは，同期はさらに凝ったものです．メールの件名と本文から，タスクのタイトルと説明を個別に設定したり，ハッシュタグ表記でタスクにラベルを貼ったりできます．とはいっても，ここで提案したような簡略化された同期によって，デザインのエッセンスは伝わるはずです．

この新機能は，手順の自動化に便利な機能です．原理的には，todoリストに追加したいタスクが思い浮かぶたびに自分にメールを送り，後でそのメールをすべて読んで，todoアプリにタスクとして追加することもできるでしょう．同期を用いれば，

```
app todo-label-mail
include
  todo
  label [todo.Task]
  email
sync todo.delete (t)
  label.clear (t)
sync email.receive (todo-user, m)
  todo.add (m.content)
```

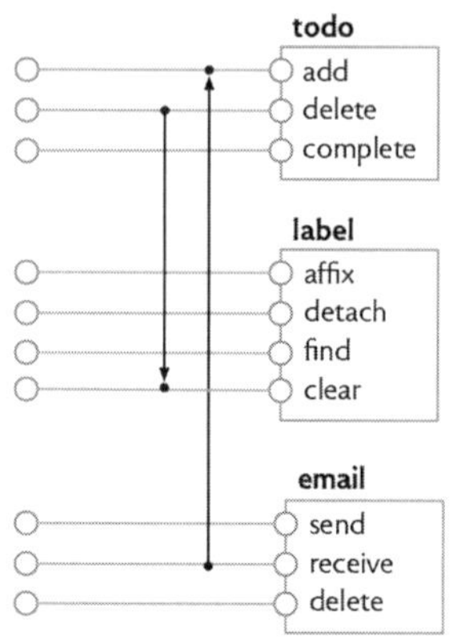

図6.6　todoコンセプトと電子メールコンセプトの協調合成．図は部分的な同期を示し，receiveからaddへの矢印はemail.receive全てがtask.addにつながるわけではないことを意味する．本文にあるように，todo-userメッセージだけが適切である

このような余分な作業を省けます．[65]

以下，協調合成の活用方法をいくつか紹介します．

ロギング　発生イベントを追跡するコンセプトは，他のコンセプトと組み合わせることができます．(障害に至った一連のイベントを記録し後で分析することで，障害発生の理由を求める) 診断，(サービスの応答性をチェックする) 性能解析，(サービスのユーザと使用パターンに関するデータを収集する) データ分析，(攻撃が行われているかを示唆するリクエストのパターンを探す) 侵入検知，(例えば，病院の従業員による健康記録アクセスを記録する) 監査などに利用できます．

抑止　セキュリティに関連して，他コンセプトの特定アクションを抑止する目的でコンセプトを追加することがあります．アクセス制御コンセプトは，grantAccessアクションと許可するべきアクションを同期させることで，許可されないユーザによるアクションを防ぐことができます．(アクセス制御で決める通りに) grantAccessアクションが起きない場合，紐付けしたアクションも生じません．同じ考え方によって，アクセス制限を一般的に行えます．例えば，ソーシャルメディアアプリの友達コンセプトと投稿コンセプトを組み合わせ，他ユーザの投稿を読めるのは，その2人が友達である場合に限るようにできます．[66]

段階分け　あるアクションの異なる段階をひとつに組み合わせることができます．例えば，携帯電話で電話をかけるとき，電話番号ではなく，相手の名前を入力するようにします．コンタクトコンセプトと電話コンセプトを合成すると，番号検索と電話発信を順に処理します．このように段階分けすることで，通話転送などの機能をコンセプトとして扱えます．同様のパターンはブラウザのリクエストパイプラインでも見ることができます．ドメイン名コンセプトの検索アクションによってドメイン名から変換したIPアドレスをhttpコンセプトのリクエストが使用します．

通知　多くのアプリやサービスは，ユーザに通知する機能を提供します．カレンダーはリマインダを送る，ヘルプフォーラムに登録することで質問に対する返信を通知する，オンラインストアは購入確認を送る，配送会社は配送の更新情報を送る，ソーシャルメディアアプリは友達の新しいコンテンツ投稿を知らせる，などです．これらはすべて，通知コンセプトで実現できます．通知コンセプトのイベント追跡アクションと他コンセプトの関心対象のアクションを同期させて，通知アクションが自発的に作動するものです（通知のタイミング，方法，頻度は，ユーザが設定できます）．

緩和　ときには，自由合成はユーザに自由度を与えすぎて，望ましくない振舞いにつながることがあります．この期待から外れる振舞いを協調合成によって軽減できます．例えば，多くのソーシャルメディアプラットフォームでは，ユーザが個々の投稿を評価できる同意コンセプトと投稿コンセプトを合成します．投稿コンセプトが編集許可している場合，ジレンマが生じます．というのは，ある投稿に多くの肯定的な同意を得た後，その内容を完全に変更すると，この新しい内容が同意されたかのような誤解を与えるからです．この問題を解決する一般的な方法として，（例えばSlackでは）編集された投稿に取り消し不可マークをつけます．また，投稿コンセプトの編集アクションを他コンセプトのアクションと同期させて，同意の一部を取り消す方法もあります．例えば，YouTubeでは，動画への好意的なコメントをピン留めできるのですが，コメントが編集されると，comment.editとpinning.unpinアクションの同期により，自動的にピン留めが解除されます．

推論　ユーザのアクションが直接実行されるのではなく，他のアクションから推論されることがあります．多くのコミュニケーションアプリは，アイテムを既読と未読に区別し，ユーザがその状態を切り替えられるようになっています．ところが，あるアイテムを初めて既読にする場合，アプリは通常，既読にするアクションを（アイテムを開く，スクロールするなどの）他のアクションと同期させます．

分離された関心事の橋渡し　自由合成で関心事を分離し，コンセプトによって，アプリのわかりやすさと使いやすさが向上します．例えば，移動電話では，携帯電話コンセプトとwifiコンセプトにより，携帯電話のデータ量とローカルネットワークの使い方を互いに独立させて，またデータ量を消費するアプリからも独立して管理できます．一方で，分離されたコンセプトを行き来する必要も生じます．例えば，AppleのPodcastsアプリには，携帯電話接続ではPodcastがダウンロードを避ける（そしてWi-Fi経由であれば無料で入手可能だったPodcastが，割り当てデータ量を消費するのを避ける）オプションがあります．[67]

相乗効果のある合成

自由合成では，ソフトウェア製品は，独自の機能を持つほぼ直交するコンセプトから組み立てられ，同期は受け渡すデータの管理に使うだけです．協調合成では，同期によってコンセプトを組み合わせ，個々のコンセプトにはない新しい機能を，自動的に提供します．

相乗効果のある合成では，もっと巧妙なことが起こります．コンセプト同期をより密にすることで，あるコンセプトの機能が，他コンセプトの目的達成を強めるように働きます．合成の全体の価値は，個々のコンセプトの価値の総和よりも大きくなります．

この現象の説明として，todoコンセプトとラベルコンセプトの合成で，タスクの保留/完了の状態を，組込みラベルpendingで表すとしましょう．このラベルは，タスク追加時に自動的に付され，タスク完了時に剥がされます．これは，タスク追加時にラベルを貼り付ける同期と，タスク完了時にラベルを剥がす同期の2つで表現できます（図6.7）．ここでは，全体の整合性を得ることから，ラベルを貼った時点でタスク完了とする3つめの同期を追加しました．

この合成の利点は，ラベルの問い合わせ機能に，タスクが保留かどうかのチェックを含むことです．インタフェースが統一され，論理的な問い合わせ言語を提供するラベルコンセプトの拡張版では，例えば「保留かつ緊急」タスクを問い合わせることができます．また，ラベルが保留か完了かを記憶しているので，todoコンセプトの記憶状態は不要になります．

この例は単純な構成ですが，このような合成の利点が分かります．次節では，より強力な上に，意外なほど複雑で巧妙な相乗効果を得られる合成の例を見ていきます．その前に，相乗効果のある合成例をいくつか挙げておきます．

```
app todo-label-syn
include
  todo
  label [todo.Task]
sync todo.delete (t)
  label.clear (t)
sync todo.add (t)
  label.af.x (t, 'pending')
sync todo.complete (t)
  label.detach (t, 'pending')
sync label.detach (t, 'pending')
  todo.complete (t)
```

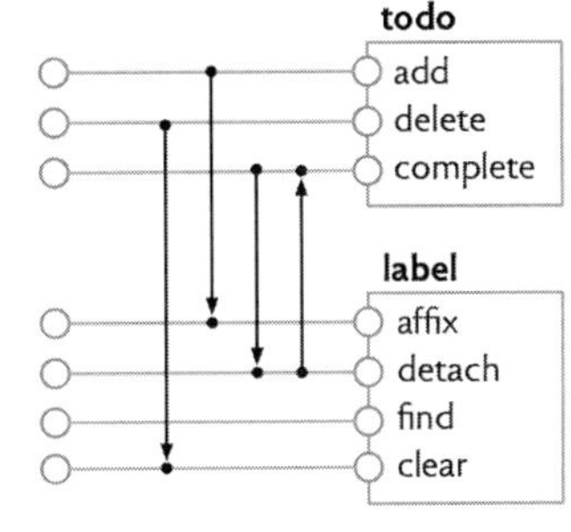

図6.7　todoコンセプトとラベルコンセプトの相乗効果のある合成

Gmailのラベルとゴミ箱：GoogleのメールアプリGmailは，先に説明したような方法で相乗効果を示すようにラベルを使っています．メールを送信すると，自動的に「送信済み」というラベルが貼られます．送信済みメッセージのリストを開く「送信済み」ボタンは，送信済みラベルを持つメッセージへの問い合わせに対応付けられています．同じ考えがゴミ箱にも適用されていて，メッセージを削除すると削除ラベルが貼られ，そのラベルを取り除くとメッセージが復元されます．[68]

Moiraリストとグループ：MITは1980年代に学内で開発されたMoiraというメーリングリストの管理システムを使用しています．複数のユーザがメーリングリストを管理できるように，管理ユーザからなる2番目のリストを作成し，そのリストを1番目のリストのオーナーに割り当てます．管理権限を許可または制限するには，2番目のリストにユーザを追加または削除するだけです．これは素晴らしい相乗効果を生み，メーリングリストのコンセプトと管理グループのコンセプトが完璧に組み合わされ，管理に固有のインタフェースを必要としません．[69]

無料サンプルとショッピングカート：ユーザが購入しない無料サンプル（やカタログなど）をショッピングカートに入れるオンラインショップがあります．ショッピングカートのコンセプトと無料サンプルのコンセプトの相乗効果のある合成によって，注文に無料サンプルを追加するアクションが，ショッピングカートへの追加アクションと同期します．（無料サンプルを含むすべてのアイテムを1箇所で見る）ユーザにとって良いばかりでなく，（無料サンプルを別個に格納する必要がない）開発者にとっても問題を簡素化します．ところが，多くの相乗効果と同様に，

予期しない問題が生じることもあります.[70]

Photoshopのチャンネル，マスク，選択：相乗効果の最も優れた例は Adobe Photoshopで，マスク，選択，チャンネルといったコンセプトが驚くほど強力な機能を示します.[71]

ゴミ箱とフォルダの見事な相乗効果

第4章でゴミ箱コンセプトを紹介したとき，ゴミ箱を単なるアイテムの集まりとして扱ったことに驚かれたかもしれません．このコンセプトの身近な例(Macintosh やWindowsのデスクトップ上）では，ゴミ箱はアイテムの集まりではなく，フォルダです.

初期のコンセプトでは，ゴミ箱は単なる集合で，フォルダを削除すると，その内容がバラバラになって，一つずつゴミ箱に入れられました．この方法ではフォルダの復元が難しく，(Appleは当初から採用していたのですが）より優れたデザインは，2つのコンセプトを融合させたものでした.[72]

新しいデザインでは，「ゴミ箱」と「フォルダ」の2つのコンセプトを非常に巧みに組み合わせていると理解できます．このような観点から見ることで，動作のさまざまな側面を分離できます．アイテムを削除した後に復元したり，あるいは，空にして永久に除去したりするというゴミ箱の本質的な考え方を理解するには，ゴミ箱コンセプトを知っていればよく，ゴミ箱内のアイテムがどのように見えるかを理解するには，フォルダコンセプトを知っていればいいのです.

これがもたらす相乗効果は，ユーザインタフェースの簡潔さにも表れています．ゴミ箱のアイテムを一覧表示する特別なアクションは必要ありません．ゴミ箱は通常のフォルダで，ソートや検索などのアクションを適用できるからです．また，アイテムを復元する際に特別なアクションは必要なく，ゴミ箱フォルダから別のフォルダに移動させるだけです．もちろん，この相乗効果により，ゴミ箱は削除されたフォルダの構造を保持し，一括して復元することができます.

以上を可能にする同期は，複雑ではありません．（フォルダコンセプトで）ファイルをゴミ箱に移動すると，（ゴミ箱コンセプトで）ファイル削除と同期し，フォルダを移動するとそのフォルダ内のすべてのフォルダとファイルの削除と同期し，また同じように，ゴミ箱からフォルダを移動すると，ゴミ箱が含むすべてのフォルダとファイルの復元と同期しています.

相乗効果に完璧はない

コンセプトをまたがって，完璧に機能を融合できることは滅多になく，相乗効果はほとんどの場合，何らかのコストを要します．ゴミ箱は他のフォルダと全く同じではありません．明らかなのは，空にするアクションを提供する必要があることで，そのフォルダにだけ空にする小さなボタンがあります．

Macintoshのゴミ箱のデザイナーは，このような一様性の乱れを最小にしようと最善を尽くしました．例えば，「削除日」フィールドはゴミ箱フォルダにしか適用されませんが，すべてのフォルダに「追加日」フィールドを導入し，ゴミ箱では削除日の順にソートできるように工夫されています．

さらに厄介なことに，Macintoshのデスクトップでは，複数のドライブがあってもゴミ箱のフォルダは1つしかありません．そこで，他のフォルダと違い，ゴミ箱は異なるボリュームのアイテムを「保持」できます．最近のバージョンのmacOSは，この点を明確にし，ゴミ箱内のアイテムをボリュームごとにグループ化できるようにしています．これは他のフォルダにはない機能です（図6.8）．

ゴミ箱をフォルダと表現すると，時に混乱を招きます．それゆえ，ゴミ箱がアイ

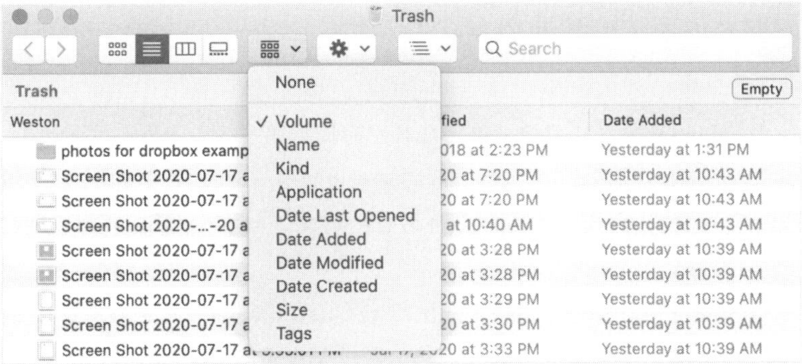

図6.8　ゴミ箱コンセプトとフォルダコンセプトの相乗効果のある合成．アイテムは，削除日に対応する「追加日」でソートすることができ，一般的なフォルダコンセプトをうまく流用している．ボリュームによるソートは，ゴミ箱フォルダにのみ適用されるので，問題の多い機能である

テムを「保持」できるという言い方は，不確かな表現です．**第5章**では，リムーバブルドライブをラップトップに挿入し，ドライブ上の空き容量を確保しようとして，いくつかのアイテムをゴミ箱フォルダに移動するというシナリオを述べました．ゴミ箱フォルダは1つしかなく，ノートパソコンに「属して」いるので，この移動アクションによってドライブの空き容量が得られると思うかもしれません．

ところが，ゴミ箱をボリュームに分割していることからわかるように，ゴミ箱フォルダは外付けドライブにもマシンにも属しておらず，ゴミ箱にファイルを移動しても空き領域が生まれることはありません．外付けドライブを取り出すと，ゴミ箱フォルダからそのゴミ箱に入れたアイテムが消え，また，取り付けると再び現れるのがわかります．[73]

同期の過多と過少

コンセプトを合成する場合，同期が製品全体のデザインの重要な部分となります．同期を取りすぎると，ユーザからコントロールを奪い，自由合成で可能だったシナリオが排除されます．逆に，同期が少なすぎると，自動化できたかもしれない作業がユーザの負担になります．また，予期しない望ましくない振舞いが生じ，時には致命的な結果になることさえあり得ます．

過剰同期とセミナー中止のおかしな例

AppleのCalendarアプリでは，決められた時間のイベントを保存するカレンダーイベントのコンセプトと，ユーザが別のユーザに仮イベントを送り，受け取ったユーザが受け入れるか拒否するかを決める招待コンセプトが組み合わされています．

当初のデザインは，招待イベントを削除するたびに，ユーザを当惑させていました．削除アクションが辞退アクションと一緒になっており，招待者に辞退を通知せずにイベントを削除できなかったのです．これでは，友達の気分を害することなくカレンダーの予定を空けることができません．もし招待状がスパムだった場合，さらに良くないです．辞退の通知によって，電子メールアドレスが有効なことが確認されてしまい，その後にスパムを増やす可能性を高めます．

長年，唯一の回避策は，新しいカレンダーを作成し，そこにイベントだけを移動させ，新しいカレンダーを丸ごと削除するというダサい方法でした．やがて（2017年頃），Appleは削除アクションと通知アクションを切り離しました（図6.9）．

これと全く同じデザイン上の欠陥がGoogleカレンダーにもあり，筆者の研究室のセミナー案内に関係した不可解な問題の原因となりました．セミナー案内が届いてすぐに，セミナー中止の案内が送られてきたのですが，主催者よりセミナーが実際には中止されていないことを再確認するフォローアップが送られてきて，中止が事実でないことがわかったのでした．セミナー案内を受け取った人が，個人のカレンダーに予定として追加するのですが，誰かがそのイベントを削除すると，最初の招待に紐付けされたメールアドレス（1,000人以上のメンバーがいるlistserv）に，Googleカレンダーから中止メッセージが自動的に送信されてしまったのです．

過剰同期の他の例

Tumblrの疑問符のつくデザイン：Tumblrのブログプラットフォームでは，記事にコメントできるようにしたい場合，記事のタイトルの最後にクエスチョンマークを挿入できます．あるアクション（ここでは記事の作成）が付随するアクション（コ

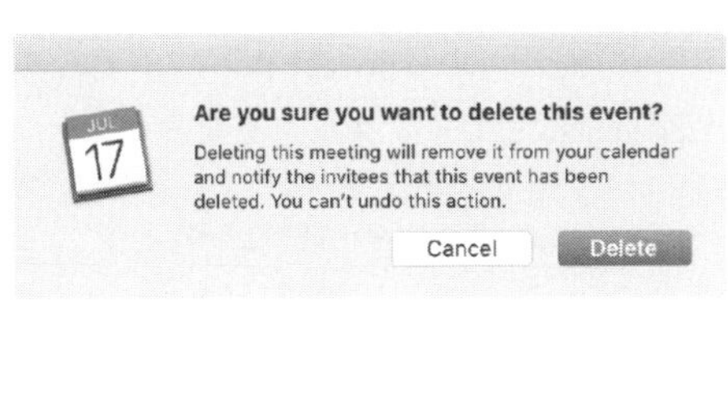

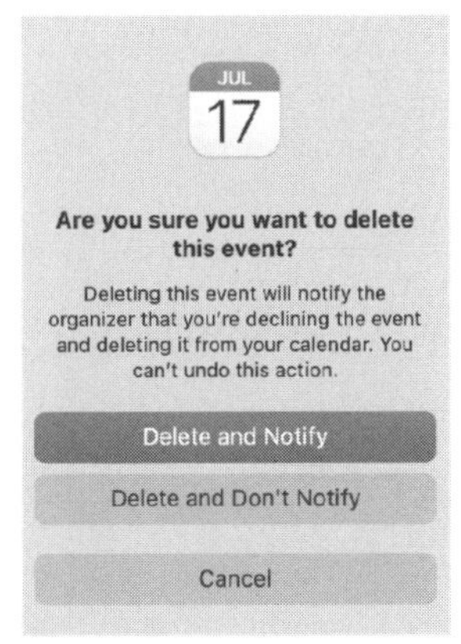

図6.9 役に立たないにも関わらず削除が送信元への通知イベントと常に同期しているApple Calendarのオリジナルダイアログ（左）と同期をオプションにすることで問題を取り除いた最新バージョン（右）

メントの有効化）と同期するかどうかは，最初のアクションの引数の内容（クエスチョンマークの有無）によります．仮にタイトルが答えを求めていない修辞疑問文だったらどうするのかといったありがたくない同期であるばかりでなく，タイトルコンセプトの汎用性が失われ（ノート48「コンセプトの特徴」を参照），理解が難しくなっています．その後，Tumblrは，ボックスのチェックにしました．

Twitterでの返信：Twitterでも同様の問題が発生しました．2016年半ばまで，ユーザ名から始まるツイートは返信と解釈されていました．他にもありますが，とりわけツイートの冒頭に誰かのことを述べる一方で，返信にしたくないとき，名前の前にピリオドを挿入する（「.@daniel Really?」）ようになりました．

Googleの期待されない同期：外部のメールアドレスをユーザ名とするGoogleアカウントを持っていて，Gmail機能を追加すると，ユーザ名が自動的に新しいGmailメールアドレスに変更され，古いユーザ名とメールアドレスが復活できなくなります！[74]

Epsonの強権的なプリンタドライバー：Epsonは，フォトプリンタで，ユーザがプリンタを損傷させる可能性のある設定の組み合わせをしないようにしたいとしています．例えば，用紙選択の「厚手」と，（用紙が曲がってしまう）上面給紙設定を同時にできないようにするのが合理的だと思われます．ところが，プリンタドライバーはさらに踏み込んで，上面給紙を選択した場合，ファインアート紙に関わる設定のほとんどを使用できないようにしています．おそらく，これらの設定が厚手の用紙にしか適用されないという理由でしょう．一方，多くのファインアート紙は薄くてしなやかです．プリンタドライバーの制約によって，（1枚ずつ手差しする必要があり不便な）前面給紙にするか，上面給紙にしてインク設定を間違うことになるかです．

同期不足と参加不可能なグループ

1年ほど前，ご近所付き合いのオンラインフォーラムを作りたいと思い，Googleグループを立ち上げたことがあります．ご近所の方々のユーザ名が分からないので，グループへのリンクを送り，参加希望を出してもらうようにしました．

残念ながら，これはうまくいかず，参加依頼ボタンのページにアクセスすることさえできませんでした．グループを正しく設定したつもりで，「許可」（図6.10上）

の「参加可能な人を選ぶ」に対して，「参加したい人は誰でも」としました．

グループのディレクトリに表示するには，別の設定を変える必要があるとわかりました(**図6.10**下)．範囲を「web上のすべてのユーザーは誰でも」に設定しないと，グループはディレクトリから除外されるだけでなく，参加リクエストにもまったくアクセスできなかったのです！

誰が参加できるかを決めるアクション（許可コンセプト）と，範囲を設定するアクション（グループディレクトリコンセプト）が同期していなかったので，このようなことになってしまったのです．それ以降，Googleはデザインに手を加えました．両方の機能が同じページに配置されましたが(**図6.11**)，まだ同期しておらず，「誰

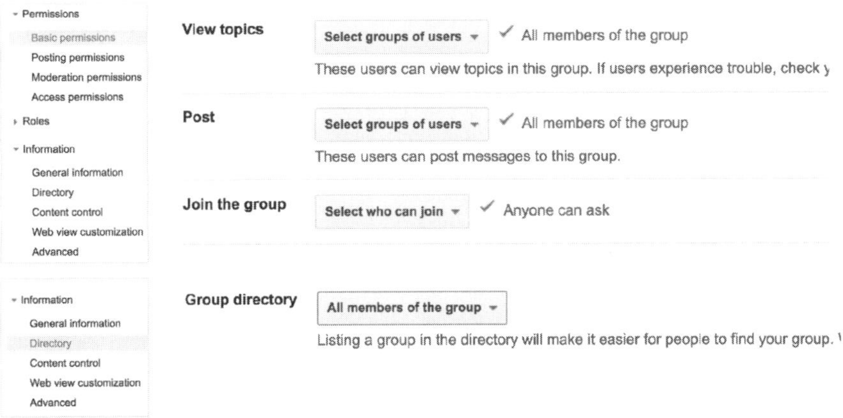

図6.10　Google Groups (2019) のアクセス制御．上部は「Permissions」タブで「Basic Permissions」をクリックした時の表示，下部は「Information」タブで「Directory」をクリックした時の表示．「Directory」の既知の設定では，ask-to-joinボタンを表示するページがメンバーに対してはプライベートなので，Permissionの設定は効果がない

図6.11　Google Groupパーミッションの最近バージョン（2021年2月）では，親切なことに閲覧パーミッションを1つの設定にまとめ，参加パーミッションと同じページに配置している．残念ながら，デフォルトは図の通りで，参加する際にはグループが可視でなければならない

が参加できる?」で「参加したい人は誰でも」を選択しても,「グループが見える人は?」をデフォルトから変更して「web上の誰でも」を選択しなければ,うまくいきませんでした.

同期不足の他の例

Lightroomのインポート：Adobeの写真カタログ・編集アプリのLightroom Classicは,カードやカメラからハードディスクに写真をコピーするだけでなく,コピーした写真を好きな場所に移動する,メタデータに著作権情報を追加する,すべての写真に現像設定を適用する,キーワードを追加する,プレビューを作成する,オリジナルが入った外付けドライブやフラッシュカードを取り出すといった豊富なインポート機構を提供します.これらの同期はすべてオプションで,かなり複雑なユーザインタフェースのダイアログで設定していました.

2015年,AdobeチームはLightroomのバージョン6.2をリリースしました.インポートダイアログを簡素化し,慣れた写真家が常用していた同期の一部を取りやめました.ユーザからの反応は非常に速く,また否定的だったので,Adobeは元に戻しました.[75]

Google Forms, Sheets, およびデータ可視化：相乗効果の素晴らしい例ですが,Google Forms は スプレッドシートアプリのGoogle Sheetsを,収集したデータの保存場所として使用しています.Formsアプリは,データを要約する円グラフやヒストグラムなどを生成する視覚化機能を含みます.残念なことに,この視覚化機能は,シートのデータとは別のコピーと同期しています.その結果,シートの編集(例えば,重複するフォーム投稿の削除などのデータクリーニング)は,視覚化の結果に反映されません.[76]

Zoomの厄介な挙手：ビデオ会議アプリZoomでは,参加者は仮想的な挙手で,ホスト側に話がしたいということを伝えられます.会話していないときは,周囲の雑音を抑えようと,マイクをミュートします.声がかかるとミュートを解除し,発言し,またミュートします.ところが,ほとんどの参加者は挙手したことを忘れてしまい,司会者は,後で挙手に気づいたとき,その人が手を下げ忘れただけなのか,それとももう一度話したいのか分からず,混乱することになります.挙手と音声ミュートのコンセプトを同期させることで,このような煩わしさを解消できるかも

しれません.[77]

放射線治療装置Therac-25：1980年代後半に起きた放射線治療装置の一連の悲惨な事故は，同期の欠陥だったといえます．放射線源は，(a) 電子を集束する磁気コリメータか，(b) 電子をX線に変換する平坦化フィルタ（回転するターンテーブルの位置に依存）のいずれかを介して調整可能な電子線でした.

放射線照射には2つのモードがあり，電子線を直接照射する方法と，X線を照射する方法です．X線は，直接照射するよりもはるかに高い電流を必要とします．そこで，電子線電流が大きいときには，必ず平坦化フィルタを設置するようにしました．ところが，この同期機構に欠陥があり，患者に直接大電流を出力してしまい，致命的な過量投与になりました．この欠陥は，意図した同期を確保できなかったコードのバグ，つまりプログラミングの誤りに起因するとされていますが，より良いデザインであれば防げたかもしれません.[78]

教訓と実践

本章から得られる教訓

- コンセプトは，プログラムと違って，大きなコンセプトが小さなコンセプトを包含するように組み合わされません．その代わり，各コンセプトは対等な条件でユーザに公開され，ソフトウェアアプリやシステムは，一緒に作動するコンセプトの集まりです.
- コンセプトは，アクション同期によって合成されます．これは，新しいコンセプトの実行を追加するのではなく，既存のコンセプトを制約し，あるコンセプト単独で可能だったアクションの実行列を排除します.
- 自由合成では，コンセプトは互いに独立して作動し，(例えば) 複数のコンセプトが，ひとつに一貫して見えるように制約されるだけです.
- 協調合成では，複数コンセプトが協調することで，自動的に新しい機能を提供します.
- 相乗効果のある合成では，複数コンセプトがより密接に絡み合い，あるコンセプトの機能が他のコンセプトの目的達成を助けます.
- 合成は，コンセプトが身近なものであっても，創造的なデザインにつながる可能性をもたらします．相乗効果はデザインの本質であり，単純な部分の組み合わせが，思いもよらない力を発揮することもあります.

- 同期は，ソフトウェアデザインの不可欠な要素です．同期が十分でないと，不適切で混乱を招く振舞いを招き，自動化の機会を逃すことになります．逆に，過剰だとユーザのオプションを狭めます．

そして，今すぐ実践できることも

- デザイン中のコンセプトが複雑に見える場合は，代わりにもっと単純なコンセプトの組み合わせとして考えてみると，（より明確な目的と説得力のある操作の原則が得られるので）説明や正当化が容易になるかもしれません（この点については，**第9章**で詳しく説明します）．
- コンセプトを選ぶときは，再利用できる身近なコンセプトを探しましょう（**第10章**）．例えば，通知コンセプトを見つけ，アプリ全体でより統一的に通知を使用する方法を見出すことができます．
- デザインでは，どのコンセプトを取り入れるかを決め，次にそれらをどのように同期させるかを決めます．好ましくない振舞いを除去し，その後，自動化を検討する際，ユーザに十分な柔軟性を残すようにします．
- あるコンセプトを他コンセプトと組み合わせることで，より簡明になるような相乗効果を探してください．一方で，完璧な相乗効果は稀にしか達成されないことを忘れないでください．

第 7 章

コンセプト依存性

コンセプトが合成されるとき，コンセプトは互いの関係の中で特定の役割を果たします．例えば，ユーザがtodoタスクにラベルを貼れるように，ラベルコンセプトとtodoコンセプトを一緒にすると，todoコンセプトはラベルコンセプトの適用対象になります．

合成そのものには対称性があります．というのは，同期は同期されたアクションを対等に扱うからです．ところが，あるコンセプトが他の機能を補完する場合などでは，合成が非対称性をもたらします．ラベルコンセプトは，todoコンセプトの機能を拡張するもので，タスク追加だけでなく，ラベル付けが可能です．その逆は意味がありません．ラベル付け用アプリから作り始めて，アプリをラベル付けのできるタスクに拡張しようと考える人などいないでしょう．

このような非対称性から，ソフトウェア製品の重要な構造が見えてきます．本章では，簡単な図で表せるようなコンセプト依存関係を紹介し，コンセプトの概要と役割が容易に把握できることを説明します．

コンセプトは相互に独立であると主張してきたのに，依存性という見方を導入するのは逆説的かもしれません．でも，逆説ではありません．コンセプトの本質は，各々を分離して理解し，実現することです．本章で議論する依存関係は，コンセプトが製品全体の中で果たす役割から生じるもので，製品が含むコンセプトというよりも製品の特性なのです．

コンセプトごとに成長するソフトウェア製品

ソフトウェア製品の中には，全く新しく生まれるものもあります．航空機や原子力発電所のソフトウェアは，「最小限の製品」だけを配置し，ニーズに応じて調整していくというような方法では実現不可能です.

ところが，多くの場合，段階的な開発がより好ましいです．というのは，開発者がデザインへのフィードバックを早期に得ることができ，既存デザインの価値を評価し，不適合が発見される都度，対処できるからです．ですから，新しいソフトウェア製品のデザインに際しては，少しずつコンセプトを増やしていくように考えると良いでしょう.

ソフトウェア製品のデザイン過程では，いつもコンセプトを追加するわけではありません．あるコンセプトが削除されることもあります．期待する有用さがないとわかった場合，容易に改善できないような致命的な欠陥がある場合，あるいは拡張した他のコンセプトに含まれる機能を持つ場合などです．また，既存のコンセプトが洗練され改良されて，より強力になるだけでなく，(その目的や操作の原則から見て) 説得力が高くなることもあります．さらに，最もエキサイティングなケースとして，(コンセプトを追加する，しないによらず) 複雑さを増すことなく，製品機能を拡張するような相乗効果が発見されることもあります.

止まることを知らないと，優れた製品でも破綻を招きかねません．小規模ながらも成功したシステムの再デザインが野心的すぎると，IBMのマネージャーだったFred Brooksが「2番目のシステムの効果」と呼んだように，過信が不必要に複雑なソリューションにつながる可能性があります.[79]

以上の理由から，ソフトウェア製品にとって可能な成長の方向を簡潔に表現すること，同じくらい重要なこととして，減らしていく方法を示すことが有用です．これを実現するのが，コンセプト依存関係図です.

コンセプトインベントリの構築

第3章では，コンセプトがアプリケーションの地図になると説明しました．これは，機能や目的の概要を示すコンセプトの目録のようなものです．この地図がどのように作られるのか，架空のアプリを例にとって見ていきましょう.

ここでは，1人でアプリを開発しているとします．もちろん，実際には，ほとんどのデザイン作業はチームで行います．また，ここでは，どのコンセプトを取り入れるかを話題にし，コンセプトを実際にデザインする上での重要な問いは考えないことにします.

鳥の鳴き声が大好きで，鳴き声から鳥を見分けるアプリを作ろうと思ったとします．本質的なニーズは，鳴き声を聞いて，どんな鳥なのか知りたいということです．そして，こういうアプリが欲しい人は，特定の鳥の鳴き声も聞きたいと思うでしょう．

このアプリがどのように機能するか，考えてみました．ユーザがオーディオ録音をアップロードし，他の人がそれを聴いて助言する，といったことです．コンセプトのブレインストーミングを始めます．新しいコンセプトを考案する前に，既存のものをいくつか試して，適切かを確認します．（StackExchange，Quora，Piazzaなどの）フォーラムで使われているq&aコンセプトはどうでしょう．誰かが質問して他の人が回答するものです．

実際，既存のアプリを使えばいいのでは，と思うかもしれません．多くの場合，それが問題を解決する最良のアプローチとなります．最良でないことを確認するには，既存のソリューションの制限事項を確認し，それが本当に重要かをチェックする必要があります．オーディオ録音を簡単にアップロードして再生できるアプリがないことに気づくかもしれませんし，録音してから数回クリックするだけで投稿できるような，優れた統一性が重要かもしれません．

そこで，新しいアプリをデザインする必要があると確信し，「q&a」や「録音」など，タネになるコンセプトがいくつかあるとします．首尾一貫したアプリを作るのに，どのようなコンセプトの追加が必要でしょうか？　明らかにクラウドソーシングに依存しているので，コンセンサスを得るコンセプトが必要です．そこで，ユーザが回答に賛同する「同意」のコンセプトも追加するでしょう．

アプリの使い方をあれこれ考えているうちに，鳥の特定をどうにかして統合する必要があることに気づきました．ユーザは，特定の種を検索し，一致が確認された録音を聴きたいと思うはずです．そこで，どのような仕組みになるかは不明ですが，特定化コンセプトを仮に追加しました．ユーザが質問に答えるとき，ハッシュタグを挿入して特定した結果を提案することができ，アプリは，回答内容への同意をもとに，種類と録音のつながりを自動的に抽出します．[80]　最後に，ユーザを追加し認証することにします．この時点で，アプリの大筋ができあがりました．BirdSong 0.1です．

ジェネリックなコンセプトの型録

これまでのコンセプトと，その目的です．

・q&a：質問に対するコミュニティの応答をサポートする
・録音：音声ファイルのアップロードを可能にする
・同意：個人の承認に基づいて投稿をランク付けする
・特定化：クラウドソーシングによってオブジェクトをカテゴリに割り当てる
・ユーザ：コンテンツとアクションを認証する

各コンセプトには，一般的な目的が与えられていることに注意してください．もちろん，特定のアプリでは，各コンセプトは特殊化されます．BirdSong 0.1では，質問は鳥の鳴き声について，音声ファイルは鳥の鳴き声，同意された投稿は回答案または特定する際の候補となります．特定化コンセプトは，鳥に特化しているように見えましたが，より一般的な用語に置き換えました．（Facebookのタグなど）関連するコンセプトからインスピレーションや知見を得やすくすることを期待してのことです．

コンセプトをジェネリックにすることで，過去のアプリケーションからデザイン知識の再利用が可能になるだけでなく，デザインの簡素化にもつながります．コンセプトに鳥などの具体性がなければないほど，そのコンセプトは理解しやすくなります．例えば，特定化コンセプトに，鳥のオスかメスかを入れたくなるかもしれません．ところが，そもそもこういう考え方は良くありません．アプリの経験を深め使い方を理解するまでは，（オスとメスを異なる鳥として扱うような）このような区別を含めることが，他の何よりも重要と考える理由はないのです．もし，異なる鳥を関連付けたいのであれば，特定化コンセプトを拡張して，関連性のある鳥という見方を持たせるのがより妥当な方法でしょう．性別の区別だけでなく，同じ種の変種にも対応できます．

コンセプト依存関係図

各コンセプトはジェネリックで独立しているので，伝統的なソフトウェア工学の意味でのコンセプト間依存関係は存在しません．コンセプトの間には，コンセプト

そのものを関連付けるのではなく，アプリケーション全体でのコンセプトの役割に関わる依存関係が存在します.[81]

例えば，同意コンセプトを取り上げます．明らかに同意するものがないなら，このコンセプトをアプリに取り入れる意味はありません！ おそらく，同意されるのは，質問に対する回答（「鳴き声は#スズメ」）でしょう.[82]

つまり，同意はq&aに「依存する」と言えます．q&aコンセプトがないなら，同意コンセプトを取り入れる理由がないからです．このような依存関係をすべてまとめると，図7.1のような図になります．

あるコンセプトを採用することが，他のコンセプトのいくつかによって正当化されることがあります．その場合，依存関係の1つを主要依存（実線），他を二次的な依存（点線）と印付けします．二次的な依存は，あるコンセプトを含めるのに，説得力は小さいものの，付加的な理由であることを表します．

ユーザはq&aと主要依存の関係にあります．というのは，ユーザ認証を取り入れる主な理由は，質問と回答が確かに個人と関連付けられることを保証するからです．二次的な依存に同意があり，認証が二重投票を避ける目的にも使えるからです．この2番目の用途はあまり重要ではなく，IPアドレスやブラウザIDを二重投票の防止に用いることもできます．

この図から，どのコンセプトがアプリの中核で，どのコンセプトが省略できるかがわかります．すべてのコンセプトが直接的または間接的にq&aに依存しているので，このアプリはq&aなしでは存在できません．しかし，機能を補強する他のコンセプトを持たず，単独で存在することも可能です．ユーザがいないことは認証がないことを意味し，同意コンセプトがないことはクラウドソーシングがないことを意味し，録音コンセプトがないことは質問者が文章で鳴き声を説明するか，Web

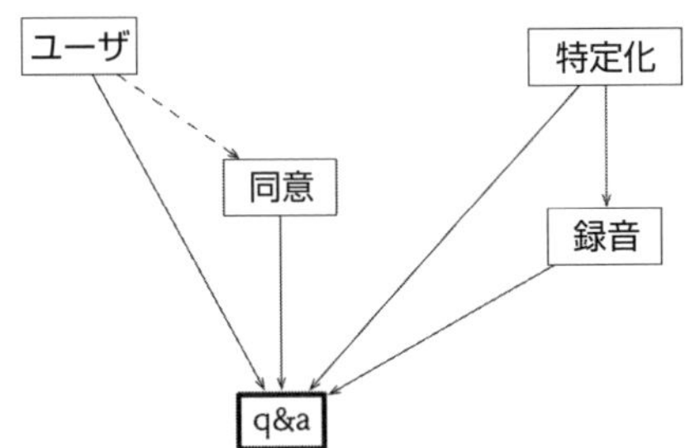

図7.1 鳥の鳴き声アプリのコンセプト依存関係．実線の矢印は主要依存を，破線の矢印は二次的な依存を表す．中心コンセプトは太字で示されている

上の他のファイルにリンクする必要があることを意味します．

これらのコンセプトの，どの部分集合も，そこから外側への依存エッジがない限り，一貫したアプリを構成できます．例えば，q&a，録音，および同意は，アプリになります．これに対して，特定化は録音に依存するので，特定化とq&aだけでは，アプリになりません．鳥の鳴き声アプリでは，特定化コンセプトに逆引き機能があり，特定結果から適切な鳥の鳴き声に導きます．録音コンセプトがなければ，この役割は果たせません．[83]

この図は1つのアプリを示すのではなく，これらの中のいくつかのコンセプトから構築可能なアプリのファミリー全体，つまりソフトウェア開発者が「プロダクトライン」と呼ぶものを示します．各々の整合性のある部分集合は，構築可能なアプリを表します．

また，各部分集合は開発の段階を表すこともできます．開発のどの時点でも，整合性のある単位として評価できるように，一貫した部分集合に対応して構築しておきたいものです．もし，同意を含むがq&aを含まない集合を構築した場合，同意するものがないので，説得力のあるデモやテストの作成が難しくなります．

最後に，この図は説明の順番を示します．アプリ全体を一度に説明できないので，コンセプトを1つ，2つと順番に説明していくわけです．しかし，どの順番が理にかなっているでしょうか．依存関係は，あるコンセプトの動機が与えられる前に，そのコンセプトの導入を避ける方法を教えてくれます．例えば，鳥の鳴き声アプリを初心者に説明する場合，次のような順序で説明するとよいでしょう．

q&a，同意，ユーザ，録音，特定化

であって，

同意，q&a，ユーザ，特定化，録音

ではありません．というのは，これだと，q&aの前に同意が導入されており，同意するものがないと説明ができないからです（デモができないのと同じです）．

身近なアプリの構造

コンセプト依存関係図に一歩踏みこんで，どのようにデザインの見通しを与えるかを説明するのに，身近なアプリケーションいくつかの構造を見ていきましょう．

Facebook 図7.2（左）は，Facebookの主要コンセプトとその関係を示しています．基本のコンセプトは，もちろん投稿です．コメントは投稿に対するものなので，コメントコンセプトは投稿コンセプトに依存します．返信コンセプトは，コメントに関する一連の（スレッドの）会話を形作ります．ユーザコンセプトは，投稿が中心ですが，コメント，返信，タグ，「いいね！」などの認証機能を提供します．

友達コンセプトは興味深いものです．ユーザが自身の投稿へのアクセスをコントロールすることが目的で，ユーザだけでなく，投稿にも依存します．タグのコンセプトは，投稿に登場するユーザを識別するもので，ユーザと投稿に依存します．最後に，「いいね！」コンセプトは，主に投稿に依存し，また，コメントや返信でも使われます．[84]

Safari 図7.2（右）は，AppleのSafariブラウザの主要コンセプトとその関係を示しています．予想通り，urlが基本のコンセプトです．レイアウトしやすいように，一番下ではなく真ん中に配置しました．urlコンセプトは，永続的な名前（uniform resource locators）が示すサーバにリクエストを送ることで，リソース（つまりWebページ）が得られるという考えを具体化したものです．htmlコンセプトにより，これらのリソースをマークアップページにできますが，ブラウザコンセプトのほと

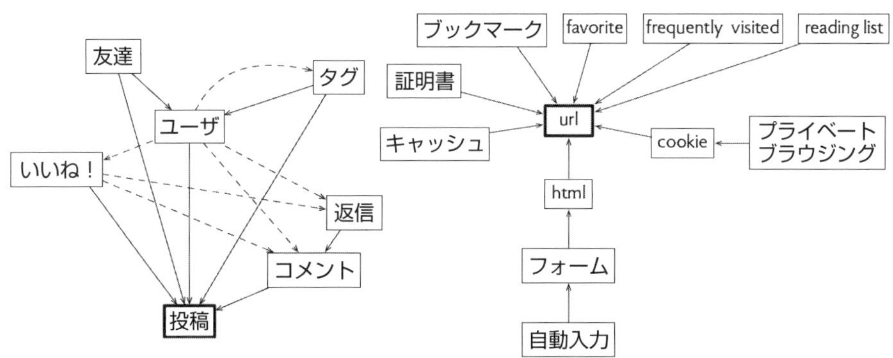

図7.2 Facebook（左）とApple Safari（右）のコンセプト依存関係

んどはhtmlに依存せず，（確かに，かなり弱い機能にはなりますが）HTMLレンダリングを含まないブラウザでも使用できます．キャッシュのコンセプトは，urlコンセプトにのみ依存します．与えられたURLへの以前のリクエストで表示したリソースを保存することで，ブラウザ動作を高速化します．証明書コンセプトは，ブラウザが通信するサーバがURLのドメイン名に真に対応していることを確認するもので，urlコンセプトのみに依存します．プライベートブラウジングのコンセプトは，cookieをサーバに送信しないモードを提供し，ユーザアイデンティティを保護するもので，cookieコンセプトに依存します．

Safariの図の最上段に，ブックマークコンセプトとその3つのバリエーションが示されています．favoriteコンセプトは，ブックマークと同様に，後に再訪するURLを保存できますが，これらのURLはツールバーに示され，リソースは新しいタブに表示されます．Frequently visitedコンセプトは，何度か訪問したサイトから自動的にブックマークを生成します．また，reading listコンセプトもブックマークに似ていますが，ページが既読か（オフラインで読むのにダウンロードしたか）を記録します．これらの非常によく似たコンセプトが普及しており，また，微妙な違いがあることは，相乗効果のあるデザインがさらにあることを示唆します．オフラインでページにアクセスする機能や，ページを既読にする機能は，すべてのブックマークに追加できます．また，頻繁に訪れるサイトは，お気に入りのように，通常のブックマーク中に特別なフォルダとして追加し，不要になったら削除することも可能です．[85]

Keynote　図7.3は，AppleのスライドプレゼンテーションアプリKeynoteの主要なコンセプトです．予想通り，スライドコンセプトが基本です．特殊ブロックコンセプトは，各スライドに表示するタイトル，本文，スライド番号を一般化したもので，マスタースライドにはデフォルトの形式が与えられています．テーマコンセプトは，プレゼンテーション全体で共有されるマスターを（一貫性と使いやすさから）集めたもので，（スタイルシートコンセプトの役割を果たし，ドキュメント全体で再利用するスタイルのコレクションをまとめることで）テキストスタイルコンセプトを補完します．

特殊ブロックコンセプトに加えて，テキストブロックという別個のコンセプトと，（テキストも格納できるが，中身に合わせて大きさを自動変化させない）図形コンセプトがあります．テキストは常に段落に分割されます．標準のスタイルコンセプトが2つあって，段落のテキスト用と形状用です．レイヤーコンセプトは，（「後ろ

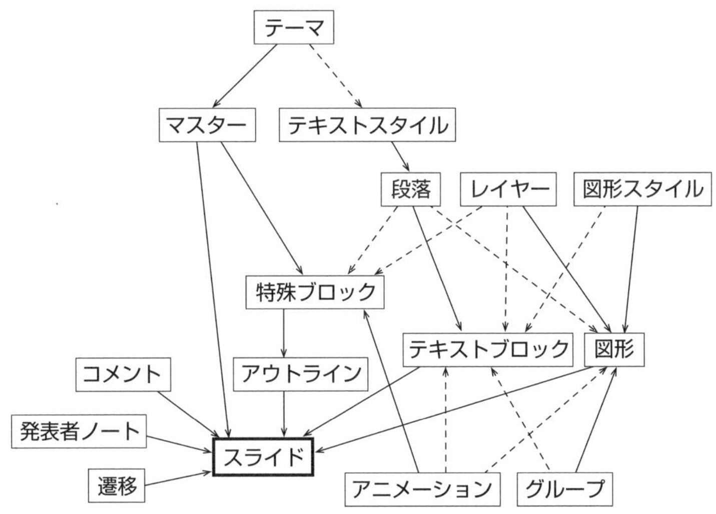

図7.3　Apple Keynoteのコンセプト依存関係

にする」と「前に持ってくる」アクションを使用する）図形とテキストブロックの重ね合わせです．アニメーションコンセプトは，主に特殊ブロック中の指定箇所を徐々に表示する機能で，図形やテキストブロックを連続的に表示することも可能です．[86]

教訓と実践

本章から得られる教訓

- コンセプトは単独で意味があり，互いに独立しています．コンセプトはそれ自体を理解し，デザインし，実現できます．この独立性こそがコンセプトの簡明さと再利用性の鍵です．
- ソフトウェア製品から見るとコンセプトには依存性があります．正しい動作を実現するのに他のコンセプトへ依存するのではありません．他のコンセプトが存在するからこそ取り入れる意味があるということです．
- 依存関係図は，製品を構成するコンセプトの概要と特定のコンセプトを含むことの動機を概観するものです．デザインし構築する順序の計画を示すもので，コンセプト群の部分集合を特定し，説明を構造化するのに役立ちます．

そして，今すぐ実践できることも

- アプリをデザインするとき，一度に考えるのは，1つか2つのコンセプトにしてください．まず，その後に進む方向全ての基礎となるような2～3の基本的なコンセプトを特定します．
- 依存関係図を描くと，アプリ内のコンセプトとその関係を簡潔に把握することができます．デザインにコンセプトを追加するたびに，どのコンセプトに依存しているかを注意深く考えてください．一般に，広く依存することが好ましいです．というのは，そのコンセプトがより広い範囲で使われているからです．
- どのような順序でプロトタイプやコンセプトを構築するかを検討する際には，依存関係図を参照し，どの時点でも首尾一貫した部分集合になるようにします．
- アプリを簡略化する方法を探るには，一貫性のある部分集合ごとに評価し，それぞれがどの程度の価値をもたらすかを推定します．おそらく，占めるコストがわずかな一方で，アプリが提供する大半の価値をもたらすような部分集合があるはずです．
- ユーザマニュアルやトレーニング教材を作成する際には，依存関係図で定義された順序を利用して，最も効率的かつ合理的な順序でコンセプトを示せます．

第 8 章

コンセプトマッピング

アプリのコンセプトは，ユーザインタフェースの背後で作動していると考えられます．インタフェースは，コンセプトのアクションを起動するボタンと，コンセプトの状態を視覚化する機能があります．例えば，ユーザがソーシャルメディアの投稿の「いいね！」ボタンをクリックすると，upvote.like(u,p) アクションが起動し，ユーザuが投稿pを承認したことを同意コンセプトのlikeアクションで伝えます．このアクションの結果，同意コンセプトの状態変化は，ユーザに表示する「いいね！」数の更新に反映されます．

ユーザインタフェースの作成は，視覚的なデザインにとどまらず，その本質は，背後のコンセプトからインタフェース上の要素へのマッピングをデザインすることです．インタフェースのデザイナーは，フローとリンクでつながれた複数のスクリーンやダイアログを作成し，コンセプトのアクションや状態につながるコントロールやビューをその中に埋め込むことで，マッピングを形作ります．

マッピングのデザインは，ヒューマン・コンピュータ・インタラクション研究者が広範に研究してきました．そのガイドラインは，主に物理的および言語的なデザインのレベルですが，コンセプトでデザインされたシステムにも適用されます．[37]

また，コンセプトに適用する際には，デザインのコンセプトレベルと物理的，言語的レベルの関係を洗練する（そして，おそらくは再考する）ことになります．そこで本章では，マッピングデザインがいかに技巧的で複雑か，また，背後のコンセプトから，どのくらい深い情報を得なければならないかを説明する具体例に焦点を当てます．

簡明なコンセプトを難しくする方法

背後にあるコンセプトが簡明でも，使いにくいマッピングのデザインになることがあります．先週のことですが，デスクトップに，Oracle Javaの最新版にアップグレードするかを尋ねるメッセージが表示されました．「はい」をクリックし，インストーラを実行すると，ダイアログが表示され，「Install」と「Remove」という2つのボタンが表示されました（図8.1）．

さて，ここはまだ混乱するようなところではないように思えるのですが，実際には混乱してしまいました．インストールボタンは，新しいバージョンのソフトウェアをインストールするアクションを呼び出すものと思われます．では，削除ボタンは何をするのでしょう？　どうやら，現在インストールされているバージョンが何であれ，削除した後は何もしないようです．

「インストール」と「削除」の意味を考えると，解釈に問題がないように思えます．では，混乱した理由は何なのでしょうか．ひとつには，アップグレードを促されたのでインストーラをダウンロードして実行したところだったので，古いバージョンの削除が目的とは考えにくかったことです．さらに，多くのインストーラは，古いバージョンを削除するか，新しいバージョンに置き換えるか，あるいは，とりあえず新しいバージョンをインストールだけしておいて後からどちらかを実行すればよいようになっています．削除ボタンがデフォルトとして強調表示されていたので，

図8.1　Javaインストールで遭遇する不可解なダイアログ．「remove」の意味は？

削除が最もよくある解釈のようです．

おそらくダイアログのデザイナーはこの混乱が生じることを承知していて，Don Norman が呼ぶところの「ユーザマニュアル」に，インストールと削除についてまだるっこしい説明を加えたのです．

では，代わりにどうあればよかったのでしょうか．まず，インストールのコンセプトには，アプリをインストールして使用することと，アプリをアンインストールして領域を確保することという2つの異なる操作の原則があることに留意する必要があります．もし，この両方をサポートするのなら，異なるワークフローとして，おそらくは異なるタブを提供したでしょう（特にアップグレードのプロンプトでは，インストーラが表示されます）．第2に，古いバージョンを削除して新しいバージョンに置き換えることは，アンインストールとは全く異なります．前者は「インストール」ボタンの隣にオプション（「remove old version?」）を表示でき，後者は「削除」ではなく「アンインストール」とラベル付けできるでしょう．

ともあれ，読者の皆さんは，この他愛もない例を十分おわかりでしょう．普通の英単語でラベル付けされた2つのボタンしかないダイアログボックスでさえ，その背後にコンセプト上の問題が潜んでいるのです．

インタフェースへのユーザマニュアル搭載

時にはコンセプトがかなり複雑で，何らかの追加説明なしに，アクションや状態の意味を伝えきれない場合があります．第2章では，Backblazeの「本日午後1時5分時点でバックアップ」というメッセージは，バックアップのコンセプトが複雑なことから，誤解を招く恐れがあることを説明しました．

午後1時5分以前に保存したファイルが安全にバックアップされたという意味ではありません．この解釈への対策は，「最後のバックアップ：本日午後1時5分」と言い換え，その下に「このバックアップには，午後12 時48 分のスキャン開始前に保存されたすべてのファイルが含まれました」などの文章を入れれば良いでしょう．あるいは，「本日午後12時48分時点でバックアップ」と表示し，「午後1時5分バックアップ完了」と控えめに追記します．

これは，Appleが「邪魔しない」というコンセプトの下でダイアログに採用したアプローチです．「繰り返し通話の許可」のチェックボックスの下には，「有効にすると，3分以内に同じ相手からきた2回目の呼び出し音は消音されません」と，文字通りの解釈とはほど遠いコメントが，さらに小さなグレーの文字で添えられています．

ダークパターン：意図的な難読化

企業は，ユーザが自身の利益に反する行動をとるよう，ある行動を他より優先して実行したり，ある行動を全く実行しないように誘導したりできます．多くの場合，これは意図的に（そして悪意を持って）背後のコンセプトを難読化したマッピングで行われます．[87]

請願サイトchange.orgには，このような難読表現がいくつもあります．数年前，地元の公園の真ん中に新しい市庁舎を設置しないように市長を説得する請願書を作成しました．自分の請願書（図8.2）を見るたびに，署名者数が秒単位で増えるように見えることに気づきました．

そして，請願の主には，画面左上の自分だけに表示されるカウントで，実際の賛同者数がわかることに気づきました．見ていると，増加するカウントは数秒後に実際の数字を下回ります．請願書が表示されるたびに，カウントは実際の数より少な

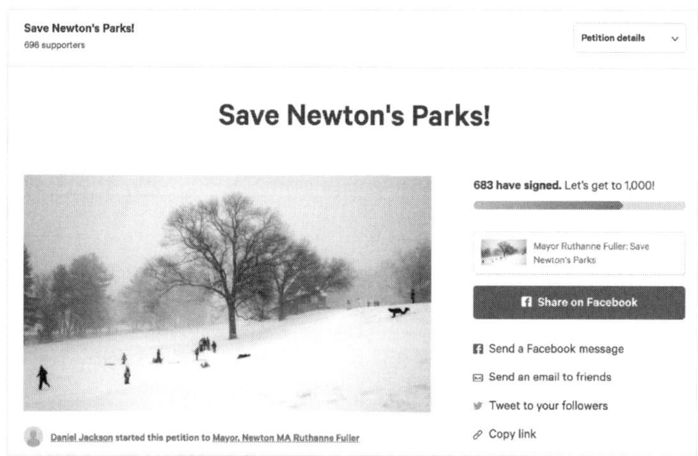

図8.2　Change.org支援のお願いが請願者にどのよう見えているかを知ると，ちょっとしたごまかしに気づく．署名者には（請願書本文の右側にある683という）数が表示される．これは請願者に見える（左上の管理者バーにある698という）数よりも少ない

く始まり，すぐに増え始めるので，リアルタイムの動きを錯覚させるのでした．

さらに狡猾なことに，請願書に署名した後，寄付を要求されます（図8.3）．ほとんどの人が，この寄付コンセプトが請願コンセプトと何らかの方法で同期していると思い込むのは，当然のことでしょう．つまり，寄付が請願の主催者に渡され，活動資金を援助するのに使われていると．実際は，このお金はchange.org（そのドメイン名も誤解を招くもので，非営利団体ではありません）の広告費として使われます．先の請願では，2,000人以上の支援者がchange.orgに寄付しました．私がこの「寄付」の操作の原則を知っていたら，署名者に警告を発したことでしょう．

ボタンが押されたときどのアクションが起こるかは，マッピング次第で，難解になったりします．Amazonの英国ストアで，Amazon Primeの無料体験に申し込む機会があり，2つのボタンが表示されました．「無料でPrimeを試す」と書かれた黄色のボタンと，その下の「引き続き」という単語で始まる青いボタンで（図8.4），「引き続きPrimeなし」と言う意味と思わせるボタンです．実際のボタンのラベルには，「引き続き無料で1日配達」とあります．つまり，どちらのボタンもサインアップのアクションを起動するのです！　サインアップせずに続けるには，ボタン左側の目立たない青いリンクをクリックします．

マッピングによって，重要な情報を隠したり，アクセスしにくくすることで，利用者の行動をコントロールできます．例えば，多くの航空会社はマイレージの有効

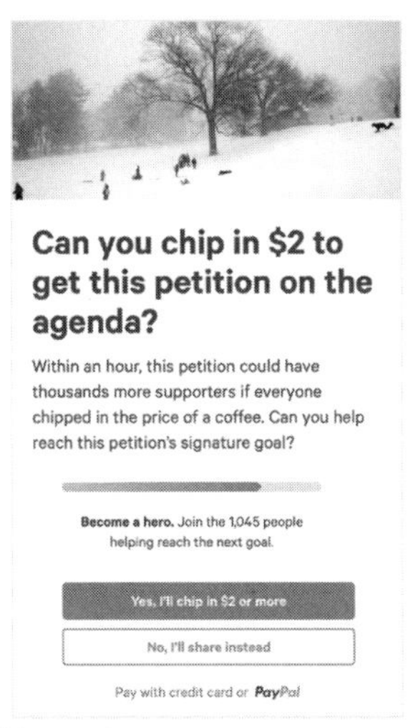

図8.3　Change.org支援のお願い

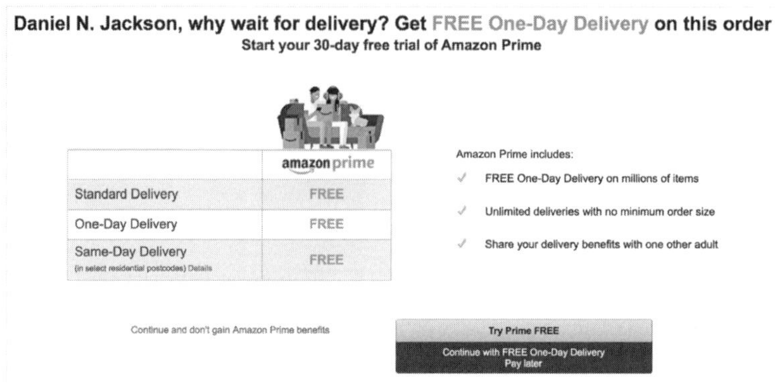

図8.4 （サイト上では黄色と青色の）２つのボタンが重なっていて，Amazon Primeの異なるアクションに見えるものの，実際は同じアクションに対応している

期限を見つけにくくし，気づかないうちに失効することを期待しています．（これは，フリークエントフライヤーのコンセプトが，しばしば利用者の利益に反してデザインされていると思われる点のひとつに過ぎません）．似たことですが，PayPalはユーザの口座残高を隠していると非難されています．受け取った資金を外部の銀行口座に自動的に移す同期機能がないことと相まって，ユーザに維持負担を強いて，残高（とPayPalの利益）を最大にしています．

複雑な合成のマッピング：Gmailラベルの謎

Googleのメールサービスである Gmailには，メッセージを整理するラベルというコンセプトがあります．例えば，オタク系の友人とプログラミングについて語り合うメッセージに，「ハッキング」というラベルを貼ります．そうすると，プログラミングに関するうろ覚えのメッセージを探したいとき，そのラベルでフィルタリングできます．

これは，既に（第6章で）紹介した相乗効果のある合成例です．送信済みと削除済みのメッセージに特別な「システムラベル」を使用することで，ラベルのコンセプトはあらゆる種類の検索を統一的に取り扱います．例えば，送信済みメッセージを表示する「送信済み」ラベルのボタンは，送信済みラベルの問い合わせを起動しているだけなのです．

Gmailには，会話というコンセプトもあります．その目的は，特定の話題に関連するメッセージをグループ化し，あるメッセージ，その返信，返信への返信などをまとめて見られるようにすることです．

これらのコンセプトを組み合わせてマッピングするのは挑戦的なことです．Gmailの開発者は，メッセージにのみラベルを付け，会話にはラベル表示を選択しました．すると妙な変則的な状況が生じます．図8.5では，会話にハッキングとミートアップという2つのラベルが貼られているように見えます．そして確かに，いずれかのラベルを個別にフィルタリングすると，その会話が表示されます．ところが，両方のラベルでフィルタリングすると，会話が表示されません（図8.6）．

驚くような結果なのですが，バグではありません．会話に対して表示されるラベルは，その会話中のメッセージ全てのラベルを累積したものです．この例では，会話中のあるメッセージはhackingラベルを持ち，別のメッセージはmeetupsラベルを持ちます．そこで，両方のラベルを持つメッセージとして表示されます．ところが，1つのメッセージが両方のラベルを持つことはないので，2つのラベルを一緒にフィルタリングしても，何も結果が返りません．

1つの会話内で，異なるメッセージが異なるラベルを持つことになるとはどういうことなのか，と思われるかもしれません．会話を選択してラベルを追加すると，そのラベルは会話内の全てのメッセージに追加されます．一方，受信メッセージの内容に基づいてラベルを付す規則を定義することができます．また，会話にラベルを追加すると，その会話中のメッセージにのみ影響し，後から追加されたメッセージはラベルを自動継承しません．さらに，いくつかのラベル（送信済みラベルなど）は，個々のメッセージに自動的に適用されます．

実際上，このデザインがもたらす厄介な帰結は，他にも多くの影響があることです．ラベルでフィルタリングするとそのラベルを持つメッセージを含むすべての会話が表示されるものの，会話中のどのメッセージに実際にそのラベルがついているのかが分かりません．[88]

図8.5　Gmailのラベル付け．「hacking」と「meetups」という2つのラベルのある会話

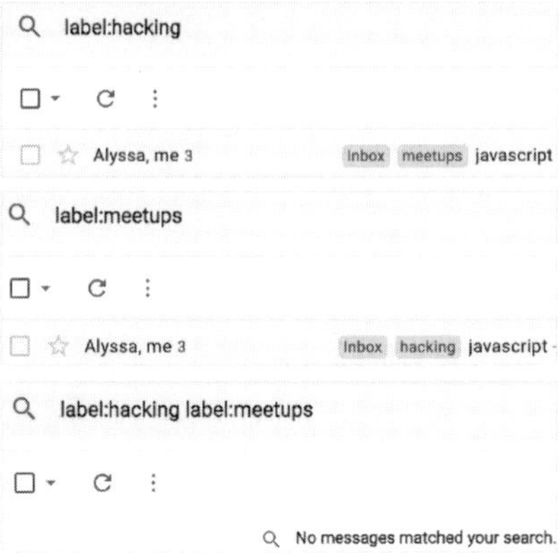

図8.6　Gmailのびっくりするラベルフィルタ．会話が「hacking」と「meetups」にマッチするように見えるが，両方を問い合わせると表示されない

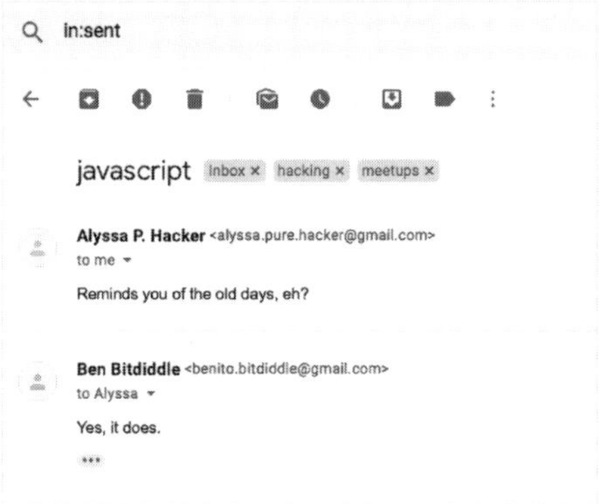

図8.7　Gmailの送信済みメッセージのフィルタ．送信済みメッセージは最初の2件

例えば，Gmailで「送信済み」をクリックして送信メッセージを確認すると，送信済みメッセージが埋め込まれた会話のリストが表示され，そこには自分が送信していないメッセージも含まれます．Gmailのデザイナーは，デフォルトで送信済みメッセージを展開して表示し，それ以外を圧縮表示し，この問題を軽減しました（図8.7）．ところが，このような区別が必ずしも見やすいとは限りません．[88]

さらに悪いことに，このデフォルトの展開方法は，送信メッセージにのみ適用されるようです．他の場合は，最新のメッセージを除いて，会話内のすべてのメッセージが圧縮されます．このような不一致があることは，Gmailのデザイナーが問題を認識していながら，解決していない証拠です．[89]

理解はできるが使えない：Backblazeの復元

これまで見てきた全ての例では，ユーザインタフェースが明確でないことが問題でした．背後のコンセプトから見て，コントロールとビューの意味が不確かなのです．逆に，意味は十分明確なのに，マッピングによって，ユーザが必要なアクションを実行したり情報を得たりするのが難しくなっている場合もあります．

（第2章で紹介した）Backblazeは，私が数年間使用している優れたバックアップユーティリティです．バックアップは非常に高速で（1日あたり最大約200 GB），設定作業は簡単で，サービスには信頼性があるようです．さらに，最新バージョンのファイル復元も容易で，Webサイトの復元ページでファイルを選択し，クリックしてダウンロードするだけです．

ところが，もっと古いバージョンを復元するのはそれほど簡単ではありません．ダイアログ（図8.8）では，ファイルシステム中を移動して目的のフォルダを見つけ（左側），そのフォルダ内のファイルをダウンロードするかを選択できます（右側）．

以前のバージョンのファイルを復元するには，ダイアログの上部に日付を入力します．実際には，2つの日付があります．fromの日付を設定すると，その日付以降に変更されたファイルのみを，また，toの日付を設定すると，どのバージョンを復元するかを選択できます．例えば，2021年1月1日から2021年3月1日までのファイルを選択すると，その年の開始以降に変更（または作成）されたファイルだけが表示され，また，復元するバージョンは3月始め以前にバックアップされた最後の

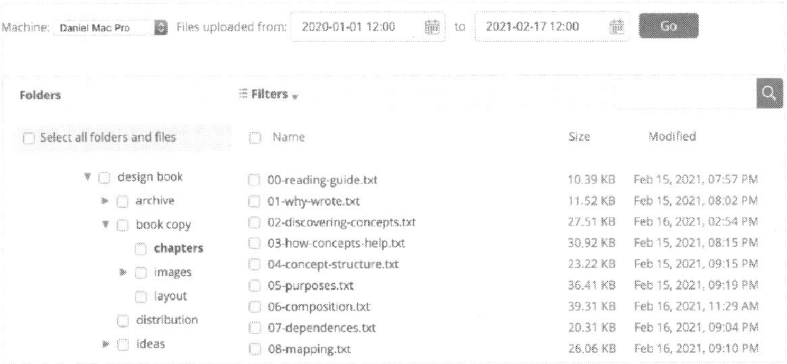

図8.8 ファイル回復のBackblazeダイアログ．ファイルバージョンを示すfromとtoの日付フィルタ，妥当に思えるマッピング

バージョンになります．

これで良さそうなのですが，問題があります．例えば，重要なファイルが何らかの原因で破損していることが分かったとします．破損していない最後のバージョンを復元したいでしょう．破損した日付がわかっていれば，ダイアログのtoボックスにその日付を入力すれば良いだけです．ところが，日付がわからない場合は，古いバージョンを検索して見つけなければなりません．

見つける方法としてすぐに思い浮かぶのは，昨日から1日ずつさかのぼって，ファイルを復元し，破損していないバージョンが見つかるまで探すことです．1月1日から3月1日の間に破損したことが分かっている場合，3月1日から始めて，回復とチェックを繰り返し，最悪の場合60回チェックし，1月1日までさかのぼります．[90]

大したことでないと思われるかもしれませんが，残念ながら，ダイアログでtoの日付を変更するたびに，フォルダツリーを再読み込みし（約20秒かかります），さらに，ツリーがリセットされているので，目的ファイルまで再度辿り，そのファイルをダウンロードして調べなければなりません．

言うまでもなく，これは手間のかかる作業です．基本的なコンセプトは良く，すべての古いバージョンのファイルにアクセスできるというものですが，問題なのは，古いバージョンに到達するのが難しいことです．この問題への（CarboniteやCrashplanなどの他のバックアップユーティリティが採用している）解決策のひとつは，ファイルのすべてのバージョンをその更新日とともに表示し，それらを一度にダウンロードできるようにすることです（図8.9）．

ライブ感のあるフィルタリングの難題

アイテムのコレクションを表示できるアプリケーションがあるとします．ここで，

Version history of "HTML Snippets.html" | Back to results

☐ MODIFIED DATE	SIZE	STATUS
☐ 9/30/2019 11:39 AM	3 KB	Will restore as "HTML Snippets (Restored) 09-30-2019 11.39.html"
☑ 9/25/2019 10:58 AM	3 KB	Will restore as "HTML Snippets (Restored) 09-25-2019 10.58.html"

図8.9　ファイル回復のCarboniteダイアログ．ファイルの全てのバージョンを表示

アイテムはすべてを満たすプロパティによって定義され，さらにコレクションを表示しながらアイテムを変更できるものとします．このとき，デザイン上の疑問が湧いてきます．アイテムの変更によってプロパティが無効になるとき，どうすればよいでしょう？

Apple Mailのフラグコンセプトは，このパターンに当てはまります．7色のフラグがあり，ユーザは好きに解釈できます．また，メッセージに旗を付けるアクションや，指定したフラグのメッセージを表示するアクションがあります．[91]

フラグコンセプトは，状態として，メッセージからフラグへの対応関係を保持します．左側のサイドバーのフラグアイコンをクリックすると，アプリは，その色のフラグを持つすべてのメッセージを表示します（図8.10）．

最初は，フラグをクリックすると，そのフラグを持つすべてのアイテムを見つけると言うフラグコンセプトのアクションにマッピングされていると思うでしょう．このクリックは，インタフェースをフラグ付きアイテムを表示するモードへ切り替えるマッピングの一部と考えた方がよいです．フラグ付きメッセージが自発的に変化した場合（例えば，メッセージが到着してフラグが付けられた場合），その場で表示が更新され，ライブ感が出るからです．

さて，難問です．フラグのついたメッセージのリストを見ているときに，そのう

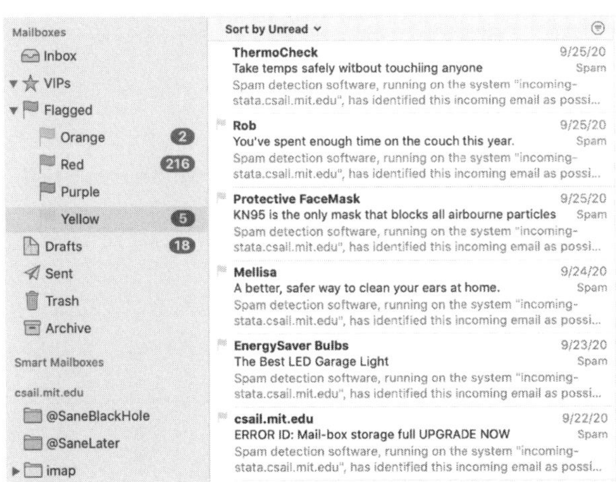

図8.10　Apple Mailのフラグコンセプトの巧妙なマッピング．Yellowフラグのメッセージを表示しようとしている．最初のメッセージからフラグが除去されたのに，まだリストに存在する

ちの一つを選択して，そのフラグを外すとどうなるでしょうか？　一見明らかな解決策は，（表示されるメッセージは与えられたフラグを持つものだけという）一貫性を保ち，そのメッセージをリストから即座に削除することです．

しかし，実際には，これは悪いマッピングデザインのようです．あるメッセージを誤って変更しフラグを削除した後，元に戻したいと思った場合はどうなるでしょうか．フラグを外すと，そのメッセージはリストから消えてしまい，選択内容がクリアされます．フラグを再設定するメッセージを見つけることもできません．あるメッセージを見つけるのが難しいからこそ，フラグを立てたのでした．[90]

望ましい動作は，直感に反するかもしれませんが，表示を更新せず，表示されていたメッセージ全てを保持することです．フラグを外してもメッセージは残りますが，フラグ表示を切り替えて，後になって戻ると，そのメッセージが表示されなくなっていることに気づきます．

この方法が機能するには，リスト内の各メッセージに個別にフラグを付ける必要があります．最初の表示に含まれるメッセージ全てにフラグを付ける必要があるので，一見，冗長と思えるかもしれません．ところが，あるメッセージのフラグを触ると，フラグが消えますが，メッセージは選択されたままなので，簡単にフラグを復活できます．これは，Apple Mailの振舞いそのものです．スクリーンショットでは，一番上のメッセージのフラグを解除していますが，依然として表示されています．

曖昧なアクションの解消

ユーザのジェスチャーを解釈するのは容易なことが多いのですが，曖昧になる時があります．特に，アクションの引数が以前の選択内容に依存している場合に起きます．このような例を見てみましょう．

コレクションコンセプトでは，重複する可能性のあるアイテムの分類コレクションから，アイテムを追加および削除できます．コレクションを利用するアプリケーションの例として，引用論文をコレクションにまとめることができる「Zotero」，ブックマークをコレクションできる「Safari」などのブラウザ，写真や動画のコレクションを定義できる「Adobe Lightroom」などがあります．

コレクションコンセプトの特徴は，フォルダコンセプトとは異なり，1つのアイテムを複数のコレクションに重複分類することが可能な点です．コレクションcにアイテムiを追加するアクションcollection.add (i,c) のマッピングは多くの場合に明らかで，(例えば) ユーザがアイテムをコレクションにドラッグすることで達成します．

コレクションcからアイテムiを削除するcollection.remove (i,c) というアクションは，より巧妙さを要します．アプリケーションによっては，一度に複数のコレクションを選択することが問題になります．この機能が重要なのは，複数のコレクションに属するアイテムを一度に見られるからです．図8.11では，Adobe Lightroomで重複する写真コレクションが2つ選択されています．

削除アクションの引数を指定するのは，簡単ではありません．例えば，アイテムを選択して，削除ボタンを押せば良いと思うかもしれません．ところが，選択したアイテムが両方のコレクションに属している場合，どちらから削除すればよいのか明らかではありません．

このマッピングは厄介な問題です．本章を最初 (2020年後半) に書いたとき，これを実行しようとするとLightroomはエラーメッセージを表示し，削除要求が曖昧であると通知してきました．現在 (2021年2月) は，削除要求したアイテムを，単純にそのアイテムが属するすべてのコレクションから削除するようです．[93]

標準ウィジェットが十分でないとき：値なしの入力

いくつかのコンセプトのアクションは，引数を値の集合から得るか，または値が選択されていないことを示す「none」にします．例えば，フォーマットのコンセプ

図8.11　Adobe Lightroomのコレクションコンセプトにみるマッピングのジレンマ．2つのコレクションがあって，削除する写真を選ぶ時，どちらのコレクションから削除するかを区別できない

トでは，フォーマットプロパティpを値vに設定するアクションset (p, v) があり，設定したプロパティを元に戻す場合は，値をnoneに設定します．

この細かな区別は，**第4章**で紹介した部分的なスタイルの例に見られます．思い出していただきたいのは，一部の書式設定プロパティ値のみを指定してスタイル定義ができるということです．例えば，「強調」という文字スタイルを定義して，フォントスタイルをイタリックに設定し，他のすべてのフォントプロパティ（サイズや書体の選択など）を変更しないようにできます．

さて，これをどのようにユーザインタフェースにマッピングするか考えてみましょう．例えば，フォントスタイルをイタリックに設定できるだけでなく，設定を解除できるようにする，つまり，デフォルトでは，noneを設定する必要があります．これは，romanに設定するのとは違います．この場合は，既にイタリック体になっている文字が変更されます．

部分スタイルを提供する最近のアプリケーション（Microsoft WordやAdobe InDesignなど）では，標準的なユーザインタフェースの拡張版を使用することで実現します（図8.12左下）．ブール値のチェックボックスは3状態（オン，オフ，未設定）のウィジェットになり，ドロップダウンは拡張されて，ドロップダウンメニューから値を選ぶだけでなく，選んだ値を（テキストフィールドとして）編集し，削除（設定解除）できるようになりました．これは意外にも直感と反するというわけではありません．テキストフィールドはオートコンプリートにも使えるので，メニューが多くの項目を持つ場合に便利です．

これらのプログラムの以前のバージョンでは，拡張ユーザインタフェースは利用できず，ユーザは不便なインタフェースを我慢するか，回避策を講じる必要がありました．Wordでは，長年にわたり，Visual Basicスクリプトを書くことでしか部分スタイルを解除できませんでした．その後，複雑なダイアログでリストからフォントを選択する方法になり，さらに，編集可能な別のテキストフィールドに入力できるようになりました（図8.12左上）．InDesignでは，一度設定したプロパティは，スタイルのすべてのプロパティをクリアする「reset to base」アクションを使う以外に，設定を解除する方法がありませんでした．iWork'09版のApple Pages（図8.12右）は，各設定にチェックボックスを追加して，この問題を回避しました．この解決策は，明瞭かつ明確で，派手なインタフェースを必要としないものの，非常に多くの表示画面の領域を必要としたことから，廃止されました．

本章のこれまでの例はすべて，どのようなユーザインタフェースのフレームワー

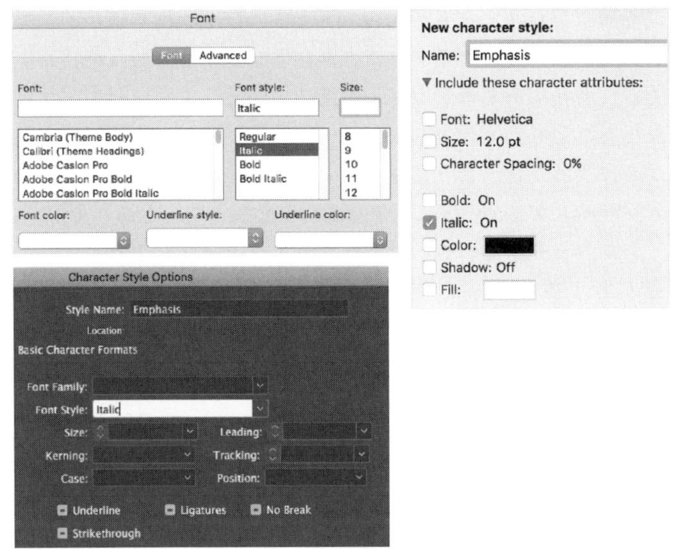

図8.12　部分スタイルダイアログの「none」値のマッピング．Word並びにInDesignの最新バージョン（左下）は，選択したエントリのテキスト編集が可能なドロップダウンメニューなどの拡張ウィジェットを利用している．Wordの以前のバージョン（左上）では，編集可能なテキストフィールドに入力するフォント選択機能が別にあった．Apple Pages 09（右）はチェックボックスを使っている

クにも適用できます．この最後の例は，以前に選択した値を「設定解除」する方法を提供しない，現代のユーザインタフェース・ツールキットの限界を露呈しており，興味深いものです．

教訓と実践

本章から得られる教訓

- 「ボタンをクリックするといったジェスチャーにマッピングされるアクション」「様々な種類のビューを表示するのにマッピングされるコンセプトの状態」などのように，コンセプトは，具体的なユーザインタフェースにマッピングする必要があります．
- ユーザインタフェースデザインの原則は適用されますが，コンセプトはマッピングの関心事に焦点を当てるのに役立ちます．Javaの例では，インストールとアンインストールを同じダイアログに混在させることで混乱を招くことがわかりましたが，背景にあるコンセプトの構造に注意してマッピングすれば，より明確になったことでしょう．

- コンセプトによっては，より複雑で，マッピングが工夫を要するものがありますし，ユーザインタフェースに明確な説明が必要な場合もあります．
- ユーザインタフェースを背後のコンセプトより単純にしようとすると，裏目に出ることがあります．Gmailの例では，ラベルはメッセージに付されますが，インタフェースはラベルを会話に関連付けます．見た目は単純になる一方で，使い勝手が悪くなります．
- マッピングは，使い方の典型的なパターンを考慮しなければなりません．BackblazeとApple Mailの例が示すように，単一のアクションを実行するよりも複雑な場合があります．
- 視覚的なインタフェースは表現力が豊かであるにもかかわらず，曖昧さを解決できない場合があり，インタフェースツールキットがマッピングのデザインを制約する場合があります．

そして，今すぐ実践できることも

- ユーザインタフェースデザインに取り組む際には，まず，それぞれのコンセプトをどのようにマッピングできるかを考えます．そして，マッピングされたコンセプトが画面上でどのように組み合わされ，どのような遷移やリンクが必要かを考えることで，見方を広げることができます．
- コンセプトのマッピングをデザインする際には，各アクションがインタフェースで利用可能なこと（関連性がある場合），コンセプトの状態が分かりやすく表示されること（必要な場合）の確認から始めましょう．
- コンセプトの操作の原則と，ユーザが利用可能なアクションを使用すると思われる方法を照らし合わせて，インタフェースのデザインを確認します．
- いつものことですが，コンセプトベースのアプローチの主な利点は，コンセプトが，ジェネリックな機能を際立たせるので，作業に役立つ先行事例を特定しやすくすることです．したがって，あるコンセプトのマッピングをデザインする際は，そのコンセプトが他のアプリでどのようにマッピングされているかを確認します．

第 3 部
原　則

第 9 章

コンセプトの特異性

本章では，デザインの問題点をあぶり出す簡単な原理を説明します．簡単な一方で，思いの外，強力です．あまりに簡単な原理なので，思わず否定したくなるかもしれません．例題によって，その価値を納得していただければと思います．

この原理は，ソフトウェア製品のデザインに際して，コンセプトと目的が一対一で対応していなければならない，というものです．つまり，すべてのコンセプトに対して，その動機になる目的が1つだけ存在し，製品のすべての目的に対して，その目的を満たすコンセプトがちょうど1つ存在しなければなりません．

コンセプトは少なくとも1つ目的を持つべきで，そうでなければ何の意味もないことには驚かないでしょう．製品にとって重要と定めた目的には，その目的を実現するコンセプトが必要です．各々の目的は，冗長性を避け，労力を無駄にしないことからも，高々1つのコンセプトによって実現されるべきというのも，もっともなことです．

さらに過激なのは，コンセプトはせいぜい1つの目的しか達成すべきではないという案です．この特異性原則こそが，コンセプトデザインの最も有用な見方の1つで，本章で最も注目してほしい点です．

目的なきコンセプト

目的なきコンセプトとは奇妙なものですが，先ほど（第5章で）例を見てきました．多くは，エディタバッファのように，内部機構がユーザに晒された例でした．このトピックについてすでに長々と説明したので，本節には目的が見い出せません（ので，これ以上の説明はしません）．

コンセプトなき目的

デザインを吟味すると，本質的な目的達成に対応するコンセプトがないことが明らかになるかもしれません．ソフトウェア製品は時間とともに進化するので，常に新しいニーズが生まれますが，これはこれから考えるデザインの欠陥とは異なります．以下で取り上げるのは，コンセプトの欠如が甚だしく，また最初から明らかなものです．

コンセプトが存在しないのが明らかだとしたら，なぜデザイナーはすぐに追加しないのでしょうか．その理由の1つは，簡単に解決できない課題があるからです．例えば，ほとんどの電子メールクライアントには，電子メールメッセージの送信者と受信者を識別する目的に役立つ通信相手のコンセプトがありません．Gmailのような完結した電子メールシステム内では簡単に導入できますが，より広く提供するには，共通の認証基盤を必要とします．

このコンセプトがあれば，電子メールの送信者欄の偽造ができなくなり，スパムの制御がより容易になります．また，平凡かもしれませんが，他にも必要とされる利点がもたらされます．Appleのメールでは，特定の送信者からのメッセージを確実に検索することができません．検索バーには「人」で検索するオプションがあって誤解を招くのですが，メッセージのFromとToフィールドの文字列マッチング以上の意味がないとわかります．

ほとんどの人は複数の電子メールアドレスを使用するので，検索すると複数の異なる「人」が表示されます．また，メールアカウントごとに名前の形式が異なる人もいるので，ある人からのメールをすべて見つけるには，異なる文字列で検索する

図9.1　電子メールに通信相手コンセプトがないと，検索結果がいかにランダムになるか

必要があるかもしれません．図9.1では，妻の名前で検索すると，私自身のメールアドレスまで出てくることがわかります（おそらく，誰かが私のメールアドレスにメッセージを送り，宛先欄に私たち2人の名前を記入したのでしょう）．

コンセプトのない目的の例をもういくつか

バックアップでの削除の警告　ほとんどのバックアップユーティリティには，その利用規約（およびバックアップコンセプトの振舞い）に気持ち悪い抜け穴があります．バックアップ中のマシンから削除されたファイルは，ある期間（例えば30日）が経過すると，バックアップ自体からも削除されます．このポリシーの根拠は明らかで，バックアップサービスを無制限のクラウドストレージとして使用するのを防ぐことです．

皮肉なことに，バックアップを必要とする主な理由の1つは，誤ってファイルを削除してしまうことにあります．バックアップユーティリティが，削除履歴を持ち，削除発生時に警告を発し，バックアップから消される前に，意図通りの削除かどうかを判断可能なコンセプトがあれば便利ですし，安心できるでしょう．このコンセプトのデザインは工夫が必要で，ファイル名の変更も考える必要があります．

スタイルコンセプトの欠落　ある種のアプリケーションで良く使用されているものの，別のアプリケーションで有用であるにもかかわらず，使えないコンセプトがあります．スタイルコンセプトは，ワープロやDTPツールであればどこにでもありますが，AppleのスライドプレゼンテーションアプリKeynoteではつい最近導入されたばかりで，Microsoft PowerPointにはまだありません．スタイルがないと，数式やプログラムコード，引用など，通常，文字の書式で区別するテキストに対して，一貫性を保つのが容易ではありません．

使われないテンプレートコンセプト　あるコンセプトがデザインに含まれるものの，通常の目的を果たせないほど限定された形になっていることがあります．Webサイト構築アプリの多くは，テンプレート（テーマと呼ばれることもあります）というコンセプトがあり，その目的は，視覚的なデザインをコンテンツから切り離すことです．ユーザはサイトのコンテンツに集中し，レイアウトや色，フォントなどを決めるテンプレートを別途選べます．鍵となるのは，最初からテンプレートにこだわる必要がないことです．それなりに見えるものから始めて，いくつかのコンテンツを配置し，いろいろ試して，コンテンツがどのように見えるかを確認できます．

このコンセプトはSquarespaceでも実現されていましたが，2020年初頭にリリースされたバージョン7.1では，テンプレートの切り替え機能を廃止したので，どうしたことか，ぎこちなくなりました．新バージョンではいくつかの改良が施されましたが（テンプレート共通の統一データモデルはテンプレートの切り替えを容易にすると思われるのですが），ユーザは知らされないままになっています．

技術の発展に伴い，実際上の問題が解決されたと思いがちです．ところが，このような孤立した目的は，最も基本的なニーズが満たされていないこと，そして身近な状況においてさえ，デザインの重要な作業が残されていることを示唆するように思われます．

冗長なコンセプト

同じ目的を果たす別のコンセプトがすでに存在する場合，そのコンセプトは冗長となります．これは，当初は異なると考えていた2つの目的が，より一般的な目的の変形と判明した時に起こることがあります．

Gmailのカテゴリ　Gmailは，受信した電子メールを自動分類する目的に，カテゴリというコンセプトを導入しました（図9.2）．ユーザの受信トレイにあるメッセージを1つのリストに表示するのではなく，この新しいコンセプトでは，カテゴリに分けます．「プライマリー」（個人の連絡先からのメール），「ソーシャル」（ソーシャルメディアのアカウントに関連するメッセージ），「プロモーション」（売り込み用），「アップデート」（通知，請求書，領収書など），「フォーラム」（グループやメーリングリストに関連するメッセージ）です．

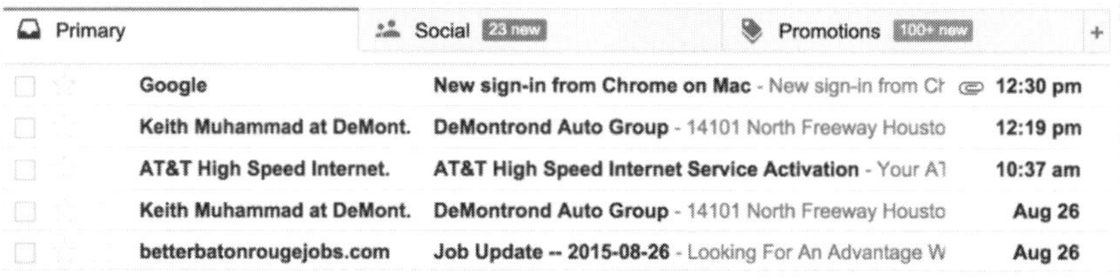

図9.2　Gmailカテゴリ，冗長なコンセプト

この新しいコンセプトは，大変喜ばれると期待されるかもしれません．何しろ，強力なフィルタリング機能を提供し，受信トレイを整理し，ユーザがコントロールしやすくしたのですから．ところが，この新しいコンセプトは，否定的な記事やブログ投稿の嵐にあいました．そして，Googleで「Gmail カテゴリ」を検索すると，検索結果の上に最初の質問として「カテゴリを取り除くにはどうすればよいか」が長い間，表示されました．

この否定的な意見は，カテゴリコンセプトが冗長なことに端を発しているものと考えられます．批判的なブログ記事のいくつかは，Gmailのラベルコンセプトがすでに同じ目的，つまりメッセージ分類という目的を果たすことを指摘しました．さらにこのコンセプトは，ユーザの介入なしに付けられる（送信済みなどの）「システムラベル」を含み，新しい分類アルゴリズムを容易に取り込めました．

では，なぜGoogleは新しいカテゴリを単純にシステムラベルとして実現しなかったのでしょうか．そうしていれば，ユーザはカテゴリという新しいコンセプトや，カテゴリとラベルを区別する明らかに一方的な制限，例えば，タブにはカテゴリしか割り当てられないとか，受信箱以外のメッセージの分類にはラベルしか使えないといった制限を理解する必要がなかったはずです．[94]

Zoomのブロードキャスト　ビデオ会議アプリのZoomでは，参加者を「ブレイクアウトルーム」に移動させることができます．また，ブロードキャストコンセプトを使って，主催者が参加者全員にメッセージを送信できます．

なぜこのコンセプトが必要なのでしょうか？　Zoomにはすでにチャットというコンセプトがあり，参加者は会議中にテキストメッセージを交換できます．チャットメニューでは，メッセージを特定の参加者に送信するか，「全員」に送信するかを選択できます．ややこしいことに，ブレイクアウトルームでは，「全員」は異なる意味を持ち，そのルームにいる参加者のみを指します．他のルームにいる参加者にメッセージを送信するオプションは存在しません．また，参加者がブレイクアウトルームに移動すると，主催者は参加者にメッセージを送ることができませんし，参加者が他のブレイクアウトルームの参加者にメッセージを送ることもできません．つまり，チャットコンセプトでは，主催者がブレイクアウトルームの参加者にメッセージを送ることができません．そこで，ブロードキャストコンセプトが必要になります．

デザインを改善するには，ブロードキャストを完全に廃止し，チャットメッセージを拡張して，ブレイクアウトルームをまたがって送信できるようにすれば良いでしょう．Gmailのカテゴリとラベルのように，チャットとブロードキャストメッセージは，同じ目的を果たすにもかかわらず，奇妙なことに良し悪しがはっきりしないのです．ブロードキャストメッセージは画面上で点滅しますが，チャットメッセージはメッセージログ上に流れるように表示されます．ブロードキャストはブレイクアウトルームをまたがることができますがチャットメッセージはできません．チャットメッセージはメッセージログに残りますがブロードキャストは消えてしまいます．ユーザにとって不便なのは，ブロードキャストメッセージが数秒しか表示されず，その中のリンクをクリックすることができず，また，内容のコピーペーストもできないことです．

理想的には，チャットコンセプトが，両方のコンセプトの特徴を提供することです．ブレイクアウトルームでは，チャットメニューは，メッセージをルーム内の全員またはセッション全体に送ることができ，異なるルームにいる場合でも，どの参加者にも個別にメッセージを送れ，特に，主催者は，ブレイクアウトルームに居る居ないにかかわらず，全員にメッセージを送れるようにすることでしょう．[95]

Apple Mailでの検索と規則　Apple Mail には，（本文に含まれる文字列や，送信者や受信者の名前など）メッセージのさまざまな属性を入力し，表示されたメッセージを絞り込む検索ボックスがあります（図9.3）．また，受信メールのフィルタリング規則を作成するダイアログも用意されており，（宛先に自分の名前があるかどうかなど）特定の条件を満たすメールを選択することができます．

この2つの機能の背後には，メッセージのフィルタリングとでも呼ぶ共通する目的があり，メッセージの部分集合を定義し，表示したり，あるいは（フォルダに移

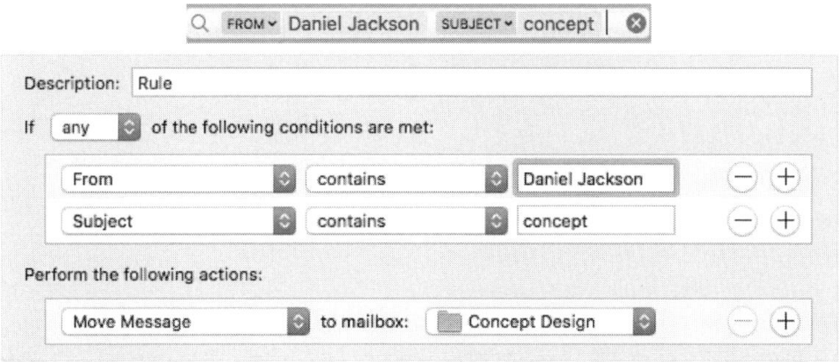

図9.3　Apple Mailのフィルタ（上）と規則（下），1つのコンセプトを2つのバージョンで表現

動させるなど）何らかのアクションを適用したりできます．ところが，この共通する目的は，規則とフィルタという2つの異なるコンセプトで二重に実現されており，それぞれ微妙に異なる機能を提供しています．規則にあってフィルタにないのは，（例えば，「等しい」とは違う）厳密でない一致条件の指定や，cc欄の検索などができる点です．一方，フィルタにあって規則にないのは，メッセージが署名付きかを指定できるなどの点です．これに対し，Gmailは，規則とフィルタを1つのコンセプトに統合しています．[96]

これらの例では，冗長性を排除することで，開発者の作業を軽減し，より簡明で強力なツールをユーザに提供することができたはずです．

オーバーロードされたコンセプト

さて，最も興味深い基準，コンセプトの目的は高々1つであるべきということについてです．コンセプトは2つの目的をうまく実現できません．[97] 目的はコンセプトデザインのあらゆる面に関わります．もし2つの異なる目的があれば，必然的に異なる方向に進み，コンセプトデザインはどちらかを優先して妥協しなければならなくなります．可能性が高いのは，あちらにもこちらにも進むので，どちらの目的も完全には果たせないデザインになってしまうことです．[98]

2つの目的を持つコンセプトはオーバーロードされているのです．この後の節で，オーバーロードの例を挙げ，その原因によって4つに分類します．

- 見かけの収斂とは，あるコンセプトが，同じ目的の異なる側面にあたると（誤って）みなされた2つの異なる機能に対してデザインされることです．
- 拒否された目的とは，ユーザの要望にもかかわらず，デザイナーが無視した目的のことです．
- 新たに現れた目的とは，古いコンセプトに対する新しい目的で，時にユーザ自身が（勝手に）発明するものです．
- 抱き合わせとは，既存のコンセプトを新しい目的に，適合・拡張することです．

これらのオーバーロードには，それぞれ対処法があります．

- 見かけの収斂は，1つの目的を厳密に表現するようにし，コンセプトの異なる動機が本当に同じ目的を反映するかを確認することで避けます．

- 拒否された目的は，技術に疎く，技術導入に消極的なユーザの意見や経験を真摯に受け止めることで避けます．
- 新たに現れた目的は，避けることが最も難しいです．というのは，デザインがその用途にどのような影響を与え，新たな用途を生み出すかなど，すべてを予測することができないからです．新たな目的が生じると気づきさえすれば，この目的に対する新しいコンセプトの追加などによって対処できます．
- 最後に，抱き合わせは，相反する目的を持たせることでデザインを最適化するという衝動に駆られることと，そのような再利用で節約した労力が結局は高い代償を伴う複雑さにつながると学ぶことで避けます．

見かけの収斂からのオーバーロード

時に，2つの異なる目的であるにも関わらず同じ方向を向いているように見え，デザイナーが1つの収斂した目的として扱うことがあります．ところが，実際には目的が異なるだけでなく，互いに矛盾しているかもしれません．[99]

例えば，Facebookでは，「友達」コンセプトの目的を「2人のユーザがお互いの投稿を見ることができる関係の構築」と表現することがあります．この整理の仕方の問題点は，2つの異なる目的が隠されていることです．1つはフィルタリングで，友達からの投稿を積極的に取り上げることで，関心のない人からの投稿を選別する手間を省けます．もう1つはアクセス制御で，友達を選択し，自分の投稿を見られる人を設定できます．

人間関係は対称的なので，多くのユーザにとって，これら2つの目的は整合しています．自身の生活についての投稿を見られるのが嬉しい人なら，他人の投稿を見ることにも興味があるでしょう．しかし，有名人の場合，この対称性は崩れます．Barack Obamaの投稿を読みたいかもしれませんが，彼が私の投稿を読みたいとは思わないでしょう．

このことを踏まえ，2011年，Facebookはフォロワーというコンセプトを追加しましたが，これはフィルタリングの目的にのみ役立ち，アクセス制御の目的には役立ちません．友達コンセプトは，今でも両方の役割を担い，見たくない投稿をする友達への「フォロー」をオフにすることでアクセス制御に使うことができます．

拒否された目的によるオーバーロード

見かけの収斂と同様に，拒否された目的には，初期デザインの時点で存在していた2番目の目的が関わります．ところが，デザイナーがデザインとして認識する価値がないと判断し，その目的を取り上げませんでした．

候補の目的をリストアップしてから採用しないのは，普通なら良いことで，アプリケーションのデザインが肥大化するのを防ぐ重要な戦略です．あらゆる問題を解決するスイスアーミーナイフのようなアプリケーションを作りたくなりますが，喜ばしい結果にはならないでしょう．「うまく機能する最も簡素なもの」を作るというアジャイルのマントラは，取り組むべき目的を選択すること，その目的を満たすコンセプトをデザインすること，その両方に当てはまります．ところが，目的を省くことは，時に，頑固で否定的な行動になりかねません．ビジョンの純粋さの名の下にユーザのニーズを無視してしまうのです．

Twitterのお気に入りコンセプト（**第5章**で説明）はこの1例です．Twitterがブックマークコンセプトを導入した2018年以前には，ユーザはツイートをお気に入りにし，お気に入りに選んだことを公にする以外，ツイートを保存する方法がありませんでした．そこで，お気に入りコンセプトは，承認の意思表示とツイートの保存という，2つの相容れない目的を果たすことになってしまいました．

これまで，多くの人にとって馴染みがないことから，プログラミング・ツールの話は避けてきましたが，ここでは，説得力に富む説明ができそうなので，例を示します．プログラマーは，Git，Subversion，Mercurialなどのバージョン管理システムを使って，チーム作業を管理し，複数バージョンのファイルの変更履歴を記録します．実際には，多くのユーザ，特にあまり専門的でないユーザは，これらのツールをバックアップにも使います．

考えてみてください．これらのシステムは，いつ故障するかわからない自分のマシンからサーバに成果物を頻繁にコピーし，ファイルの複数のバージョンを過去にさかのぼって管理し，いつでも元に戻せるようにします．これこそがバックアップシステムの役割ではないでしょうか．もしすでにこういうシステムを使っているなら，リポジトリにすでに保存されているファイルをバックアップに使えば良いはずですよね？

残念ながら，これらのツールのデザイナーは，一般論として，これと同じ意見を

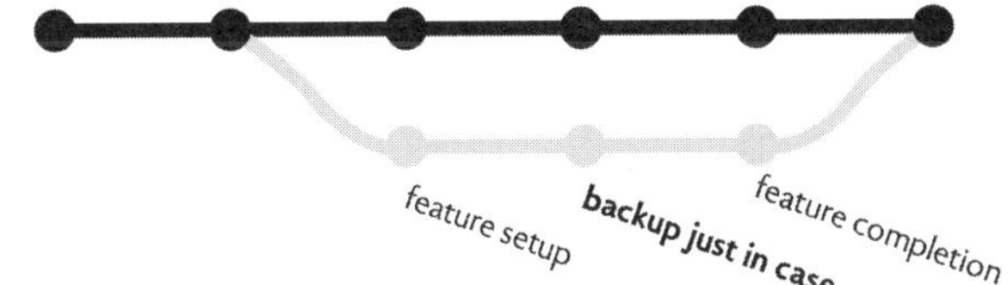

図9.4 拒否された目的の例（バックアップにコミットを使用）．下のグレーの経路は，プログラマーが新しい機能を構築する独立した「枝」である．機能の基本的な構造を設定し作業をコミットし，さらに最終的に完成したときにコミットする．一方，未完成の仕事をバックアップしたいので，作業途中のどこか適当なところでコミットすることもある

持っていません．ここでのコンセプトであるコミットは，異なる目的でデザインされました．開発中の整合した状態に対応するプロジェクトのスナップショットを保存することです．例えば，ある機能が完成したときや，成果物が十分に洗練され，ピアレビューの恩恵を受けられる状態になったときにコミットを実行します．

この目的はバックアップの目的とは相容れないものです．なぜなら，バックアップはできるだけ頻繁に取りたいからです．未完成の大作に携わっている場合，確かにバックアップしたいのですが，整合した状態でない可能性があります．そこで，ジレンマに陥ります．作業成果物をコミットすると，ごまかしになり，整合性がなくコンパイルすらできないかもしれないコミットを挿入して（開発者が言うところの）「コミットグラフを汚す」ことになります（図9.4）．ところが，コミットしなければ，クラウドにコピーされることはなく，自分のマシンが故障したときに作業成果物を失うリスクがあります．

新たに現れた目的によるオーバーロード

コンセプトは，デザインされた時点で，説得性に富む目的があるかもしれませんが，ユーザがコンセプトの新しい使い方を発見すると共に，後から追加的な目的を持つことがあります．例えば，電子メールに昔からある件名欄がそうです．

件名欄のコンセプトは，より一般的なコンセプトの1例と考えられます．正確に言うと，その目的は，元のテキスト作成と共に，あるいは，作成後に，簡潔な要約を与えることで，長いテキストを検索，フィルタ，理解しやすくすることです．

To: csail-related@lists.csail.mit.edu
Re: [csail-related] turn off the lights?

図9.5　新たに現れた目的で使われる件名欄．listservのきっかけが判明

このようなささやかなきっかけだったので，件名欄が多くの有用な役割を果たすとは，誰も予想しなかったかもしれません．Listservソフトウェアは，件名の前にListserv名を追加して，直接自分宛に送られたメッセージでないことが簡単に分かるようにしました．これは，明らかにtoフィールドの目的を繰り返しています（図9.5）．その後，Gmailなどの電子メールシステムは，メッセージを一連の流れ（会話）に分類する方法として件名欄を使うようになりました．

この新しく現れた目的は，無害に見えるかもしれませんが，そうではありません．ある友人が，自分の部署の誰かが複数の同僚にメッセージを送ったときのことを話してくれました．受信者をbccにしましたが，その中には，一部の役員が対象のListservアドレスもありました．Listservは，件名欄にListserv名をさらしてしまい，その結果，bccコンセプトが提供するはずのプライバシー保護を損ないました．

会話のグループ化に件名欄を使用することには既知の問題があり，同じ件名を持つメッセージを誤って関連付けることになります．旅行ごとに異なるラベルを割り当て，そのラベルでフィルタリングすることで，特定の旅行に関連するすべてのメッセージを見ることができると話してくれた学生がいました．

残念ながら，旅行会社はすべての確認メッセージの件名に「今度の旅行」を使うので，異なる旅行に関するメッセージが同じ会話に属してしまいます．Gmailでラベルのフィルタリングをすると，**第8章**で説明したデザイン上の欠陥なのですが，同じ会話のすべてのメッセージがラベル付きメッセージとして表示されます．つまり，他の旅行のメッセージを見ることなく，特定の旅行のメッセージを表示する際にラベルを使用できないのです．

抱き合わせによるオーバーロード

オーバーロードの最も良くある理由は，デザイナーが既存のコンセプトを用いて新しい目的をサポートすることで，新しいコンセプトの必要性を回避し，デザインと実現の手間を省けると考えることです．また，デザイナーは，コンセプトは少な

いほうが（そしてコンセプトの規模が大きいほうが）ユーザに評価されると考えるかもしれませんが，これは幻想であることが多いのです．複雑で分かりにくいコンセプトに減らすよりも，一貫性があり説得力のあるコンセプトを増やす方が良いのです．

Epsonの用紙サイズのおかしなコンセプト　Apple社のOSであるmacOSでは，プリンタドライバがプリンタ固有の設定を印刷ダイアログで提供してくれます．Epsonのフォトプリンタは，用紙の種類を選択する，プリントの乾燥時間の間隔を調整するなど，多くのカテゴリで特別な設定を行えます．

プリンタには，上から，後ろから，前から，ロール紙からなど，さまざまな種類の用紙に対応した紙送りの方法が用意されています．この紙送りコンセプトは，どのように制御されているのでしょうか？

Appleには，組み込みの用紙サイズというコンセプトがあり，多くのアプリケーションでページ設定メニューから用紙サイズを指定できます．用紙サイズコンセプトの目的は，標準的な用紙サイズを一度だけ定義して再利用を容易にすることです．組み込みの用紙サイズ（標準的なレターサイズなど）に加えて，任意の寸法と余白を定義できます．アプリケーションで用紙サイズを選択すると，（テキストを折り返し，余白を考慮して）ページを適切な大きさにします．また，ページを印刷する際には，その用紙サイズがプリンタに渡され，プリンタにセットされている用紙サイズと一致しているかどうかが確認されます．

残念なことに，Epsonは，紙送りを新しいコンセプトとして追加せず，用紙サイズコンセプトと抱き合わせることを選択しました．ページ設定メニューを開くと，用紙サイズのオプション名の中に紙送り設定が含まれているのです（図9.6）！

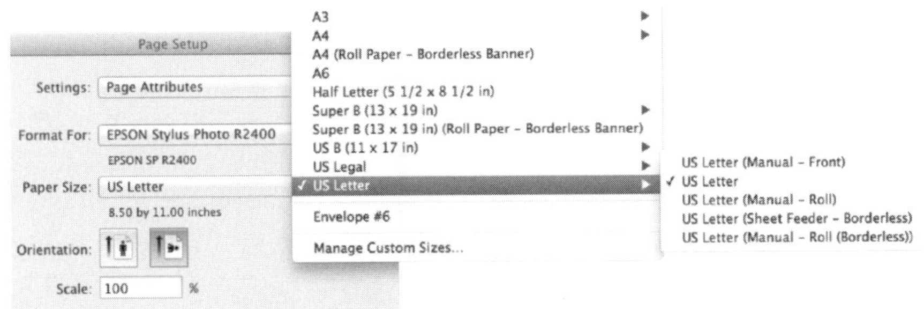

図9.6　Epsonプリンタドライバ．紙送りと用紙サイズの抱き合わせ

これは小さな工夫のように思えるかもしれませんが，大きな混乱を引き起こします．

- Epsonプリンタで印刷するドキュメントの用紙サイズを選択する場合，これらの特殊なオプションを決めておく必要があります．(後に印刷ダイアログで使用するプリンターを選択できるようにしたいので) 紙送りオプションは勿論のこと，特定のプリンタに決めておきたくありません．
- 紙送りオプションは，プリンタドライバに組み込まれた標準用紙サイズに作り付けになっていて，新しい用紙サイズを作成できません．紙送りオプションの設定はユーザがカスタマイズできないのです．
- アプリケーションによっては，プリセット定義にページ設定を用います．Adobe Lightroomにはプリンタプリセットというコンセプトがあり，指定の用紙サイズに合わせた縁取りやレイアウトを定義できます．例えば，写真から葉書を作成するポストカードプリセットを定義できます．このプリセットは用紙サイズに依存するので，Epsonプリンタに印刷する場合は，紙送り機能を含む用紙サイズ選択が必要です．その結果，プリンタプリセットの情報は紙送りの方法と切り離せません．[100]

Fujifilmのアスペクト比　Fujifilmのカメラでは，カメラ内で画像のアスペクト比を設定できます．このコンセプトの目的は，撮影時にファインダー内の画像を最終的な画像の特定のアスペクト比にしたがってフレーミングすることです．例えば，正方形の画像 (図9.7) を選択できます．

アスペクト比を設定するには，「IMAGE SIZE」メニュー (図9.8左) を開きます．正方形 (1×1) の比率を選んだのがわかると思います．不思議なことに，画像の解像度も選ばなければならず，この場合は，ラージサイズの「L」です．

「IMAGE QUALITY」メニュー (図9.8中) では，メモリーカードへの写真の記録方法を，未加工のrawファイル，JPEG (通常画質，高解像度画質)，またはその組み合わせから選ぶことができます．

例えば，正方形の写真を撮影し，rawファイルとして保存したいとします．画質をrawに切り替えると，画像サイズの設定が薄くなり，「RAW」という文字が表示されます (図9.8右)．画像サイズに適用するのは妥当で，大きく設定しても，センサの全画素からなるrawファイルには適用されないからです．ところで，せっかく設定したアスペクト比まで失われてしまったのはなぜでしょうか？

正当な理由はありません．アスペクト比のコンセプトは，rawファイルで完璧に

図9.7　正方形のアスペクト比での撮影．ミラーレス一眼カメラの素晴らしい機能

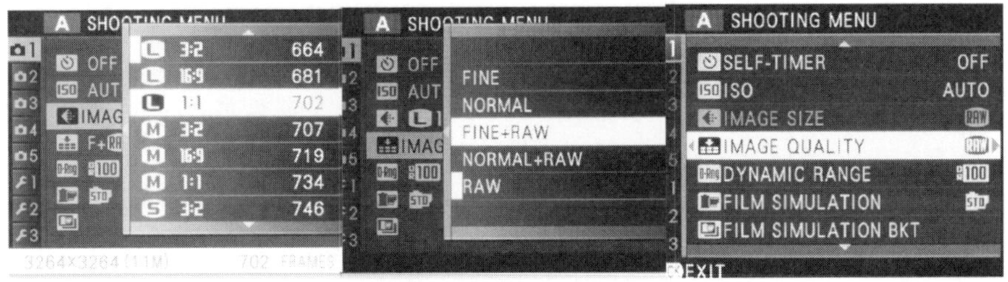

図9.8　Fujifilmカメラの目的の抱き合わせ．大きさとアスペクト比の設定（左），画質の設定（中央），画質をRAWに設定するとサイズオプションが操作対象から外れ，アスペクト比をカスタム設定できる（右）

機能します．ところが，オーバーロードによってJPEG寸法と結びついているので，アスペクト比を単独で適用することができません．実際には，rawで画像を記録する一方，特定のアスペクト比に設定したい場合，rawファイルと共にJPEGファイルを含む画質設定を選択し，後にJPEGファイルを削除しなければならないのです！

善後策としては，単に，画像サイズとは別にアスペクト比のコンセプトを用意すればよいのです．直交したコンセプトにすることで，アスペクト比をファイルタイプに依存しないようにできるでしょう．メニューも簡明になり，3つの画像サイズと3つのアスペクト比の組み合わせで9項目必要だったものが，3項目ずつの2つのメニューになります．

些細ないことかもしれませんが，多くのユーザから要望のある（オンライン署名活動も行われている）アスペクト比の増加にFujifilmが消極的なことの背景なのではないかと思います．ところが，アスペクト比コンセプトがないと，メニューの選択肢が2次関数的に増え，新しい比率が追加されたときに画像サイズメニューが許容できないほど大きくなるでしょう．[101]

目的の粒度と一貫性

デザインが冗長かオーバーロードかは，設定した目的次第です．これはかなり主観的で恣意的な判断ではないか，と思われるかもしれません．オーバーロードを解決するのに，2つの目的を統合して新しい目的にしたらどうでしょう．1つのコンセプトに2つの目的があるという問題はなくなるのでしょうか．もちろんそんなことはありません．複数の目的が1つであるかのように見せかけているかどうかを明らかにするには，何らかの一貫性テストが必要です．

理想的なのは，目的を場合分けせずに表して，目的に一貫性があるかを明らかにすることです．例えば，本章の前半で，Webサイト構築アプリで使われているテンプレートのコンセプトを説明したとき，その目的は「ビジュアルデザインをコンテンツから切り離すこと」と述べました．このように形式化すると，複数の目的を導入しなくても，さまざまなアクテビティを一緒にできます．

ところで，目的を「他人がデザインしたテンプレートに後から手を加えて，魅力的で視覚的なデザインのWebサイトを簡単に構築できるようにする」と述べたとしましょう．この目的は確かに洗練されておらず，特定アクションの詳細に言及し，操作の原則に似てきます．でも，これを一つの目的として示すのは誤りではありません．なぜなら，（分離という観点からまとめた方が良いとはいえ）様々な部分が，一つの首尾一貫した目的の複数の側面だからです．実は，これは各部分を目的のように扱っているSquarespaceのデザインに対する批判そのものです．

目的が複数の部分で表現される場合，首尾一貫しているかどうかをどのように判断すればよいのでしょうか？　いくつかの基準を示します．

- 再整理：複数の部品を持たない説得力ある形に再整理できますか？
- 共通のステークホルダー：各部分は，同じステークホルダーに利便性をもたらしますか？
- 共通の使命：各部分の上位の目的（コンセプトの直接的な目的と区別し「使命」と呼ぶこともあります）を特定した場合，その部分は同じ使命を持ちますか？
- 非対立：部分は競合しませんか，あるいは，ユーザが一方は欲しいが他方は欲しくないというシナリオを想像できますか？
以上の基準がどのように適用されるか，例を見ていきましょう．

一貫性基準の適用：Facebookの「いいね！」には複数の目的がある

Facebookの投稿の下にある「いいね！」ボタンをクリックすると，7つの顔文字が表示され，愛情や怒りなどさまざまな感情を表現しています（図9.9）．これをコンセプトとして扱うとしたら（仮に「いいね！」コンセプトと呼びます），その目的は何でしょうか？

いくつかのことが思い浮かびます．最も明らかなのは，これらの顔文字をクリックすると，あなたの感情的な反応が（公開されるのですが）投稿者に返されることです．これは，おそらくほとんどのFacebookユーザがクリックするときに考えていることです．

しかし，それ以上のことも起きています．Facebookを使っていると，投稿に「いいね！」をすることで，表示される投稿やその順番が変わることがわかります．好みの投稿を示すことで，将来得る情報を共有し，つまり，見たい投稿が表示される可能性を高めます．

ユーザ自身にとっては有用ではありませんが，クリックはFacebookによって追跡されて，個人データのプロファイルが構築され，広告のターゲットにされます．自分の投稿内容や，他人の投稿に対する反応から，Facebookは趣味から性的指向まで，多くの指標で個人を分類しています．

まとめると，「いいね！」の目的は，「感情的な反応を伝えること，新しく得たい情報を共有すること，ターゲット広告に使われる履歴データを提供すること」と言えるかもしれません．これらを3つの異なる部分とみなすことで，前述の基準を適用することができます．

図9.9　Facebookの「いいね！」コンセプト．絵文字には，「like」「love」「care」「wow」「sad」「angry」といった注釈が付されている

再整理　「投稿に反応する」はもっともらしく聞こえますが，ニーズに焦点を当てていないので，(**第5章**で説明したように) 目的とは言えません．でも，うまい言い方があるか，よくわかりません．

共通のステークホルダー　間違いなく，Facebookは，データを広告主に売って効果的にターゲットを絞れれば，より適切な広告を受け取ることができ，メリットがあると主張するでしょう．ところが，ほとんどの人はこの主張に反対し，広告主やFacebook自身が得するだけだと考えるでしょう．これに対して，新しく得る情報を共有するのは自分であり，感情を伝えるのはコミュニティとの利益共有です．つまり，それぞれの部分は，異なるステークホルダーに利益をもたらしているようです．

共通の使命　同様に，各部分の使命も多様です．感情的な反応は人間関係やコミュニティの構築に，新しく得る情報の共有は魅力的で有益なコンテンツへのニーズに，そして広告主向けの履歴管理はFacebookの収益に，それぞれ役立っています．

非対立　最後に，各部分には対立もあります．確かに，ほとんどのユーザは将来得る情報を管理できることを望んでいますが，履歴を追跡されることは望んでいないでしょう．反応を送ることも，将来得る情報の管理とは一致しません．友人に応援のジェスチャーを送りたいけれど，その友人の他の投稿は見たくないこともあるでしょう．「怒り」のアイコンは，特に紛らわしいです．(その怒りを支持し) 投稿主への怒りなのか，投稿内容に対する怒りなのか，この反応は両方の意味で使われています．Facebookによると，将来得る情報を管理するという意味ではどの反応も同じ効果があり，(メインボタンが示すように) その投稿に対して「怒っている」としても「好き」だと示しているのだそうです．

まとめると，この複合目的は一貫性基準によって複数の目的であることが明らかになります．したがって，Facebookの「いいね！」コンセプトはオーバーロードの1例なのです．

コンセプトの分割：Facebookの「いいね！」は複数コンセプトであるべき

オーバーロードの対処法は，コンセプトを分割し，それぞれの目的に対して新しいコンセプトを割り当てることです．この例の場合，「いいね！」を3つのコンセプトに分割できます.「反応」は投稿に対する感情的な反応を伝えることを目的とし,「推薦」は将来得たい情報を共有することを目的とし,「プロファイリング」はターゲット広告用の広告プロファイルを構築するのに使われます.

このような分割を考えるとき，分割して得たコンセプトが既に存在していると，安心できます．そして実際，反応コンセプト（情報共有を伴わない反応）はSlackやSignalなどのコミュニケーションアプリにも見られます．また，推薦コンセプト（反応を伴わない情報共有）は，Netflixでも親指の上げ下げによって映画の評価に影響を与えています．プロファイリングコンセプトはGoogleのGmailサービスで，メッセージ内容に基づいて広告のターゲットを決めるのに使われています.[102]

これらを3つの異なるコンセプトとして扱うことで，様々な同期レベルを試みることができます．例えば，同期をほとんど取らない自由合成が考えられます．この場合，それぞれのコンセプトに対して別々のボタンをクリックしなければならないでしょう．これは，ユーザが完全にコントロールすることになるので，実現可能性が低いわけではありませんが，プロファイリングボタンをクリックする人はほとんどいないので，Facebookの利益に合いません.

逆の極端な場合では，コンセプトが完全に同期しており，感情的な反応をクリックすると，投稿に賛成して情報共有し，プロファイリングの情報提供に対応します.もちろん，現在のFacebookは，このようにデザインされています．オーバーロードの問題は，過剰同期の問題に変わりました．ところが，少なくともコンセプトが分離されているので，コンセプトが結合されていることがデザイン上，明確に示され，相反する目的の間を行き来してコンセプト自体が破綻するリスクは小さくなっています.

この両極端の場合の中間には，他のデザインもあります．ひとつは，プロファイリングアクションを隠したまま，反応と推薦を分離し，反応を送信するボタンと，投稿に賛成または反対するボタンを別個に設置する方法です.

実際，Facebookユーザからは「嫌い」ボタンを求める声が上がっており，Facebookは「嫌い」は否定的な精神を持ち込むとして，この提案を断っています．これは見せかけのようですし，また「いいね！」コンセプトが分割しないことを仮定しています．推薦と反応に分割されていれば，何ら社会的シグナルを送ることなく，投稿を嫌いになる（recommendation.thumbs-downアクションを実行する）ことができます.

Facebookのデザイナーは，間違いなく，これらのあらゆる要因，あるいはもっと深いことまで検討したはずです．コンセプトがもたらすことは，デザインを分析し，原理原則に即して取捨選択する新しいフレームワークです．コンセプトを分割することの価値は，(Facebookの「いいね！」コンセプトのように) 特異的なコンセプトを一貫した親しみやすいコンセプトに分解でき，より広い範囲でのユーザ経験とデザインに関する知識を記録し保存する基礎が得られることです．

教訓と実践

本章から得られる教訓

- 特異性の原則は，コンセプトは目的と一対一であるべきと述べています．この簡単なルールは，コンセプトデザインに大きな影響を与えます．
- 目的のないコンセプトは稀ですが，本来は隠されるべき仕組みをユーザに公開することで生じ得ます．
- 達成するコンセプトのない目的は，デザイナーの領域の外側で生じた制約か，または単に重大な欠落を示します．
- 複数のコンセプトが同じ目的を果たす冗長性は，ユーザを混乱させ，リソースを浪費します．
- 1つのコンセプトが複数の目的を持つオーバーロードが生じる場合が，いくつかあります．見かけの収斂はデザイナーが複数の目的を実際には1つと誤って想定した場合，拒否された目的はデザイナーが意図的に目的を無視し，ユーザが既存のコンセプトを利用した場合，新しく出現した目的はコンセプトが時間とともに新しい (そしてしばしば矛盾する) 目的を見い出した場合，抱き合わせはデザイナーが新しい目的を古いコンセプトに結びつけるデザインとその実現の努力を怠った場合です．
- これらの違反は複雑さの増大や明解さの喪失につながります．目的のないコンセプトはインタフェースを不必要に乱してユーザを混乱させ，欠落したコンセプトは回避するのに複雑なインタラクションを要し，冗長なコンセプトは同じであるべき2つのコンセプトの区別が混乱して，同じことをするのに異なる方法を強要し，オーバーロードされたコンセプトは無関係な目的が関係することから思わぬ複雑さをもたらします．
- 機能面でも好ましくない制限が生じることもよくあります．冗長性は，アプリケーションの中核的なコンセプトに注意を払わないサブチームによって，特定の状況でコンセプトが現れる兆候です．また，2番目の目的が既存コンセプトを無理やり押し付けることになるので，オーバーロードは足かせとなります．

- 一貫性基準は，複数の部分として表された目的が本当に1つの目的なのか，複数なのかを判断するのに役立ちます．この基準には，1つの目的として再整理ができるか，各部分に共通のステークホルダーがいるか，共通の使命を果たしているか，互いに対立していないか，などが含まれます．

そして，今すぐ実践できることも

- アプリをデザインする際には，早い段階で，見落とした本質的な目的がないか，自問自答してください．ユーザからのフィードバックを分析する際，ユーザが抱えている問題が，拒否されたコンセプトのせいではないか，と考えてみてください．
- コンセプトを組みにし比較して，冗長性がないことを確かめ，共通コンセプトに括り出せるような機能がコンセプトにあるか深く調べてください．
- コンセプトが複雑になったり，ユーザにとって直感的でなく柔軟にも機能しなかったりすれば，オーバーロードの可能性があります．第5章の目的の基準を用いて，できるかぎり精密に目的を表してください．目的を複数の部分に分けないと表現できない場合は，本章の一貫性基準を適用して，各部分が異なる目的を反映していないかを判断します．
- あるコンセプトがオーバーロードであると判断した場合，そのコンセプトをより説得力があり筋の通った目的を持つ首尾一貫したコンセプトに分割してみることです．他で見たことのあるような標準的なコンセプトがないか探してみてください．見覚えのあるコンセプトの組み合わせは，単一の特異なコンセプトよりも柔軟で強力です．

第 10 章

コンセプトの親しみやすさ

デザインの初心者は，熟練したデザイナーは何もないところから新しいアイデアを引き出す不思議な能力を持っていると思いがちです．ところが，一瞬のひらめきに見えることは，実は長年の経験から来る洞察力であることが多いです．優れたデザイナーは，デザインの仕事のたびに，持ち駒のデザインを思い描いています．そして，標準的な解決策では不十分と判断したとき，初めて新しいものに手を出すのです．[103]

この点では，ソフトウェアも他のデザイン分野と何ら変わりはありません．過去のデザインから得た教訓を活かすには，まず，デザインのアイデアを再利用可能な断片として抽出できるようにしておく必要があります．それこそがコンセプトの目的です．コンセプトは，特定のデザイン問題に対する特定の解決策です．その問題は，大きくて漠然としたものではなく，小さくて明確に定義され，多くの状況で繰り返し生じるニーズです．

既に優れたコンセプトが存在するような目的を達成しようとして，新しいコンセプトを発明することは，単に労力を浪費するだけではありません．既存コンセプトに慣れているユーザを混乱させがちです．本章では，このような例をいくつか見ていきます．まずは良い例から，馴染みのあるコンセプトの再利用に成功する場合を説明します．

コンセプトの再利用の成功

Webアプリケーションでは，特に，コンセプトの再利用が盛んです．ソーシャルメディアのアプリは，どれも基本的に同じように見えます．人々やコミュニティとつながり，テキストや画像，動画を共有し，他のユーザの投稿にコメントや評価で反応する，よくあるスーパーアプリの亜種です．Facebook，Twitter，Instagram，WhatsApp，SnapChatなど，人気のあるアプリの多くは，少し遠くから見ると，細部に違いがあるものの，ほとんど区別がつかないように思えます．

この種のアプリが続々と登場すると，既存アプリとの違いに戸惑うかもしれません．でも，使い方を想像するのは難しくありません．というのは，コンテンツ作成の「投稿」「メッセージ」「コメント」，コンテンツへのアクセスやフィルタリングの「友達」「フォロワー」「グループ」，品質の「評価」「同意」「調整」，コンテンツを強調する「通知」「お気に入り」「最近の活動」などなど，既に馴染みのあるコンセプトが備わっている可能性が高いからです．

同じコンセプトが異なる装いで登場することもあります．昔あったチャットルームのコンセプトは，WhatsAppやGoogle GroupsやFacebookではグループに，IRCやSlackではチャンネルになります．Twitterには，デザインを既存コンセプトに結びつける良い例があります．例えば，フォロワーコンセプトを次のように説明しています（図10.1）．

> Twitterで誰かをフォローするとはどういうことですか？…誰かをフォローすると，その人が新しいメッセージを投稿するたびに，Twitter Homeのタイムラインに表示されます．

問いに答える形で，Twitterはコンセプトの操作の原則を示します．まさにTwitterユーザが知っておくべきことです．フォローすることの意味を，「好き」とか「ツイートを読みたい」という抽象的な見方で説明しているわけではありません．フォロー

図10.1 フォロワーの多いTwitterユーザ

する，相手が投稿する，自分のタイムラインにそのメッセージが表示される，という簡単なシナリオで説明しています．

ところで，上記では，Twitterの説明の重要な部分（3つの点で示した部分）を省略しました．回答の全文はこう始まります．

> 誰かをフォローするということは，その人のTwitter更新の購読を選択したということです．誰かをフォローすると…

ここで重要なのは，最初の文です．フォロワーは，おなじみの購読コンセプトの一形態であって，あるイベント（この場合は特定のユーザからのツイート）を購読すると，そのイベント発生が通知されるということを述べて，フォロワーのコンセプトを学ぶという煩わしさを避けています．[104]

スライドのグループ化：発明を避ける

デザイナーが一般的なコンセプトを再利用するか，新しいコンセプトを作るかを選択するとき，一般的なコンセプトを再利用するのが望ましいです．ただし，一般的なコンセプトでは目的を達成できない明確な理由がある場合は，この限りではありません．

この説明に，2つのスライドプレゼンテーションツールで，スライドの順序を構成する方法を見てみましょう．目的は，プレゼンテーションを小さなスライドのグループに整理し，グループごとに作業できるようにすることです．期待される操作の原則は，次のようなものです．

> 連続したスライドをグループ化すると，スライドの表示・非表示や移動など，グループ全体にアクションを一度に適用できます．

Apple Keynoteには，この目的で，スライドグループコンセプトがあります．グループは，親スライドの下に配置される一連のスライドで，グループのメンバーを親スライドに対してインデントして表示します（図10.2左）．グループの表示/非表示を切り替えたり，親スライドをドラッグしてグループ単位で移動させたりできます．

Microsoft PowerPointには，同じ目的でセクションコンセプトがあります（図10.2中，右）．各セクションには名前を付けることができ，Keynoteと同様に，スライドの表示/非表示を切り替えられます．それなりにうまく機能しており，ひどいデザインとは全く思えません．

しかしながら，Keynoteの方が，より効果的で使いやすいデザインのように思えます．PowerPointのセクションは1階層に限定されますが，グループの中にグループを（最大6階層まで）入れることができます．このサンプルスライドを見ると，Keynoteでは，スライド11が「grouping slides」というタイトルのスライドの下にあり，そのスライドは「concept familiarity」の下層にあるとわかります．PowerPointでは，セクションを入れ子にすることができないので，「concept familiarity」というタイトルのセクション内に構造を持たせることができません．セクションをプレゼンテーション順の前後に移動することはできますが，セクションを他のセクションの中に入れることはできないのです．

グループのユーザインタフェースは，より直感的です．グループを作成するには，

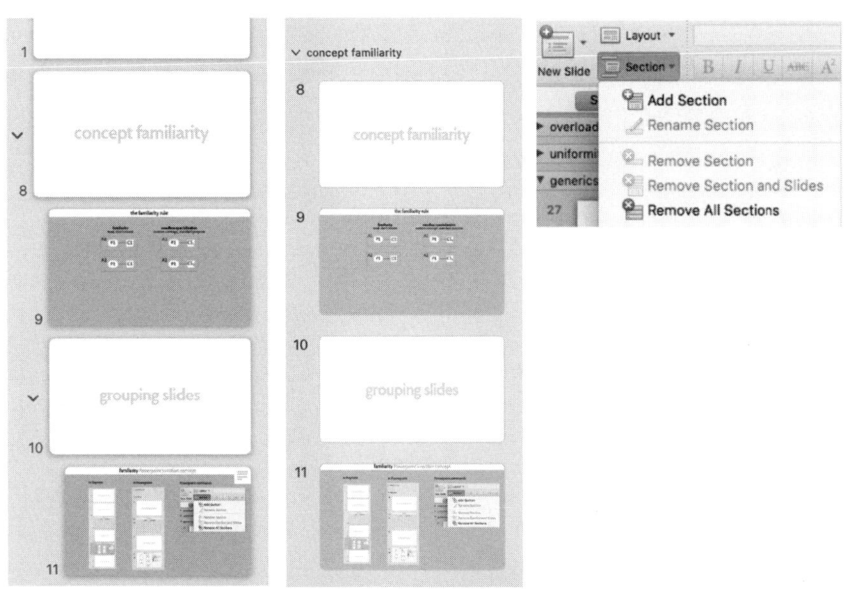

図10.2　KeynoteならびにPowerPointのスライド整理．左は，Keynoteのグループコンセプトで，ツリー構造アウトラインという馴染みあるコンセプトを再利用している．中央は，PowerPointの斬新で見慣れないセクションコンセプト．右は，セクションに対する振舞いの予測が困難なアクション

親となるスライドに続くスライドをいくつか選択して右側にドラッグします．グループを削除するには左側にドラッグし直します．グループの真ん中にあるスライドを左にドラッグすると，そのスライドは1つ上の階層に昇格し，それまで属していたグループは，（予想通り）2つの兄弟グループに分割されます．

セクションの作成はもっと厄介です．連続した一連のスライド（例えば，コンセプトの親しみやすさに関するすべてのスライド）を選択して，「セクション追加」コマンドを呼び出せば良いと考えたとします．仮にそのようにすると，確かにセクションが作成されますが，そのセクションには，最初に選択したスライドからプレゼンテーション全体の終わりまで，すべてのスライドが含まれることになります．選択したスライドがセクション内にある場合は新しいセクションがその後に続き，ない場合は（「デフォルトセクション」と名付けた）2番目の新しいセクションがそれ以前のスライド用に作成されます．[105]

これは(説明を読むのも退屈でしょうが)複雑です！　しかも，もっと悪いことに，予測不可能なのです．セクション追加でこのようなことが起こると予測できるはずはありません．例えば，選択したスライドだけを含む新しいセクションを作成することも，同じくらい合理的（もしかしたらマシなくらい）でしょう．[106]

これに対して，Keynoteの振舞いは概ね明解で予測可能です．グループがない状態から，1枚のスライドを右にドラッグすると，そのスライドを子，その前のスライドを親とするグループが1つ作成されます．セクションの場合とは異なり，他のグループが突然現れることはありません．唯一予測できない振舞いは，隣接しない複数スライドを選択して右へドラッグするとどうなるかでしょう．この場合，スライドが1つの連続した列にグループ化された後，同じ親の子になることが，（ドラッグを始めると）視覚的に理解できます．

なぜ，Appleはよりよいコンセプトをデザインできたのでしょうか．大きな理由としては，ゼロからスタートしなかったことです．これが，Appleのコンセプトがより直感的に感じられる理由でもあります．似たことは，別の状況で以前にもありました．概略ツリー構造のコンセプトとでもいうのでしょうか．概略表示ツールやワープロには必ずあるもので，アイテム（通常は短い文やフレーズ）のリストを作成し，レベルを導入すると，その結果として，アイテムをノードに持つツリー構造になるのです．

事前設定の書き出し：拡張機能が慣れを壊すとき

見慣れないコンセプトの2番目の例が，先とは別の状況で生じます．このケースでは，従来からの馴染みあるコンセプトでデザインされていたものが，新しい機能を追加して拡張され，馴染みが失われたことがわかります．

そのコンセプトは事前設定です．事前設定コンセプトの目的は，頻繁に用いるコマンドのパラメータを入力する手間を省くことです．パラメータは事前設定として保存され，コマンドを呼び出したときに，ユーザはパラメータを明示的に与えるか，または過去に保存した事前設定で自動的に設定するかを選択できます．

Adobe Lightroom Classicは，さまざまなコマンドで効果的に事前設定を使用します．プリント用，編集用，そして画像の取り込みと書き出し用の事前設定があります．今回，困った例として取り上げるのは，書き出しの事前設定コンセプトを使ったものです．

書き出しダイアログのスクリーンショットを見てください（図10.3）．右側はパラメータ設定，左側は事前設定の（階層的な）リストです．パラメータを手動で調整することができ，事前設定名をクリックすると，パラメータが事前設定値をとり，必要に応じてその値を上書きできます．事前設定ダイアログを使用したことがある人なら，馴染みのあるものでしょう．

ところが，事前設定リストをよく見ると，事前設定名の横にチェックボックスがあることがわかります．これは，複数の事前設定を一度に選択できる強力な拡張機能です．どういうことでしょうか？ 一般に，事前設定コンセプトでは，これは意味を持ちません．というのは，コマンドを実行するときに，1組のパラメータだけを使用するからです．ところが，このコマンドの場合，異なる事前設定値で複数回実行したいことがあるのです．例えば，選択した写真を高解像度と低解像度の両方で一度に書き出すことなどです．

この新機能のゴール，すなわち複数の事前設定による一連の書き出しを可能にすることは，非常に合理的であり，多くのユーザから要望が寄せられました．ところが，これを事前設定コンセプトに組み込むと，奇妙な状況が生じます．例えば，事前設定にチェックを入れて選択すると，そのパラメータを編集できなくなります．

この新機能が追加されたとき，予想通り，多くのユーザがアプリのコミュニティフォーラムに質問を投稿しました．事前設定名をクリックするのと，チェックボッ

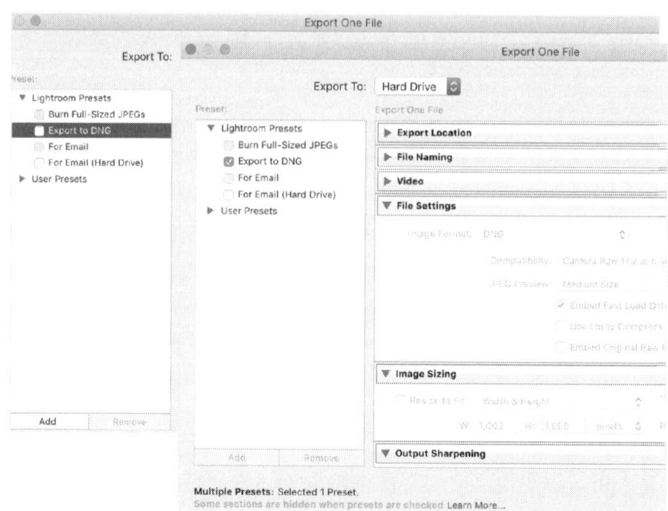

図10.3　Adobe Lightroomの書き出しダイアログで，従来の事前設定になかったコンセプトを使っている．名前をクリックして事前設定を選択する（左）のに加えて，ボックスにチェックを入れる（右）こともでき，同じ写真を複数回，その都度異なる設定で，書き出すことができる

クスをクリックするのが違うことに，私を含め多くのユーザが気づいていなかったのです．また，グレーアウトやセクションの非表示は，ユーザにとって不可解なものでした．ダイアログの下に「もっと知る」というリンクがあるのは，Lightroomのデザイナーがこれらの問題をよく理解していながら，まだ解決していないことを示唆しています．

コンセプトの特異性原則を適用すると，次の2つの目的があることがわかるでしょう．(1) コマンドの共通パラメータ設定を保存すること，(2) 予め決められた異なる設定でコマンド実行を繰り返すことです．前者は，事前設定コンセプトで実現されます．後者は，事前設定から独立してはいるものの，一緒に使用する新しいコンセプトが必要でしょう．例えば，一連のアクションをユーザが定義し，呼び出すことができる小さなプログラムとして定義するPhotoshopのアクションのようなものです．[107]

コンセプトインスタンスの適合性

デザインに現れるコンセプトが，馴染みのあるジェネリックなコンセプトの具体例であった場合は，よほどの理由がない限り，また，標準的なコンセプトからのズレが明らかでない限り，ジェネリックなコンセプトの振舞いに忠実であるべきです．そうでなければ，そのジェネリックなコンセプトに慣れているユーザは，それまで見てきた他の具体例と同じように振舞うと思い込んで混乱します．

これを説明するのに，Appleの連絡先コンセプトのデザインにあるジレンマをみましょう．多くの人は，携帯電話のApple Contactsアプリを使っています．覚えておかなくてすむように，電話番号の記録以外にも，かかってきた電話番号に名前を付けておくという便利な機能も果たしています．友人や家族のニックネームを入力する人も多く，Charles Georgeさんの携帯電話では，母親からの着信に「ママ」と表示されているかも知れません．連絡先に母親の名前を「Her Majesty Queen Elizabeth II」と入力していなかった場合ですが．

特に問題はないですが，もし，皇太子殿下が母親にメールを送ろうとして，そのメールの受信者メールアドレスに「ママ」が含まれていることに気づいたら戸惑うかもしれません．不運なことに，メールアドレスに付けられた名前は転送や返信の際に引き継がれるので，そのメッセージが関わる国家的な事柄に関するものだったとしたら，バッキンガム宮殿の全オフィス内で，女王に送られたメッセージが「ママ」宛てになるかもしれません．

もし，皇太子殿下がこのような間違いを犯したとしても，Contacts アプリは長い電話番号やメールアドレスの代わりに便利な別名やニックネームを使うことができるニックネームコンセプトを使用していると，誤解されてもおかしくありませんので，皇太子殿下のことは許してあげて欲しいところです．このニックネームコンセプトは別名を非公開にするもので，その観点からすると，Contactsアプリの振舞いはお馴染みの期待から逸脱しているのです．

Appleの弁明としては，このコンセプトはニックネームではなく，最初からフルネームを含んで，相手の情報すべてを保存する連絡先コンセプトだったということかもしれません．皇太子殿下は，たまたま名前で連絡先を調べたことで迷ってしまったのですが，Appleのアプリは，電話番号でもメールアドレスでも同じように検索して自動補完を行います．また，皇太子殿下がこのように考えたのは，電子メー

ルの連絡先を使う前に，（名前が送信されることのない）電話用の連絡先を使っていたことが理由です.[108]

このような例の場合，正解があるわけではなく，あるコンセプトに対する親しみや期待感は，デザインの重要な要因であるということです.

教訓と実践

本章から得られる教訓

- 優れたデザイナーは，新しいコンセプトを考案する方法だけでなく，考案すべきでない場合も知っています．もし，あなたの目的が既存のもので解決されるのであれば，再利用したほうが良いのです.
- この点で，コンセプトは他の発明品と同じです．目新しいのは，コンセプトがソフトウェアデザインの知識と経験を，簡潔に良くまとまった断片として構造化する方法を提供し，より細かい再利用を可能にすることです.
- デザインを使いやすくする最も簡単な方法は，慣れ親しんだ既存のコンセプトからデザインを構築することです．洗練され，よく理解されているコンセプトを使うことで，誤用を減らし，ユーザにとって直感的なデザインになります.

そして，今すぐ実践できることも

- 新しいコンセプトを考案する前に，既存コンセプトのブレインストーミングを行い，目的に合ったコンセプトが既にあるかどうかを確認します．必要とするコンセプトは，全く異なる分野にあるかもしれないことを忘れないでください.
- ユーザインタフェースにマッピングする場合，見慣れないウィジェットが必要なのは，背景にあるコンセプトが無作法で風変わりなことを示唆することかもしれません.
- 既存のコンセプトが部分的にしか目的を果たさないようであれば，修正したり拡張したりするのではなく，他の馴染みのあるコンセプトと組み合わせて必要な機能を実現できないかどうかを検討します.
- コンセプトのアクションの振舞いが予測不可能で，いくつかの可能性が同じような場合，コンセプトのデザインに問題があることが多いです．良いデザインには，必然性があるのです.

第 *11* 章

コンセプトの完全性

コンセプトで構成されるシステムが実行するとき，各コンセプトはそれ自身の小さな機械のように動き，アクションが起きるタイミングと，コンセプトの状態に及ぼす影響を制御します．同期の制約によって，あるコンセプトのアクションと別のコンセプトのアクションを同時に発生させます．

他のコンセプトの状態を直接変更したり，アクションの振舞いを何らかの方法で変更したりできません．これは非常に重要で，コンセプトを個別に理解できるようにするものです．

ところが，このモジュール性は，第6章の同期機構を用いて，コンセプトが適切に合成されている場合にのみ成立します．コンセプトを実現したフレームワークが他の方法で相互作用できたり，プログラムコードにバグがあると，コンセプトが予期しない振舞いを示し，仕様に違反する可能性があります．

デザイナーが，コンセプトの中に手を入れて振舞いを少し変更し，他のコンセプトと組み合わせることで，特定のアプリのニーズに適合させることも可能です．新しい機能を追加しつつコンセプトの仕様を維持するように調整できる場合もありますが，コンセプトを壊してしまうかもしれません．

そこで，他のコンセプトと合成されるときは，コンセプトの完全性を維持することが重要です．本章では，完全性違反の例と，それが引き起こす問題を紹介します．

完全性違反の中には（この後最初に述べる「復讐に燃えるレストラン経営者」のように）わかりやすく，見つけさえすれば簡単に修正できるものがあります．あるものは（2つ目の「フォントの書式」のように），未解決のデザイン上の苦心が続く微妙な問題です．また，（3つ目の「Google Driveで一生の成果を失う」のように）明らかな問題であると同時に，解決に相当の労力を要するものもあります．

あからさまな違反行為：復讐に燃えるレストラン経営者

席の予約やキャンセルなどのアクションを持つ予約コンセプトと，ユーザが訪れたレストランの評価を投稿するレビューコンセプトからなるレストラン予約アプリを考えてみましょう．

2つのコンセプトはそれぞれ，自身に定義された振舞いと操作の原則からなります．予約コンセプトでは，予約し，時間通りに来れば席が用意されていること，レビューコンセプトでは，それまでの個々の評価が集計に反映されることです．

これらのコンセプトを合成すると，デザイナーは同期させて機能を組み合わせることができます．例えば，予約（あるいは食事）をするまではレビューできないようにします．この同期によって，ある振舞い，特に予約していないレストランをレビューするような振舞いを排除するように，アプリに制限をかけられます．同期されていても，特定のコンセプトを通して見ると，アプリの全てのアクションは意味のあるものです．

ここで，悪い評価に不満を持つレストラン経営者が，不愉快な顧客を罰するようにアプリを変えることにしたとします．顧客が悪い評価を入力すると，以降も予約できるように振舞いを変更します．キャンセルアクションが実行されないのに，レストランに到着しても予約の記録がなく，したがって席が準備されませんでした．

この変更は，正当な同期に一切対応しません．2つのコンセプトを連結するだけでなく，予約コンセプトを壊しています．予約コンセプトの操作の原則は，予約してキャンセルしなければ席が準備されるというものです．今回の変更によって，この原則が適用されなくなり，アプリを元のコンセプトから理解できなくなりました．これを「完全性違反」と呼ぶことにします．

一方，復讐に燃えるレストラン経営者がアプリを変更し，顧客が低評価を投稿すると，どのレストランで予約していてもキャンセルアクションが実行されるようにしたとします．この顧客は，キャンセルするつもりがなかったにもかかわらず，（通知コンセプトと同期するので）おそらくキャンセルの通知を受け取ることになります．

この振舞いは，どんなに意地悪で迷惑だとしても，新しい振舞いが予約コンセプトの仕様から見て完全に理解できるので，完全性に違反するものではありません．同意していないのにキャンセルされたことを知った顧客は困るかもしれませんが，その振舞いは依然としてコンセプトと整合しています（誰が予約をキャンセルできるかという問題について，仕様は何も述べていません）.

フォントの書式：長年のデザイン問題

最初のワープロソフトでは，テキストの書式は太字，斜字体，下線という3つの簡単なプロパティで設定されていました（図11.1）．各プロパティを切り替えるアクションがあり，プレーンテキストにboldアクションを適用すると太字になり，もう一度適用するとプレーンに戻りました．このコンセプトは非常に馴染みがあり，広く普及していたので，わざわざ名前をつける必要もないように思われます．ここでは書式トグルと呼ぶことにします．電子メールクライアントから埋め込み型リッチテキストエディタまで，多くのアプリでこの機能を見ることができます．

テキストに書式設定するもう1つの重要な（そして初期の）コンセプトは書体です．この振舞いはさらに簡単で，書体リストから1つを選んでテキストに適用できます．初期には，書体コンセプトを利用し文字に適用する変換として，書式トグルコンセプトが実現されました．文字に傾きを与えることで斜字体にし，太くする別の変換で太字にしました．

実際の活版の斜字体はローマ字を斜めにしただけのものではなく，もっと流麗でカリグラフィックなものが一般的です．太字も，ただ太いだけのものではありません．コンピュータタイポグラフィが進歩し，PostScriptフォントの登場によって，

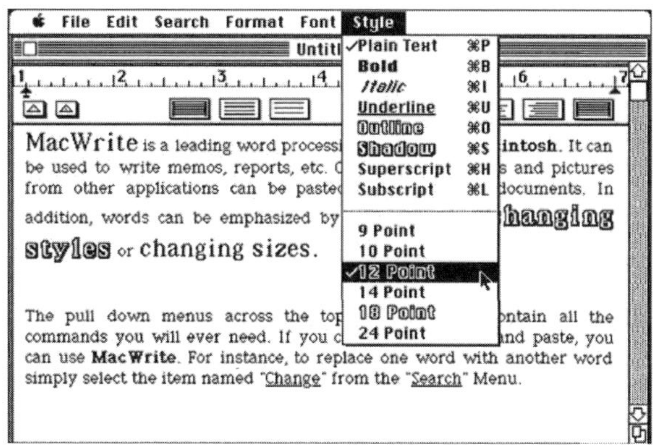

図11.1　MacWriteの最初のバージョン（1984年）の書式トグルコンセプト

太字と斜字体のバージョンを別々のフォントファイルで提供し，拡大縮小にのみ変換を利用することが一般的になりました．ワープロの開発者は，巧妙な方法で，書式トグルと書体の両方のコンセプトを維持することができました．あるテキストを斜字体にすると斜字体のフォントファイルに，太字にすると太字斜字体のフォントファイルに，再び斜字体にすると太字のフォントファイルに，というように切り替えました．こうして，2つのコンセプトの完全性を保つことができました．

その後，専門的なフォントの登場により，問題が発生しました．各書体のバリエーションをいくつか用意する代わりに，より多くの書体が提供されるようになりました．従来のフォントとの違いは，セミボールド（ローマンとボールドの中間）やブラック（ボールドより太い）といった太さや，ディスプレイフォント（非常に大きなサイズのテキスト用），キャプションフォント（非常に小さなサイズのテキスト用）といった異なるサイズのバリエーションが追加されたことです．

これらの拡充で，大混乱に陥り，書式トグルが機能しなくなりました．図11.2は，AppleのTextEditで何が起こったかを示しています．6種類のバリエーションからなるHelveticaを選択しているのがわかります．最初の行をライト書体で設定しました．次に，2行目と3行目にテキストをコピーし，太字アクションを2行目には1回，3行目には2回適用しています．書式トグルが正しく動作していれば，太字アクションを2回適用すると最初に戻るはずで，1行目と3行目は同じように見えなければなりません．ところが，そうならないのです．理由は，太字を一度適用するとHelvetica LightからHelvetica Boldに変わり，もう一度適用するとHelvetica Regularに変わる（Helvetica Lightには戻らない）からです．

つまり，TextEditの書式トグルの実現は仕様を満たしていませんが，プログラムコードにバグがあるからではありません．問題は，2つのコンセプトの互いの作用

図11.2　TextEditの完全性違反例．太字にすると（2行目）テキストは細字から太字に変わる．再び太字にすると（3行目）テキストは通常字体になり細字にならない

に関わるもっと深いところにあります．書体コンセプトの拡張が，書式トグルコンセプトを壊してしまったのです．

AppleはPagesのようなアプリでこの問題を解決しようとしました．ダイアログはTextEditと同じように見えますが，太字と斜体のアクションは異なる振舞いを示します．Helvetica Lightのテキストを太字にすると，（当然）Helvetica Boldになります．もう一度太字にすると，（書式トグルの仕様に従って）Helvetica Lightに戻ります．ところが，この振舞いは，秘密の魔法で実現しており，これが新たな問題を引き起こします．[111]

この議論は些細に思えるかもしれませんが，実はデスクトップパブリッシングでは深刻な問題です．図11.3は，Adobe InDesignの文字スタイルダイアログです．ここでは，強調したいテキストに使用するEmphasisというスタイルを定義しています．スタイルにすることで，あるテキストを強調するかどうかを，その強調の仕方（例えば斜字体や太字，あるいは下線など）から切り離したいのです．文字スタイルの初期定義として，「フォントスタイル」のItalicを選択しました．「フォントファミリー」が選択されていないことに注意してください．文字スタイルを異なる書体ファミリーのテキストに適用するので，これは不可欠なことです．

実際は，期待していたようにはうまくいきません．この斜字体の設定を適用するのに，InDesignは書体ファミリーと文字列“Italic”を結合させた書体名に切り替えます．つまり，テキストが「Times Regular」であれば，「Times Italic」に設定されます．ここまでは良いのですが，テキストが「Helvetica Regular」であれば，「Helvetica Italic」に設定しようとします．TextEditのスクリーンショット（図11.2）からわか

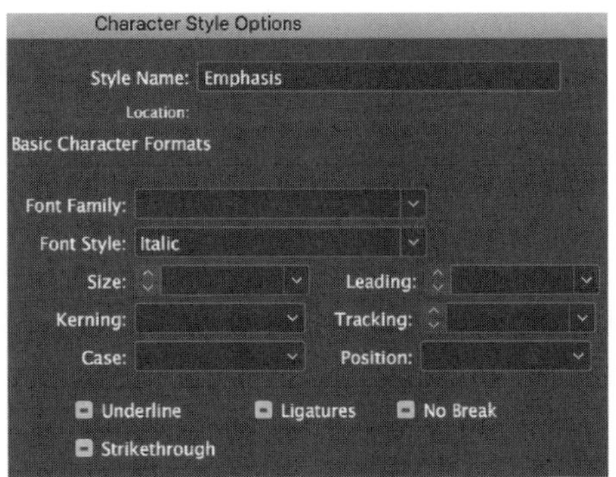

図11.3　Adobe InDesignの文字スタイルダイアログ．斜字体や太字といったスタイルを選択して書式を指定するが，これは部分スタイルの価値を弱める

るように，ここで用いているHelveticaでは，斜字体を「Helvetica Oblique」と呼んでいます．つまり，この文字スタイルは実際には書体非依存ではなく，ある書体のテキストにのみうまく適用できるのです．

この問題を解決しようとする試みは他にもありましたが，満足のいく解決策はないようです．書式トグルコンセプトは，洗練されたタイポグラフィコンセプトと相性が悪いのです．

Google Driveで一生の成果を失う

妻は仕事の資料のほとんどをGoogle Driveに置いています．Dropboxの事故（第2章）を見て，彼女が仕事の成果を失うことを心配し，保護する方法を探し始めました．

Google Drive自体にはバックアップ機能がなく，[112] 自分で工夫する必要があります．簡単なアイデアを思いつきました．Google Driveアプリをインストールし，クラウド上のファイルすべてをローカルディスクのフォルダに同期させ，そのフォルダをラップトップ上で起動済みのバックアップユーティリティの対象に追加するというものです．そうすると，Google Driveのファイルが変更されるたびに，ローカルバージョンが更新され，その後クラウドにバックアップされることになります．

しかし，驚いたことに，この直接的な方法はうまくいきませんでした．解決する方法を誰か思いついていないかと，ネットで探していると，先と似た方式に振り回されて大きな代償を払った人の悲しい話に出くわしました．

この話を図11.4に示します．左側は開始時の状態で，book.gdoc（Googleドキュメント）とbook.pdf（ドキュメントのPDF版）の2つのファイルがあり，どちらもGoogleクラウドに保存されていて，また，ローカルディスク上のGoogleフォルダに同期しています．この話の主人公は，ローカルディスク上のフォルダからファイルを移動し，その結果，真ん中の図のような状態になります．そして，Google Driveの同期機構が実行され，ローカルフォルダとクラウドフォルダの内容を同一にしようとして，両方のファイルをクラウドから削除します．

この時点で，Google Driveに何が起ころうとも，ローカルディスク上のファイルは安全に保存されていると思うかもしれません．しかし悲しいことに，そうではありません．この不幸なユーザの報告は次のようです．

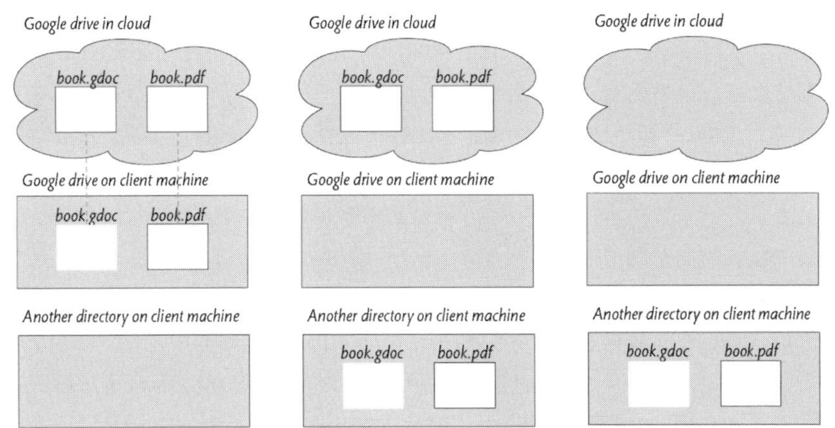

図11.4　Google Driveの完全性違反，クラウドアプリのコンセプトは，同期コンセプトを壊す．　クラウドのスペースを確保するのにGoogle Driveから移動させたファイルは，クラウド上の存在しないファイルへのリンクに過ぎないことが判明した

> 翌朝，.gdocファイルを開こうとすると，次のようなエラーが表示されます．「申し訳ありませんが，要求されたファイルは存在しません」と．私の心は沈みました．昨日の作業はどうなったのだろう？　私は別のファイルを開けました．そしてまた．どれもこれも同じメッセージ．パニックになり始めました．

実際，ファイルのほとんどが永久に消えてしまいました．[113]　まとめると，「Google Docsのファイルとして保存した何年分もの仕事の成果と個人の大事な思い出を，酷いユーザインタフェースのせいで失った」とのことです．以下に見るように，問題はユーザインタフェースよりも深いところにあり，コンセプトの完全性破壊でした．

このユーザは，同期機構の振舞いに振り回されました．このコンセプトの目的は，2つのアイテムのコレクション間の一貫性を維持することです．操作の原則は，一方のコレクションに加えられた変更が，もう一方のコレクションに伝搬されることです．バックアップとは異なり，同期では削除も伝搬されるので，アイテムの整理に使えます．同期の基本的な性質は，2つの場所にあるアイテムのコピーが同一ということです．

残念ながら，Google Driveの同期機能は，常に忠実なコピーを作成するわけではありません．book.pdfのような従来のファイルはコピーされます．しかし，book.gdocのようなGoogleアプリのファイルでは，ファイルのデータをディスクにコピーしません．その代わりに，クラウド上のファイルへのリンクだけを含むファイルを作成します．そこで，ローカルディスクにあるファイルを開こうとするとエラーメッセージが表示されたのでした．クリックすると，クラウド上にファイルが既に存在しないというWebページがブラウザに表示されたのです．

ここでは，同期だけでなく，クラウドアプリと呼ぶべきもう1つのコンセプトが関わります．このコンセプトは，クラウド上の文書アクセスがリンクを通して行われるという考えを具現化したものです．コンセプトの議論からすると，この2つのコンセプトを組み合わせた結果，同期コンセプトの完全性が損なわれました．

コンセプトデザインの観点からは，（書式トグルコンセプトの場合とは対照的に）この問題の解決を阻害する障壁が明らかに存在するわけではありません．Google Appsの多くのユーザがバックアップがないことを懸念していないのは驚きですが，Googleにとって解決策を実現する優先順位が低いものと思われます．

教訓と実践

本章から得られる教訓

- コンセプトを組み合わせてアプリケーションを構成する場合，（第6章で説明したように）コンセプトは同期されて，協調して振舞うことがあります．この同期により，コンセプトの特定のアクションが排除されることはあっても，コンセプトの仕様と相容れない新しいアクションが追加されることはありません．
- アプリケーションのコンセプトの組み立て方法を誤ると，特定のコンセプトのアクションや構造から見て，コンセプトの仕様に違反するアクションが生じることがあります．
- このような完全性違反は，コンセプトのアクションについてのメンタルモデルを壊すので，ユーザを混乱させます．

そして，今すぐ実践できることも

- コンセプトを用いてアプリをデザインする場合，厳密に同期を定義しないとしても，少なくともコンセプト間のすべての相互作用が，原理的には同期とみなせると納得する必要があります．

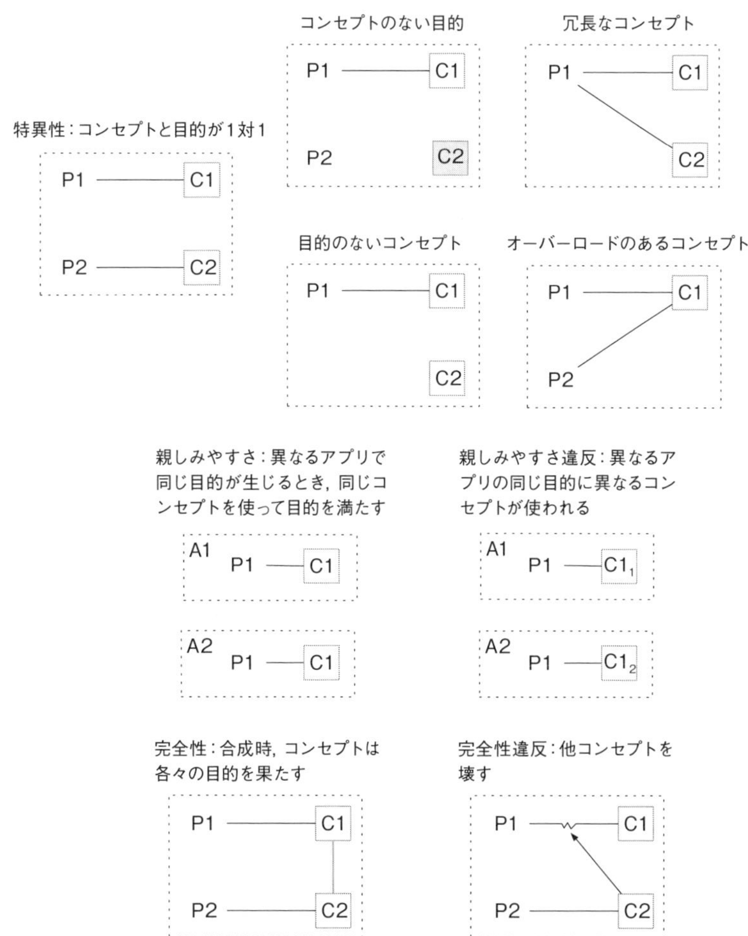

図11.5　第9章～第11章の原則をまとめた図．目的とコンセプトの間の線は，そのコンセプトが目的を満たすことを示し，破線（完全性違反の場合）は，他コンセプトの干渉が原因の非達成を示し，コンセプト間の線は合成を示し，点線のボックスはアプリケーションを示す

✦ アプリの使い方に悩んだり，ユーザビリティの問題を分析したりしているときに，あるコンセプトが予想外の振舞いを示すことを発見したら，他のコンセプトからの干渉が原因になっていないか考えてみてください．

✦ 完全性を確保するには，よく似ているとされるコンセプトが本当にそうであることを確認します．Googleの同期の例では，異なる種類のファイルが一様でない方法で扱われているので，完全性違反が明らかです．

第 *12* 章

覚えておくべき質問

最後に，本書の主要な考え方を振り返り，さまざまな立場の読者がどのように適用できるかを提案したいと思います．一連の質問として構成しました．

戦略ブレイン，アナリスト，コンサルタントの皆様へ

製品を戦略的に考える場合，コンセプトとその価値を見つけることが中心で，個々のコンセプトのデザインは後回しにされます．

キーコンセプトは何ですか？

構築しようとする，あるいはすでに存在するシステム，サービス，アプリケーションを考え，そのキーコンセプトは何かを考えます．コンセプトを棚卸しすることで，機能を俯瞰的に見て，戦略的な動きを検討する全体像を得ます．また，コンセプトを依存関係図に配置することで，コンセプト同士がどのように関連し，どのコンセプトが核となるかを確認します．

そのコンセプトは時を経ていますか？

既存システムのコンセプトを見る際は，そのコンセプトがいつ導入されたか，時間の経過とともに変化したか，それとも安定したままかを調べます．（ノート48のFacebookの投稿のように）システム全体の大きな転換をもたらすような，あるいは発展の過程で新しいコンセプトになるような，劇的な変化を遂げたコンセプトはありますか？　コンセプトは導入されたものの，後になくなったコンセプトはありますか？　最もうまく生き永らえたコンセプトはありますか？

最も価値あるコンセプトは何ですか？

（PhotoshopのレイヤーやWWWのURLのように）製品の成功や競争上の優位性をもたらすキラーコンセプトはありますか？　（Gmailのラベルのように）それがなければ製品がほとんど機能しないような，製品の要となるコンセプトですか？　製品のプレミアムバージョンを定義したり，顧客に最大の価値をもたらしたりするような，収益の鍵となるコンセプトですか？

問題のあるコンセプトはありませんか？

製品には，頻繁にヘルプを要求されることからわかるようなユーザを混乱させるコンセプトや，その複雑さゆえに不具合やシステム停止が頻繁に生じるコンセプトはありますか？　もしあるのなら，問題のあるコンセプトは競合他社も同じでしょうか，それとも自社製品だけでしょうか？

製品ファミリーを定義する共通コンセプトは何ですか？

（Adobe Creative SuiteやMicrosoft Officeなど）複数製品を合わせて1つのファミリーとするとき，製品間で共有されている主要コンセプトを特定できますか？　その共有コンセプトは，共通の基盤を用いて実現されていますか，それとも製品ごとに新たに実現されていますか？　共有コンセプトのインスタンスは互いに一貫していますか，それとも少々バラバラな差異がありますか？　その差異は，ユーザがある製品から別の製品に移行する際に問題を引き起こしませんか？　統合やデータ共有問題の原因になりませんか？

同じファミリーに属する製品間で，現在はコンセプトを共有していないが，将来的に複数の製品に現れるコンセプトを統一すれば，共有できる可能性があるとします．統一することで，ファミリー全体だけでなく，個々の製品にも利益をもたらせるでしょうか？

コンセプトの目的は何ですか？

コンセプトごとに，簡明で説得性に富む目的を示すことができますか？　この目的は，製品の大きな目標や組織のビジョンに貢献するものですか？

コンセプトの目的は誰に向けたものですか？　目的は，顧客の利益につながるものですか？　もしそうなら，目的は，ユーザと広告主のどちらを向いていますか？もし組織の利益に資するのであれば，顧客に必要以上のコストを課していますか？

顧客の利益に資する目的は，顧客に効果的に伝えられ，顧客の真のニーズと合致していますか？

見落とされたコンセプトはありますか？

（電子メールクライアントに欠けていた通信相手コンセプトのように）目的が満たされないと特定することは，コンセプトを見落としていることを示唆していますか？　もしそうであれば，そのコンセプトを製品に追加することで，競争優位を得る機会はありますか？

競合他社が持つコンセプトは何ですか？

同じ領域の競合製品を見て，そのキーコンセプトを棚卸ししてください．自社と異なりますか？　自社にあって，競合他社にないコンセプトは重要ですか？　自社製品の長所になっていますか，それとも不必要に複雑化する原因になっていますか？　競合他社にあって，自社にないコンセプトは，自社製品の将来の脅威となりますか？　業界共通のコンセプトを採用しましたか？　もしそうなら，新規顧客が自社製品を使い始めるのを容易にしていますか？　それとも，過去の製品から引き継いだ不適切な前提にとらわれていませんか？

インタラクションデザイナーと製品マネージャーの皆様へ

戦略ブレインやコンサルタントへの質問の多くは，インタラクションデザイナーと製品マネージャーにも適用されます．一方，新しい質問もあり，個々のコンセプトのデザインならびにユーザインタフェースへのマッピングおよびユーザビリティの問題を追跡しコンセプトに立ちかえることに焦点を当てます．

コンセプトはユーザに一貫して示されていますか？

製品は，インタフェース，ユーザマニュアルあるいはヘルプページ，トレーニングやマーケティング資料を通じて，実際のコンセプトモデルに一致するメンタルモデルをうまく示していますか？　製品の機能が，ユーザインタフェースやすべての補足資料でどのように説明されているかを確認してください．すべてが，製品のコンセプトの一貫したイメージを示していますか？　コンセプトとその目的について，共通の語彙がありますか？

どのようにコンセプトを説明していますか？

製品および関連する補足資料は，コンセプトを中心に体系的に構成されていますか？　補足資料では，コンセプトの目的を説明していますか？　コンセプトの目的を説明しないで，コンセプトが何をするのかの詳しい説明にとらわれていませんか？　コンセプトの説得力ある使い方のシナリオを説明し，そのシナリオの中で，コンセプトのデザインが目的を果たす際に，操作の原則の役割を明らかにしていますか？

どのようなユーザビリティの問題がありますか？

ユーザからのフィードバックやテクニカルサポート依頼の内容を検討することで，製品のユーザビリティの大きな問題を特定できますか？　そして，その問題ごとに，どのような問題かを判断し，インタラクションデザインの3つのレベルのうちの1つ以上に割り振ることができますか？

どのようなコンセプトだと嬉しくあるいは悲しくなりますか？

デザイナーとして，製品やその品質について深く理解しているはずです．その中で，成功している項目，問題がある項目，あるいはその中間的な項目を表にしてください．この表が埋まったら，各項目を見直し，デザインレベルに割り振り，また，コンセプト的だとわかった項目に対して，適切なコンセプトを挙げてください．

冗長なコンセプトはありませんか？

製品内の他コンセプトと同じ役割を果たし，あるコンセプトを除去することでデザインを単純化，明確化でき，（必要なら）他のコンセプトを拡張すれば除去したコンセプトの機能をカバーできる可能性のある（Gmailのカテゴリコンセプトのような）冗長なコンセプトはありませんか？

オーバーロードされたコンセプトがありませんか？

（Photoshopの旧バージョンでのトリミングコンセプトのような（ノート101参照））複数の目的を兼ねたコンセプトはありませんか？　もしあるなら，ユーザビリティの問題の原因になっているかもしれません．ひとつのコンセプトの異なる目的が互いに衝突するようなシナリオを見つけられますか？　もしないなら，固有の目的を含み，一貫した説得力のある目的を考えて下さい．実際は，そのコンセプトはオーバーロードされていないと言えますか？

分割可能なコンセプトはありませんか？

より複雑なコンセプト，特にオーバーロードされたコンセプトを，（Facebookの「いいね！」コンセプトのように）複数のコンセプトに分割し，それぞれがより簡明で説得力ある目的を持つようにできないか考えてみてください．そうすることで，製品の中で，コンセプトを幅広く一様に使う機会が得られるかもしれません．通知コンセプトを例に挙げると，幅広い種類のイベント通知を提供し，どの通知が生じるかをユーザが制御可能にできますか?

馴染みのあるコンセプトが効果的に使われていますか？

製品に含まれるコンセプトごとに，代わりになりそうな馴染みのあるコンセプトがないか考えてみてください．（Microsoft PowerPointのセクションコンセプトのように）既存の馴染みのあるコンセプトと目的が近いものはありますか？　もしあるなら，馴染みのあるコンセプトに置き換えたとき，何か失われるものがあるでしょうか？　また，馴染みのないコンセプトを使用することに意味があると判断したとして，そのコンセプトが，馴染みのあるコンセプトとどう違うのかをユーザに明らかにし，理解してもらえるでしょうか？

コンセプトはどのように結合されますか？

どのコンセプトが同期によって結びつけられますか？　どのアクションが結びついているかを示す同期図が描けますか？　自由，協調，相乗などの結合の仕方のどれを同期化で達成しますか？　同期の重要性がどれくらいを占め，コンセプトの重要性がどれくらいを占めていますか？

同期不足ではありませんか？

コンセプト間の同期を高めて，アクションが自動的に実行されるようにし，ユーザの手作業を軽減できる部分はありませんか？　経験の浅いユーザにはデフォルトで同期を提供し，専門家にはカスタマイズ可能な形で同期を提供することはできますか？

過剰同期ではありませんか？

コンセプトの同期が厳しすぎて，ユーザから制御を奪いすぎている場合がありませんか？　コンセプト間の直交性を高めれば（つまり同期を緩めれば），ユーザは細かな制御ができ，コンセプトが既に持つ機能を利用できるようになりますか？

相乗効果を活かせていますか？

既存のコンセプト合成によって，（ゴミ箱/フォルダの例と同様に）あるコンセプトが他のコンセプトの力を増幅するような相乗効果を生み出していますか？　相乗効果を得る機会は他にもありませんか？　これを考える一つの方法として，あるコンセプトの振舞いを調整し，必要なら少し一般化して，別のコンセプトの振舞いの一部を取り込み，一貫性が高く幅広い振舞いをするようにできますか？

コンセプトはユーザインタフェースに効果的にマッピングされていますか？

ユーザインタフェースは，ユーザに対してコンセプトをわかりやすく提示していますか？　それとも，コンセプトが複雑な制御の階層に埋もれてしまい，コンセプトを確認したり分離したりするのが難しくなっていませんか？　ユーザがアクションとその引数の選択方法を見つけやすいですか？　コンセプトの状態はユーザ可視ですか？　ユーザインタフェースは，コンセプトのアクションだけでなく，ユーザが必要とする可能性の高い，アクションの複雑な列も実行できますか？

コンセプトの依存関係を分析しましたか？

製品に含まれるコンセプトの依存関係図を作成してください．依存するコンセプトから見て，コンセプトの理由付けは確かなものといえますか？　これまで気づかなかったような製品を単純化できる部分集合があることを，依存関係図が示唆していませんか？

コンセプトは完全性を保つように組み立てられていますか？

コンセプトは単独では健全でも，製品全体として他のコンセプトと組み合わされると損なわれることがあります．デザインは，各コンセプトの整合性を保っていますか？　あるいは，コンセプトに対するユーザの理解が，他のコンセプトと干渉して微妙に変わるようなことはありませんか？

コンセプトについての知識は適切に文書化されていますか？

コンセプトデザインは，何世代にもわたって修正と改良を重ねながら，何年もかけて進化していきます．この知識がプログラムコードにしか記録されていないと，Apple Numbersの範囲コンセプトの例で見たように，新しいプログラマーが微妙な違いを知らずに変更を加え，何年もかけて得られた知見を一瞬で消してしまうことになりかねません．そこで，製品のデザイン記録を作成し，各コンセプトの開発過程を保持することが大切です．また，簡潔なコンセプトカタログやハンドブックは，その会社がデザインしたコンセプトの知恵のエッセンスを記録し，製品間の共有や新しいデザイナーに素早く伝えるのに役立ちます．

テクニカルライター，トレーナー，マーケティング担当の皆様へ

ユーザに重要な資料を提供する人々にも，いくつかの質問があります．これらは，ユーザが製品に習熟したり，行き詰まったりしたときに為すべきことに関する資料です．

補足資料はコンセプトに基づいて構成されていますか？

ユーザマニュアル，ヘルプ機能，テクニカルサポートの記事は中心となるコンセプトに基づいて構成されていますか？　コンセプトのアクションは，まとまって，一貫性を持って，説明できていますか？

コンセプトの目的は明確ですか？

コンセプトを紹介するとき，コンセプトが存在する理由，存在する目的を説明していますか？　目的は，整理された基準（共同性，ニーズ重視，具体性，評価可能性）を満たしていますか？　誤解を招くような比喩を使っていませんか？

コンセプトの操作の原則を説明していますか？

コンセプトの使い方を説明するのに，説得力のある操作の原則を示していますか？　それとも，ただアクションを羅列し，典型的な使用シナリオが何かをユーザに考えさせるだけですか？

コンセプトは合理的な順序で説明されていますか？
（取扱説明書などの）資料が，順を追って説明されている場合，依存関係図と整合した順序でコンセプトを示し，まだ説明されていないコンセプトを先立って参照することなく，コンセプトが登場する順にそのコンセプトの動機を説明できていますか？

プログラマーやアーキテクトの皆様へ

コンセプト，目的，相互の関係についての上記の質問はすべて，開発者にとっても基本的なことです．依存関係図は，段階的な開発のフェーズ分けや，部分的なリリース計画に使用できます．

どのようなコンセプトの集合が最小の製品として成立しますか？
これはもちろん開発戦略としても重要な問題ですが，開発者にとっては，コンセプト構築コストの評価が容易になるので，特に重要な意味を持ちます．

どのようなコンセプトの構築難易度が高いでしょうか？
構築が最も困難なコンセプトを特定できますか？　状態が最も複雑なコンセプトや，データ量が多いことから性能上の問題があるコンセプトはどれでしょうか？コンセプトの操作の原則から，分散合意アルゴリズムが必要な一貫性の問題はありますか？　もしあれば，結果整合性で十分でしょうか？

わかりきったことのやり直しを避けられますか？
馴染みのあるコンセプトを構築する場合，自社製品や他社製品の中にそのコンセプトの構築例を見つけ，指針とすることで，既知の問題を回避するのに役立てられますか？

標準的なライブラリのコンセプトを適切に使用していますか？
標準版で十分なはずなのに，非標準的なライブラリやプラグインを必要とするコンセプトをデザイナーが考案していませんか？　提案コンセプトに近い構築例が存在する場合，デザインを微調整して取り入れてみる価値はないでしょうか？

コンセプトは可能な限りジェネリックですか？
デザインが含むコンセプトは，不必要に特定のデータ型に特化されていませんか，あるいはジェネリックに表現できていますか？　例えば，デザインがコメントコンセプトを含む場合，コメントは対象を任意のアイテムにしていますか，それともデザイン（や構築の仕方）は対象を投稿や記事に限定していますか？

コンセプトを個別モジュールとして実現できますか？
複数コンセプトが絡み合うような実現方法の場合に，モジュール化されていないことの理由付けができていますか？　それとも，後に対処しなければならなくなるような技術上の負債を積み上げていませんか？　コンセプトのモジュール化に成功した場合，コンセプト間のプログラムコード依存性を排除して，修正や再利用を簡単に行えますか？

コンセプトをまたぐ複雑な同期はありませんか？
製品が豊富な同期法からなるコンセプトに依存する場合，同期がプログラムコードを複雑にしていませんか？　もしそうなら，例えばイベントバスや暗黙の呼び出しアーキテクチャ，コールバックや依存性挿入などを用いた，より良い整理の仕方はありませんか？

複雑な条件分岐を伴うコンセプトのアクションはありませんか？
コンセプトのアクションに，引数を検査するものや，複雑な条件制御フローを持つものはありませんか？　もしあるなら，これは問題のあるコンセプトの兆候かもしれません．そのようなアクションが，ひとつのコンセプトの中で（引数に依存した）複数のアクションを表していませんか？　複数の異なるコンセプトに分割することで，そのようなアクションを簡略化できませんか？　コンセプト間の同期がとれていないことで，本来処理しなくても良いような不整合状態に陥っていませんか？

研究者，ソフトウェア哲学者の皆様へ

コンセプトの理論は発展中で，まだ対応できていない重要な疑問がたくさんあります．皆さんの中にも，総括的な理論とコンセプトデザイン手法の構築に挑戦して

くださる方がいらっしゃるかもしれません．このことを念頭に，以下に，未解決の問いをいくつか挙げます．

コンセプトのカタログはどのように構成すべきでしょうか？

コンセプトのカタログやハンドブックは，デザイナーの知識を体系化し，初心者が専門知識を習得しやすくし，コンセプトの再利用を促進し，デザイナーは既知の落とし穴を回避しやすくなるでしょう．このようなカタログはどのように構成するのがよいでしょうか？　カタログは（例えば，ソーシャルメディアアプリや銀行のカタログのように）ドメインに特化すべきでしょうか，それともドメインにまたがるコンセプトを中心にすべきでしょうか？

複合コンセプトはありますか？

これまで，コンセプトをどのように組み合わせるのか，また，複数のコンセプトに分解することで，オーバーロードされたコンセプトを改善できると説明してきました．あるコンセプトが小さなコンセプトに分解された場合，元の大きな実体は，それ自体で独自の目的を持ったコンセプトとして残るのでしょうか？

目的の種類に違いはあるのでしょうか？

良い目的の基準と，複合的な目的の一貫性検査を紹介しましたが，目的が果たす役割の区別を無視したままでした．前述のように，コンセプトの目的は，そのコンセプトをデザインに取り入れる動機付けになります．ところが，取り入れるという言葉には2つの異なる意味を持たせられます．ひとつは，そのコンセプトがもたらす一般的な便益で，もうひとつは，代わりに使ったかもしれない特定のコンセプトと比べた時にもたらされる便益です．

例えば，ラベルとフォルダのコンセプトはどちらもアイテムを整理するという目的を果たすもので，この目的によると，どちらかを取り入れる動機になりますが，ラベルだけがアイテムを重複するカテゴリに整理するという目的を果たします．このような，より細かいコンセプトの区別が目的にあたるのかどうか明らかでありません．おそらく，同じ目的を持つコンセプトを区別する性質なのでしょう．

ジェネリックなコンセプトのインスタンス化の際に，どのような問題が生じるでしょうか？

これまで，コンセプトは可能な限りジェネリックな形で記述すべきと主張してきました．そうすることで，デザインの本質に迫り，馴染みのない独特な固有ドメインでの複雑さを排除できるのです．合成時にジェネリックなコンセプトがインスタンス化されます．例えば，ゴミ箱コンセプトを電子メールコンセプトと合成すると，ゴミ箱のアイテムはメッセージになります．ドメイン固有のコンセプト(や目的)を，ジェネリックなコンセプトに抽象化する体系的な方法はあるのでしょうか？

ジェネリックなコンセプトのインスタンス化に際して，ドメイン固有のコンセプトとの合成を伴うことがあります．レストラン予約システムでは，ジェネリックな予約コンセプトはリソースに関わりますが，レストランのテーブルを扱うテーブルコンセプトと合成されるでしょう．Google Mapsの予約APIは，まさにこのように構造化されていて，レストランでは，4～6人掛けテーブルを3つの異なる抽象的なリソースに変換します．これは一種の合成でしょうか？　その背後に一般的な原則はあるのでしょうか？

アクションの同期で十分でしょうか？

コンセプト合成は，(本書では) アクションの同期に依存しています．では，コンセプトの状態の同期も導入すべきでしょうか？　例えば，ゴミ箱とフォルダの相乗効果のある合成は，ゴミ箱内のアイテムをゴミ箱フォルダから得られるファイルとフォルダに関連付ける不変量として表現されるかもしれません (ノート71参照).

マッピングの原則を明確にできますか？

マッピングを評価する一般的な原則はあるのでしょうか？　そのような原則は，おそらく，よく知られたユーザインタフェースデザインの原則に基づくと思われますが，より直接的にコンセプトとの関連を取り扱うことになるでしょう．例えば，状態の可視性 (特に隠れたモード) についての研究がありますが，通常は，単一のステートマシンという簡単な状況です．コンセプトで構成されるアプリには，どのような可視化ルールが適用されるのでしょうか？

ユーザの振舞いについての仮定が，コンセプトデザインで果たす役割は何でしょうか？

ユーザがある決められた振舞いを示す場合にのみ，目的を果たすコンセプトがあります．例えば，パスワードのコンセプトは，ユーザが推測不可能なパスワードを選び，パスワードを覚えていて，それを共有しない場合にのみ，認証の効果を得られます．このような仮定が，操作の原則の事前条件として表現可能でしょうか？

コンセプトは完全にモジュール化して実現できますか？

コンセプトデザインは新しいプログラミングイディオムを示しています．伝統的なオブジェクト指向プログラミングスタイルが，望ましくない結合をもたらし，全く間違った依存関係を持つ構造が生じる理由を説明しました（ノート81）．コンセプトを直接モジュールとして実現すると，より柔軟で結合度の小さなプログラムコードを得られるでしょう（ノート32）．どのようなモジュール化メカニズムが柔軟な同期と合成を可能にするのでしょうか？

マイクロサービスアーキテクチャは，ひとつのマイクロサービスがひとつのコンセプトを表すようなコンセプト実現の有用な基盤となる可能性があり，「ナノサービス」と呼ぶと良いかもしれません．ナノサービスはマイクロサービスとどう違うのでしょうか？　あるサービスの内部で別のサービスのAPIを呼び出すという通常の依存関係を用いることなく，本書で説明した方法での同期が可能でしょうか？

コンセプトのデザインの欠陥は，プログラムコード上で検出できるのでしょうか？

不適切なコンセプトは，ユーザだけでなくプログラマーをも混乱させます．あるアプリケーションでコンセプトデザインの問題を実験してみると，アプリケーションがクラッシュしたり，デザインの問題とは直接関係のない不具合が発生したりすることがよくあります．コンセプトが不明確な場合，プログラムコードがその混乱を反映し，不具合の率が大きくなるように思えます．これは，プログラムコードを書く経験からも確かです．コードベース内のファイルをコンセプトにマッピングすると，ソースコードマイニングや静的解析が，この関係を利用できるでしょうか？デザインレベルでのコンセプトの混乱は，プログラムコードの欠陥率の上昇から予測できるでしょうか？　コンセプトデザインの欠陥は，慎重なレビューが必要なプログラムコード箇所を示唆するでしょうか？

コンセプトは内部APIの設計に適用できますか？

コンセプトは，その定義から，ユーザ向けのものです．プログラムがサービスやAPIを内部利用する際に発生する問題の多くは，ユーザが直面する問題と似ています．実現階層のある層のプログラムは，コンセプトデザインの観点から，下位層のコンセプトの「ユーザ」と見なすことができるでしょうか？　もしそうなら，コンセプトデザインの原則をプログラムコード設計に適用できるでしょうか？

すべての皆様へ

ここで述べたようなビジネスや仕事の状況以外にも，本書の考え方は，最もよくあるシナリオ，理解しがたいアプリケーションや機能の意味を知ろうと苦労しているときに役立つと期待しています．コンセプトのちょっとした分析によって，何が起こっているのかがわかるかもしれません．少なくとも，日常使っているテクノロジーについての議論を地に足の着いた実質的なものにし，より良いデザインへの道筋をより明確に見出す手助けになるかもしれません．[114]

謝　辞

数年前，本書の原稿を同僚に見せたことがあります．かなりいい出来だ，少なくとも「何度か書き直したら」と言われました．礼儀正しく微笑みながらも，一度書くだけでも大変なのだから，やり直したら死んでしまう，と思いました．しかし，まだ作業が必要という紳士的な意見はまったく正しく，結局，3回も書き直すことになりました．まだ完璧とは言えませんが，アイデアを可能な限り説明できたので，次は読者の皆さん，同僚の研究者，実務家，愛好家が会話に参加する番です．

友人や同僚から洞察に富んだ批評（と，本書に取り組む価値があるという励まし）を受け続けなければ，これほど長い間，本書に取り組む意欲を持てなかったでしょう．実際，最初に書いたのは2013年なのです．ですから，本書の構成や強調している点の多くの良いアイデアは，彼らから得たものです．本書を隅から隅まで，時には何度も読んでくださった方々の寛容さとスタミナには驚かされるばかりです．Michael Coblenz，Jimmy Koppel，Michael Shinerは，ほとんどすべてのページに大量のコメントをしてくれました．Kathryn Jin，Geoffrey Litt，Rob Miller，Arvind Satyanarayan，Sarah Vu，Hillel Wayne，Pamela Zaveからは，素晴らしい助言をいただきました．Jonathan Aldrich，Tom Ball，Amy Ko，Harold Thimblebyからは詳細にわたるレビューをいただいたばかりか，助言にしたがって形を変えた後に，もう一度読んでいただきました．

本書が一般の方にも読んでもらえるものかも検証しました．Akiva Jacksonは，計算機科学の教育を正式に受けていないとは思えない素晴らしい改善案をたくさん示してくれました．Rebecca Jacksonは，編集者の役割を果たし，言葉の魔法をかけてくれました．Rachel Jackson（http://binahdesign.com）は，タイポグラフィと本のデザインに対する絶妙な眼差しを共有してくれました．

読者の皆さんは，私自身が明確に意識できなかった影響にお気づきのことでしょう．私が謝辞もなくそのアイデアを利用したすべての人々に，お詫びと感謝を申し上げます．巻末のノートで引用した多くの同僚に加え，特にSantiago Perez De Rossoには感謝いたします．彼は，私が初めてコンセプトについて考えたときの相談相手であり，コンセプトデザインの最初の大きな実験であるGitlessを構築し，D.j. Vuシステムで，共に開発した初期のコンセプト同期の考え方を示してくれました．

編集者のHallie Stebbinsは，私が出版までの道のりを歩むにあたり，見事に指導，助言し，本書の執筆を支えてくれました．また，Bhisham Bherwaniは細心の注意を払って編集を行い，制作のJenny Wolkowickiは，細部まで気を配りながら私の本を進め，自分の本のデザインを主張する著者相手のややこしいやりとりを寛大に引き受けてくれました．私のコーチであるKirsten Olsonは，本書を成果物の制作としてではなく，今後も広がり続けるであろう同僚や友人との会話の延長や共同作業と考えるように促しました．

本書の基礎となる研究は，今日の計算機科学の文化に詳しい人なら想像がつくと思いますが，予算獲得は容易ではありませんでした．ですから，5年の歳月にわたり支援してくださったSUTD-MIT国際デザインセンターとそのディレクターのJohn Brisson，Jon Griffith，Chris Mageeに感謝しています．

本書を，私の並外れた両親に捧げます．母・Judy Jacksonは，たくさんの著書やプロジェクト，そして私のすべての活動に対する絶え間ない熱意で，私にインスピレーションを与えてくれました．父・Michael Jacksonは，どこからが父のアイデアでどこからが私のアイデアなのかわからないほど，ソフトウェアについて多くのことを教えてくれました．これからも，この分野と学問としての歴史（そしてエレベータや動物園のコイン式改札機のデザイン）について，頻繁に会話を交わすのを楽しみにしています．

皆さん，ありがとうございました．そして最後に，私の妻であり最大の理解者であるClaudia Marbachに．完成したよ．あなたの知恵と忍耐と励ましにとても感謝しています．そして，長い間約束したままだった休暇を取る準備がようやく整いました….

Daniel Jackson

July 30, 2021

リソース

ノート

本書の読み方

1　**De Pomianeの喜び**　　De Pomianeの『French Cooking in Ten Minutes』[126]は，思いがけないインスピレーションを与えてくれます．1時間しかない昼食で，コーヒーに30分とろうと，食事を10分で作れと主張する料理本の著者がどれほどいるのでしょうか．それに素晴らしいレシピも紹介されています．私のお気に入りは「Tomatoes Polish Style（ポーランド風トマト煮）」なのですが，De Pomiane（1875年生，原名Eduard Pozerski）はポーランド貴族として生まれたのでした．バターを溶かし，みじん切りの玉ねぎと半分に切ったプラムトマト2個を裏返しに入れて，強火で5分，裏返してさらに5分，サワークリームをたっぷり大さじ2杯かけて，沸騰したら火を止めてできあがりです．

これこそ，マイクロマニアの喜びです．というのも，こんな少ない材料で，これほどおいしい料理は思いつきません．（私はちょっとアレンジして，(a) 玉ねぎの代わりにエシャロットを入れ，(b) 最後に挽きたてのナツメグを入れて，de Pomiane流の最小限の「イタリア風ヌードル」でなく，パスタソースとして使っています）．このレシピの調理時間からして，de Pomianeはマイクロマニアであって，頭でっかちではないとわかります．

2　**詳細の大切さ**　　「ディテールは細部ではなく，製品を作る．」家具デザイナーのCharles & Ray Eamesによる不朽の格言は，学生寮向けに設計されたシステム収納家具「イームズ・コントラクト・ストレージ」を題材にした1961年の短編映画「ECS」の台詞として登場しました．同じ精神は，Appleの有名デザイナーJony Iveの作品にも表れています．彼は「強いこだわりですねぇ」という控えめな言葉で，Macbookの縁取りについての魅力的なビデオを締め括りました．

ディテールを考えるのは，やりがいのある仕事ですが，大変でもあります．Steve Jobsはこう言っています[150]．「何かを本当にうまくデザインするには，それを理解しなければならない．何なのかを心の底から理解しなければならない．素早く飲み込むのではなく，情熱を持って，徹底的に理解し咀嚼する必要がある．ほとんどの人は，そんなに時間をかけてないが」．

第1章　本書執筆の理由

3　**モデリング言語Alloy**　Alloyは，ソフトウェアデザイン向けの言語および解析ツールです．言語そのものは，簡明かつ強力な関係論理に基づき，宣言的な制約（つまり振舞いを実現するステップを列挙するのではなく振舞いの効果を記述すること）によって，複雑なデータ構造や振舞いをモデル化できます．Alloy Analyzerは，ユーザがテストケースを書かなくても，サンプルシナリオを生成し，デザイナーが定式化した性質をデザインが満たすことを完全に自動検査できます．

Alloyは，仕様記述言語Z[136]と記号モデル検査器SMV[23]から影響を受けました．Zの優雅さと簡潔さに，SMVの解析能力を組み合わせることを目標としました．

Alloyの技術革新によって，有限に限定した「スコープ」で，SMV風の自動解析を実現します．例えば，あるネットワークプロトコルの解析では，5つまでのノードを含むすべての構成を調べることになるかもしれません．SATソルバーの入力形式にコンパイルすることで，Alloyは，スコープ全体，つまりその大きさのシナリオ全てを完全にカバーできます（このネットワークの例では，接続グラフだけで3,200万通りあります！）．これが，テストでは発見できないような些細なエラーをAlloyが発見できる理由です．

Alloyの最新版[20]では，線形時相論理の演算子を自然な形で取り込み，非有界モデル検査をサポートしています．

Alloyは，ネットワーク，セキュリティ，電子商取引など幅広いアプリケーションで利用され，また，ソフトウェアや形式手法の授業で教えられています．Alloyについては，2006年の著書[66]で詳しく説明し，2019年の雑誌記事とビデオ[67]では，アプリケーションの例と共に簡潔な説明があります．

4　**ソフトウェアデザイン：アイデアの源**　本書で提唱するソフトウェアデザインの考え方は，以降のページからわかるように，プログラミング，ソフトウェア工学，ユーザインタフェースの典型的なデザインの考え方と対比させながら，長年にわたって多くの人々によって形作られてきました．それにしても，Mitchell Kaporの『A Software Design Manifesto』ほど力強く表現されたものはありません．

KaporのマニフェストとWinogradの本　Lotusの創業者であり，その名を冠した製品の開発者であるKaporは，1990年にEsther DysonのPCフォーラムでマニフェストを初めて発表し，ソフトウェア開発におけるデザインの中心的な役割を認識するようにと，仲間のソフトウェア経営者に呼びかけました．このマニフェストはDr. Dobb's Journalに掲載され（1991年1月），数年後，Terry Winograd編集の『Bringing Design to Software』という重要な本の序章に掲載されました[149]．Winogradは後にスタンフォード大学d.schoolの創設者の1人になりますが，「ソフトウェアデザイン」という言葉を定義しようと，専門家グループを集めました．最終的に，彼の本には，様々な見解が反映されましたが，共通する確信がありました．生まれたばかりではあるものの，そのような学問分野が確かに存在すること，他分野のデザインと共通する特徴を持つこと，ソフトウェア工学やユーザインタフェースデザインとは異なることです．

Kaporの新しい分野（さらには新しい職業）へのビジョンは広く響き渡り，今日では誰もが，「ソフトウェアはKaporの言葉の意味でデザインする必要がある」と，少なくともリップサービスで答えます．しかし，まだこの分野と職業の基礎となる知的基盤は構築されていないと思えます．他のデザイン分野や自分たちの製品作りの経験から多くを学び，ヒューマンコンピュータインタラクション（HCI）の分野が発展してきました．一方で，ソフトウェアデザイン特有の際立った特質は，まだ明らかになっていません．

5　**ソフトウェアデザインとは**　「デザイン」という言葉は，大まかには，制約条件を満たしつつ，ニーズを満たす人工物を作成する活動全般を指す言葉として使われます．そういう意味では，およそ全ての人間活動はデザインを含むので，この言葉は有用さを失います．デザインと製造とを対比させる人もいますが，ソフトウェアではそのような区別は困難です．

「デザイン」という言葉を，主に実用性から判断する人工物の形を与えることに使うという点で芸術と区別し，また，私たちが直接利用するという点でエンジニアリングとも区別して使うのが良いように思います．Kaporはこう言っています[78]，「デザイン問題とする理由は何でしょうか．テクノロジーの世界と私たち及び私たちの目的の世界という2つの世界に足を踏み入れ，2つをつなごうとするところにあります」と．ここで，エンジニアリングは，コスト，性能，回復性など，私たち利用者にとって大きな関心事でありながら，不具合に陥って初めて外部に見えることに焦点を当てます．

ですから建物を設計する建築家は，居住者が喜ぶ空間や照明を提供することを目的としているので，居住者の動作パターンを熟知していなければならないのです．一方，構造設計エンジニアの責任範囲は，強風で建物が倒れないように，また，梁が錆びないようにすることです．人々の行動を完全に予測することは決してできないので，デザイナーの分析は定性的で，かつ，暫定的なものにならざるをえません．他方，エンジニアの分析は，定量的で確定的です．利用者についての仮定が必要な時でも，（建物の最大収容数や平均体重など）簡単な数値に置き換えて表すことができます．

本書の主題であるソフトウェアのデザインはユーザニーズを満たすソフトウェア機能に形を与え構造化することに関わります．一方，ソフトウェアのエンジニアリングは，この機能を提供するプログラムコードの構造化に関わり，本文で「内部設計」と呼んだものを含みます．ソフトウェアのエンジニアリングでは，ソフトウェアの実行性能やスケーラビリティなど，ユーザにとって重要でありながら，限界に直面して初めて目に見える問題を扱います．また，保守性のように，開発者だけが関わり，開発コストや新機能の実現可能性ということだけが，ユーザに影響するものもあります．

ソフトウェアのデザインとソフトウェアのエンジニアリングの違いは，Zerox PARCで「Star」ワークステーションの開発部門リーダーだったDavid Liddleが端的に表現しています．「ソフトウェアのデザインは，ユーザから見たソフトウェアの使い勝手を決める行為だ．プログラムコードがどう動くか，その規模とは関係ない．デザイナーの仕事は，ユーザの使い勝手すべてを完全に曖昧さなく規定すること．それこそが，ソフトウェア産業全体の鍵である．しかし，ほとんどの会社で，ソフトウェアのデザインは，確固としたビジネス機能として省みられることなく，専門性も栄誉も与えられないまま，密かに行われている」[149]．今日，「完全な」とか「曖昧でない」仕様という面を強調することはあまりないですが，他のコメントは本書のモットーになるように思います．

ソフトウェアデザインに対する尊敬の念の欠如に注目し，LiddleはKaporのマニフェスト[78]の嘆きを繰り返しました．「今日，ソフトウェアデザイナーはゲリラ的な存在であり，正式に認められないばかりか，評価されないこともある」と．Kaporは，ほとんどのソフトウェアが，「単に作っただけ」であり，まったくデザインされなかったと主張しました．これを解決するのに，ソフトウェアデザインという専門分野を創設し，その専門家は，プログラマーとは一線を画し，技術に関する確かな基礎知識を持つ存在として確立することとしました．ユーザインタフェースだけでなく，製品のコンセプトそのものが彼らの守備範囲となるのです．

本書は，まさにそういうデザイナーを対象にしています．Kaporのマニフェストから30年，「ソフトウェアデザイナー」という肩書きはまだ珍しい存在です．しかし，そういうデザイナーが担うべきタスクは，たとえ，プログラムマネージャー，アーキテクト，UXデザイナー，あるいはプログラマーなどの他の肩書きを持つ人が担当したとしても，ますます重要視されつつあります．

6 **プログラミングの知識**　ソフトウェアのデザインとは対照的に，ソフトウェアのエンジニアリング（プログラミング）では，知識体系が厳密に確立されています．良く知られている通り，プログラミングは，1950年代後半に，最初の高級プログラミング言語Fortranから始まりました．わずか数十年の間に，今日のプログラミングの基本的な考え方のほとんど全てが発明されました．依存性と分離性，仕様，インタフェースと不変量，抽象データ型，イミュータブル性，代数データ型，オブジェクト，サブタイプ，ジェネリックス，クラス，高階関数，閉包，繰り返し子，文法，パージング，ストリーム変換，などです．

こういった考え方は，良いプログラミングに関するガイダンスや良いプログラムと悪いプログラムを区別する基準を伴います．特に，以下の3つの考え方が，最も重要と思われます．

依存関係：2つのモジュール間の依存関係は，1つ目のモジュールが，仕様を満たす際に，2つめに依存する時に見られます[116]．そして，2つ目のモジュールがないと1つ目のモジュールを理解できない（新しいプログラムで使用できない）という強制力が発生します．そこで，依存関係の除去が，プログラムの構造化の主要なゴールになり，多くのデザインパターンの動機となりました[44]．

データの抽象化：あるモジュールでデータ型を実現するとき，そのモジュール以外のプログラムコードを修正することなく，外部のプログラムコードがデータ型を操作する振舞いにのみ依存することが確認でき[95]，そのデータ型の具体的な表現となるデータ構造を変更できることを，表現非依存と呼びます[102]．この独立性を達成するには，データ型の利用側がその操作を通じてのみ型を使用するだけでなく，内部構造への参照が外部に浸み出す「表現の露出」が発生しないようにしなければなりません[31]．

不変量：プログラムの性質で，ある時点（特定の関数呼び出しの前後など）で観測したときに，プログラムの状態がある述語を満たすことです．例えば，木構造のバランスが取れているとか，配列の要素が順序だって現れるといったことです[40]（データベースでは，不変量は「完全性制約」と呼ばれます）．不変量を用いることで，複雑な動作を理解する作業を簡略化できます．イベントの長い履歴を調べる必要がなく，（不変量が開始時に成り立ち，操作後に再び成り立つ限り）所定の各時点で不変量が成り立つと仮定できます．

不変量の考え方は幅広い内容を持つ体系になり，プログラムについて論じる語彙が十分な表現力を持つことを意味します．「私ならキーをイミュータブルにする．そうしないとハッシュテーブルの表現不変性が壊れるかもしれないから」と言う会話を耳にしたとき，十分にプログラミングの経験があれば，それが何を言っているのか，何が問題なのかを正確に理解できます．ソフトウェアのデザインには，そのような言葉はまだありません．

7 **ソフトウェア工学の研究分野でのデザイン**　Tim Menziesと彼の学生たちは，トップカンファレンスとジャーナルからの3万5,000以上の論文からなるデータセットを用いて，ソフトウェア工学でのトピックの変遷を分析しました[99]．この調査の最初の年である1992年には，デザインが最も人気のあるトピックでしたが，最後の年の2016年には，最下位近くになりました（カンファレンスで8位，ジャーナルの分類では圏外でした）．この調査は，（論文タイトルとアブストラクトに含まれる短いキーワードのリストをチェックする）粗い方法で論文を分類したのですが，その結果は，この分野の変化についての印象と一致しています．

ヒューマンコンピュータインタラクション研究におけるデザイン　デザインは，1980年代，HCIコミュニティで全盛期を迎えたように思えます．1984年にはAppleのMacintoshが登場，人間中心設計の考え方が出現，Don Norman著『The Design of Everyday Things』[110]が出版などです．この本は，一見するとソフトウェアについではないのですが，Normanのアフォーダンスとマッピングの概念を通じて，ユーザインタフェースデザインに大きな影響を及ぼしました．

Stuart CardとTom MoranとAllen Newellの画期的な著書，『The Psychology of Human-Computer Interaction』[26]は，ユーザモデルをいくつかのパラメータ（反応時間，メモリ容量など）からなる情報処理機械とみなすことで，インタフェースデザインの効果を確実に予測し，改善していく方法を示しました．

1989年，Jakob Nielsenは「割引ユーザビリティ」についての論文を発表し，ユーザインタラクションのデザインを改善する簡単で効果的な方法として，ユーザテスト，プロトタイピング，ヒューリスティック評価を組み合わせることを提案しました[106]．1年後，ヒューリスティック評価に関するRolf Molichとの共著論文[107]が発表され，『10 Usability Heuristics』の最初のバージョンにつながりました[108]．これは本質的にユーザインタフェースデザイン原則であり，同様のリスト，特に，Bruce Tognazziniの『First Principles of Interaction Design』[143]がこれに続きました．

Thomas Greenは，プログラミング言語や表記法を設計する基準のリストを作成し，「表記法の認知的次元」と呼びました[46, 47]．実際この基準は，より一般的に，さまざまな種類のインタフェースのユーザビリティ向上に適用することができます．一貫性，エラーへの耐性，マッピング，可視性など，いくつかの基準は，先に触れたリストと共通します．これらの項目は，コンセプトデザインの原則と組み合わせて相乗的に適用できます（認知的次元についてはノート19で詳しく説明します）．

デザインは，HCI研究では依然としてホットなトピックですが，デザインの問題を直接取り扱い，具体的なデザイン指針を引き出すことができる論文は，めったにありません．多くの場合，論文は民族学的，社会学的な研究で，デザインの実用的な知識体系には貢献しません．

例えば，HCIの代表的なカンファレンスのCHIの2020年のセッション「Design reflections and methods」には，（全748編の論文のうち）たった5編しかなく，次のようなトピックでした．哲学における形而上学的なアイデアの調査でのデザインの利用，デザインの未来を描く考察法，コンピュータと人体の統合に関する課題，オーストラリアのアボリジニのコミュニティでの体験に基づいた反復デザインのフェミニスト／脱植民地主義分析，南半球の経済における自動化の影響．これらの分野の専門家が興味を持つ話題なのは間違いありませんが，多くの人が使うソフトウェアのデザインに取り組む人々にすぐには関係しないでしょう．

ソフトウェアをどのようにデザインするかという指針を得るには，学生や実務家は教科書や専門書に頼らざるを得ません．特にHarold Thimblebyの『Press On』[141]は，古典的なHCIの原則と，デザインの記録・解析にステートマシンを用いる方法とを組み合わせ，より幅広い，社会，心理，倫理面の関心もカバーしています．

8　**形式検証とその文化的な影響**　ソフトウェア研究の初期に，Bob Floyd，Edsger Dijkstra，Tony Hoareといった先駆者たちが，プログラムの動作振舞いを正確に規定できるという斬新なアイデアを導入しました．仕様があれば，許容できる振舞いと許容できない振舞いの差は主観的ではありません．そして，「バグ」（仕様と実際のプログラムの振舞いの不一致に対応するプログラムコードの欠陥）に注目が移りました．

Dijkstraは，プログラムがその仕様を満たしているかどうかの「正しさの問題」を，その仕様を利用する文脈で適切かどうかの「快さの問題」と対比しました[33]．

正しさの問題は数学的に定式化できることから,「科学的」な探求に適したテーマと考えました. これに対して, 快さの問題は「非科学的」で計算機科学者が追求するのは疑問であると論じました.

この違いを明らかにしたことと, 数学的に正確な仕様という考え方によって, プログラム検証という分野が立ち上がり, 日陰だった学問分野に威厳をもたらしました. 仕様は, おそらくDijkstraが期待した通りではなかったでしょうが, それ自体, 非常に有益でした. その後, 最も単純なソフトウェアシステムでさえ, 完全で正確な仕様を書くことは不可能であり, 少なくともプログラムコードを書くより簡単ではないことがわかりました. 仕様は, 1つのソフトウェアシステム内部のさらに小さいコンポーネントに適用されたときに役立ちます. 仕様を, バグのある箇所の特定, つまり, 期待に合わない振舞いの原因となったコンポーネント特定に使えるのです.

この間に, 正しさという概念と, これを中心に発展してきた検証の分野は, 計算機科学の礎となり, 最も誇れる成果のひとつとなりました. しかし, デザインの観点からすると, ある意味, その影響は有害でした. Dijkstraは, その重要性にもかかわらず,（全くつまらない名前をつけて）「快さの問題」を切り離すことで, そこに注意が向かないようにしました.「デザインの問題」（仕様の作成）と「実現の問題」（仕様に適合する構築）を対比させる方が良い名前だったかもしれません.

実現の問題は, 定義が明らかで, 段階的な進歩が見えやすいので, 疑いなく, 多くの研究者にとって魅力ある研究目標です. 酔っぱらいが失くした鍵を明るい街灯の下で探すように, ソフトウェア研究者は, 実現方法という灯りの下で探します. ですが, 実際のところ, ソフトウェア品質の鍵は他のところにあることが多いようです. 実現方法に全神経を注いだ結果, 何百万人もの技術者が育ちましたが, 一方で, デザイナーはほとんどいません. そして,（仕様がどうあるべきか）最も重要な決定事項を技術者以外に委ねてしまいます. これではまるで, 建築業界に, 土木技師と管理職だけがいて, 建築家がいないようなものです[78].

Dijkstraにとって, バグとはただの欠陥に過ぎず, プログラム中のバグの数を語ることに意味がないと強く主張しました. プログラムが仕様を満たしているか, 満たしていないかのどちらかなのです. 皮肉なことに, 正しさという考え方によって, バグ以外に注目しないことになりました. 仕様のデザインが科学的な問題でないとすると, 仕様そのものは大した問題にはならず, あとはどのようなバグが存在し, どうしたら除去できるかです. このような見方は, ソフトウェア工学の研究に浸透し，主要な学会は，バグの発見と修正に焦点を当てた論文で占められ，仕様に関する議論はほとんど行われません．

バグをなくすことは，ソフトウェアを改善する鍵ではありません．もちろん，バグだらけのソフトウェアは悪いものです．しかし，バグがないとされるソフトウェアが必ずしも良いとは限りません．使えない，安全でない，むしろ危険な可能性すらあるのです．

本書の主張は，重要なのはデザインの基本構造，つまりデザインコンセプトと，そのコンセプト間の関係ということです．正しい構造にすれば，その後の開発が円滑に進む可能性が高いです．そうでなければ，いくらバグ修正やリファクタリングを行っても（やり直しても），信頼性，保守性，利便性に優れたシステムを構築できません．

9　**欠陥除去とソフトウェア品質**　「欠陥の除去が良いソフトウェアの鍵である」という前提はあまりにも広く浸透しており，ほとんど疑問視されません（明言されることすらありません）．ソフトウェアを作っている会社は，開発プロセスや不安定なコードベースに大きな影響を与えることなく，段階的に実施できるので，欠陥除去という考え方を好みます．ツールベンダーは，自社製品の販売に役立つので，この考えを推し進めます．研究者は，自分の功績を評価しやすくしたいうえ，欠陥を避ける提案をして理想主義だと非難されることを恐れて，欠陥除去に注目します．

しかし，欠陥除去を第一に考えるのは正しくありません．もちろん，簡単に取り除ける重大な欠陥に目をつぶるのは賢明ではないです．しかし，欠陥は症状であって，低い品質の原因ではありません．根本原因を見ないと，いくら欠陥を除去しても不具合が残ります．また，プログラムにパッチを当てると複雑化することが多いので，不具合を除去しようとすればするほど，ソフトウェアシステムはもろく予測不能になりえます．

欠陥除去のたとえ話　私の家族は，1880年代に建てられたビクトリア朝の家に住んでいます．美しい家で，住み心地も快適です．しかし，他の古い家と同じように，大規模な修繕が必要になりました．最大の課題は，水漏れを防ぐことでした．購入当時は，大雨が降ると地下室の壁の亀裂から水が浸入してきました．大雪が降ると，雨樋の裏側に溜まった水が，床と床の間に流れ込み，しまいには天井や壁から滴り落ちてきました．

どちらの問題も，直接の原因は明らかで，（安価ではないものの）簡単な改善策がありました．地下室の雨漏りの問題は，壁のひび割れを補修し，特殊な防水剤を吹き付ければよいです．また，壁の裏側に水を集める地下排水を設置し，ポンプで水を排出してもよいでしょう．雨樋の問題は，屋根の端にゴム製の保護層を設け，雪や氷が融けた水を屋根から雨樋に導けば解決です．

長年，こういう作業を試みたり，ネットでアドバイスを読んだり，業者と話したりした結果，真実を知りました．この類の対策は不適切（かつ不必要）なのです．ただ問題を隠すだけでは，根本的な解決にはならないのです．

より良い戦略は，真の原因を特定し，それに対処することです．例えば，地下室の水の問題を考えます．水は外から入ってきます，ですから，そもそも家に水を入れないようにするのが一番です．家から離れるにつれて傾斜するように土地を整地し，家の土台から十分離れた場所に水を排出するようにすれば，地下室の壁を圧迫する余分な水が発生しません．

屋根に積もった雪の処理は，もっと大変です．雪の多い地域にお住まいの方ならお分かりのように，この問題は恐ろしい「氷のダム」なのです．屋根が暖かいと雪が溶け屋根をつたわり，気温が下がると再凍結して氷の層ができ，やがて軒先を覆うように成長します．さらに雪解けが進むと，この氷のせいで水が雨樋に流れず，屋根板の下を通って家の中に流れ込んでしまうのです．逆説的ですが，屋根を冷たく保ち，外気が暖かくなってから雪を溶かせばよいのです．それには，屋根板の下に隙間を設けて冷気を通すか，（古い家が大好きなら）屋根の内側に断熱材を入れて，家の中に熱をとどめて，屋根に伝わらないようにします．

まとめると，地下室の壁のひび割れや屋根の小さな穴などの目に見える欠陥が原因と思えたのですが，これらの欠陥は単なる症状で，真の原因はデザイン上の欠陥だったのです．家のデザインが（周囲の土地の整地，屋根の通気性や断熱性も含めて）良ければ，水は入ってきません．目に見える不具合をなくすだけでは十分でなく必要でもないのです．水や氷が十分に溜まれば，どんなに良い屋根や地下の壁でも壊れるでしょう．デザインが良ければ，些細な欠陥に気づくこともないでしょう．

10 **ソフトウェア研究での経験主義**　ソフトウェア工学の研究が，幅広い深い問題から，狭い技術的な問題へ移ったのは，実証的な分野にしていこうという努力があったからと思います．経験主義の信奉者は，1990年代半ばに，この分野が「科学」としての基準を採用し，実験が中心的な役割を果たせば，尊敬の念を持って迎えられ，効果的な進歩を遂げられると主張しました．

しかし，期待された効果は現れませんでした．研究者たちは，経験的な証拠を求める査読者の方を向くことを余儀なくされ，難しい問題（定式化が厄介な問題）から評価しやすい単純な問題に目を向けるようになりました．そして，小規模サンプルを用いた作為的な実験に知的な努力を振り向け，学生を被験者として専門プログラマー向けのツール評価を行ったりしました．

証拠のハードルを上げたことで，弱い論文は淘汰されたかもしれませんが，赤ん坊を風呂水と一緒に流してしまいました．投稿論文の知的な主張の強さや独創性，事例の説得力はもはや評価されず，「結果」が唯一，採択の判断材料となったのです．分野の最も影響力のある論文（David Parnasの情報隠蔽と依存性に関する代表的な論文[115, 116]など）が，（SPLASHのOnward！論文などの）ごく一部の柔軟な考え方の発表の場を除いて，今日主流の国際学会で発表できないことに，気が重くなります．

同様の懸念は，HCIの分野でも生じました．Saul GreenbergとBill Buxtonは，多くが，評価しやすい研究課題を生成するだけでなく，良い結果が生まれるように選び抜かれたシナリオに依存し，成果物が（あらゆる状況や重要な状況ではなく）特定の状況でしか使えない，ということしかわからないと指摘しました[48]．その結果，有望で革新的なアイデアは，あまり注目されなくなると主張しています．

Laurent Bossavitは，娯楽目的の暴露本[13]の中で，ソフトウェアについての民間伝承を分析し，根拠がないことを示しました．例えば，プログラマーによって生産性が10倍違うとか，アジャイルアプローチ以前のソフトウェアは厳密で融通の利かない「ウォーターフォール」型のライフサイクルで開発されていた，といったことです．ですから，人によっては，経験的なデータに重きをおく証拠になります．しかし，Bossavitが指摘するように，本当の問題は，ある信念を裏付けようとして引用した上記の元論文ではなく，後に続く「伝言ゲーム」で論文の内容やメッセージが次第に劣化し誤って伝えられることにあります．したがって，原著論文に説得力のあるデータがないことに問題があるのではなく，批判的に読まれない（あるいは全く読まれもしない）ことに問題があるのです．

もちろん，実証的な研究すべてが疑わしいというわけではありません．私が反対するのは，実証的な評価法を他より優先する無思慮な姿勢（ハードサイエンスへの誤解を招くような例え），ならびにアイデアは定量的な評価によって良し悪しが決まるとする見方です．適切に目標を定め，想像力を働かせて行えば，実証的な調査は，発見につながる，価値あるものです．

例えば，プログラミング言語の分野では，プログラミングは，長い間，コンパイラに情報を伝えるのと同じように，他のプログラマーとのコミュニケーションに関わると認識されていました．最近になって，プログラミング言語は人が使う道具であり，ユーザビリティの問題はプログラミング言語設計の基本である，という考えが研究者の間で受け入れられ始めました[28]．

この新しい分野のリーダーである著名なプログラミング言語研究者Jonathan Aldrichは，プログラミング言語の意味論や理論への技術的な貢献と，言語機能のユーザへの影響調査をバランスよく行っています．例えば，彼の学生による研究では，オープンソースプログラムのコーパスを分析し，研究用の言語では良く見られるものの，実際には滅多に導入されていない言語機能である構造的サブタイピングが有益なことを突き止めました[98]．また，プログラムコード内でオブジェクトプロトコルの普及状況を調査し，多くのモジュールが使っているプロトコルチェックツールが有用なことに気づきました[9]．

11 **コンセプトがデザイン思考を助ける** デザイン思考への一般からの関心が高まると共に，デザインの役割が社会の中で大きくなり，日常使う人工物のデザイン品質への関わりが期待されました．また，多くの人々が，生活のあらゆる場面に関して，オープンで創造的に考え，従来の前提に疑問を抱くことで，根本的に新しい解決策を想像しニーズを再評価するようになりました．

デザイン思考の「文脈自由」な性質，つまりデザイン思考が提唱するプロセスがドメイン固有のデザイン原則，言語，戦略から独立していることは，コンセプトデザインと相性が良いです．つまり，コンセプトデザインはソフトウェアという「文脈」でのデザイン思考です．ニーズ発見フェーズでは，コンセプトの目的という考え方を活用してニーズを洗練し構造化します．思考の発散フェーズでは，既存のコンセプトを生かすことで，大胆かつ気軽にアイデアを探求できます．また，収束フェーズでは，コンセプトがデザインを記録する言葉と評価の基準になります．

おそらく最も重要なことは，コンセプトにしたがって，コンセプトごと（あるいは新たなコンセプトが取り組むべき目的ごと）に，順番に，あるいは並行して，デザインを探求できることです．デザイン思考のプロジェクトでは，対象範囲が広すぎることから，発散フェーズで，デザインのアイデアが多くなりすぎて構造化が困難になり，収束が難しい状況に陥る可能性があります．例えば，医療情報システムのデザインをデザイン思考の問題とすることは，ほとんど意味がありません．例えば，病状の診断，患者のトリアージ，予約といった問題など，個々のコンセプトとその目的を明確にすると，デザインの取り組みを構造化でき，きめ細かく集中的にデザイン思考を行えるようになります．

デザイン思考への疑問　デザイン思考の魅力の1つは，とっつきやすさと，デザイン関連活動への参加を奨励する包括的なメッセージをメンバー全員に送ることにあります．デザインへの参加の輪を広げるのは確かに良いアイデアです．デザイナーは，ユーザやコミュニティの人々と関わることで，より良いデザインが生まれることを何度も経験してきました．Christopher Alexanderは，経験のない人でも活用できるので，経験やデザインの見識を具現化したパターンに価値あるとします．デザインの専門知識の蓄積こそ，民主化の根幹なのです．

しかし，この熱狂には弊害もあり，デザインへの勘違いを招きます．デザイン思考に関する多くの書籍は，デザインとは何もないところから斬新な形を捻出する活動であり，容易で楽しく，特定のデザインの基礎訓練は不要なばかりか，新鮮な思考の妨げになるという印象を与えます．

これは，いくつかの重要な点で，デザインの正確な説明になっていません．第1に，優れたデザイナーは，何もないところで仕事するわけではありません．彼らは，それまでに得たデザインの知識と経験に深く染まり，それをもとに新しいデザインを想像するのです．第2に，ほとんどのデザインは根本的に新しい形をとるのではなく，既存の形を微妙に修正したものです．デザインの才は細部に宿り，デザイン全体の新しさよりも，異なるデザイン要素をいかに調和させるかにあります．そして，3つ目は，デザインの訓練で得られる鋭敏な感覚が不可欠なのです．Natasha Jenは『Design Thinking Is Bullsh*t』と題した講演で，デザイン思考について同様の懸念を示し，デザイン批評の役割が軽視されていると述べました（今日的なデザインツールとして至るところで使われている3Mのポストイットをさらしものにしました）[74]．

他分野のデザイン　分野をまたいだ「デザインの考え方」があることは否定できませんし，ソフトウェア以外のデザインに関する書籍で，私のデザインに対する理解が進んだのも確かです．不具合の説明と分析の書籍がお気に入りです．例えば，Mario Salvadoriの『Why Buildings Fall Down』[93]，Mattys LevyとSalvadoriの『Why Buildings Stand Up』[133]，Henry Petroskiの『To Engineer is Human』[121]，Charles Perrowの『Normal Accidents』[120]などです．

ソフトウェアの不具合について，このような本を書けるか考えたことがありますが，単純な理由から難しいだろうと思いました．これらの書籍には，「完璧に思えた計画が根拠のない思い込みや実施上の欠陥によって見事に失敗した」というような，デザインの失敗についての説得力ある物語があり，それが興味深いのです．同じような失敗がソフトウェアで起こる場合，例えば，何百万人もの個人記録が流出するようなセキュリティ違反の場合，そもそも妥当な保護措置が施されていなかったという診断になるでしょう．成功するデザインの論拠がない限り，不具合が起こらないと想定することが不可能で，したがって，デザインについて語るべき物語もないのです．なぜ企業がソフトウェアを慎重にデザインする気にならないのか，という物語はあり得ますが，それは商取引とリスクに関することなのです．

インスピレーションの源　デザインのインスピレーションを他分野に求めると，Michael Polanyiの「operational principle」[125]（Michael Jackson[72]より），Nam Suhの独立公理（機械工学における公理的デザイン理論[137]より），そして関連が曖昧なものの，劣らず重要なものに，Christopher Alexanderの形，文脈，適合，ならびに，デザインにおけるパターンの役割[3〜5]に特に影響を受けました．

書体デザインとグラフィックデザインに関する書籍は，デザインのアイデアとデザイン理論の宝庫で，原則，パターン，デサインの例が豊富にあり，デザインについて書く際のお手本になります．書体デザインについての書籍はデザインの指針についての規範を述べるものが多いです．例えば，Jan Tschicholdの『The Form of the Book』[144]は，ページレイアウトを体系的に扱い，ページとテキストの部分に用いる比率を変える方法を示しています．最も印象的なのは，Robert Bringhurstの『The Elements of Typographic Style』[16]で，取り扱うデザインについてのアドバイスの質と量だけでなく，この本自体が書体デザインの美しい成功例になっています．これらの本に書かれているデザインのアイデアがソフトウェアに引き継げないとしても，デザイン原則が役立ち，創造性を制約せず，むしろ増幅するという認識に導いてくれます．

ソフトウェア開発は，長い間，他の分野にインスピレーションを求めてきました．古くからの分野から借りてきた例で，最もよく知られているのは，再利用可能な部品や交換可能な部品という考え方です．これは1801年にEli Whitneyが時の大統領John Adamsに，あらかじめ作った部品からマスケット銃を組み立てて見せたことにさかのぼります．この実演は後に嘘だったことが示されました．

Whitneyはあらかじめ部品に印を付けており，部品は完全に交換可能というわけではありませんでした．それにも関わらず，このことは，手作業から工業生産への技術的な転換点として語られています．ソフトウェアでの部品の価値は，ソフトウェア工学の分野が始まった1968年のNATO会議で，Doug McIlroyが初めて明らかにしました[101]．部品はコンセプトのデザインでも重要で，コンセプトそのものが再利用可能な部品です．

12 **形式仕様とデザイン** 1970年代から1980年代にかけて，ソフトウェアシステムの動作を数理論理学に基づいて記述する言語が数多く開発されました．いくつかは，Z[136]，VDM[75]，B[1]などのいわゆる「モデルベース」言語です．ソフトウェア実現の低レベルの詳細を抽象化するもので，（プログラムコードのオブジェクト，クラス，連結リストではなく，集合と関係からなる）抽象状態に対するアクションによって振舞いを記述しました．また，OBJ[45]やLarch[51]などのいわゆる「代数的」言語は，さらに進んで，状態の概念を全く持たずに振舞いを記述するもので，オブザーバ（隠れた状態について返すアクション）とミューテータ（状態を変更するアクション）を関連付ける公理を用いました．

これらの言語は，「ソフトウェアの品質は正しさのことである」「プログラムの動作が仕様に適合することである」という信念のもとに開発されました．正確な仕様がなければ，正しい記述を効果的に得ようとすることはおろか，正しいかを判断することさえできないのは明らかです．

しかし，研究者が形式仕様を書き始めると，仕様を書くことそのものが，意図した振舞いの矛盾や混乱を明らかにすることに気づきました．仕様の作成は，すでに明確になっていることを単に記録するという単純な問題ではなく，システムに関わる多くの重要な決定を伴うデザインの活動でした．これは例えば，Z言語のエレガントなケーススタディの本[55]で明らかです．Larchを用いた事例では，ウィンドウマネージャの本質的な特性をデザインする，という明確なゴールが示されました[50]．HCIの分野では，特にHarold Thimblebyが形式仕様の利点を探求し，初期の本[139]で代数仕様をユーザインタフェースのアクションに応用しました．その後，より一般的に，HCIでの形式手法の役割について論文集にまとめました[54]．

私が開発したAlloy言語（**ノート3**）は，当初から，デザイン検証を想定していました．しかし，いざ使い始めると，最も有用な解析は，デザインが期待の性質をテストするアサーションチェックではなく，任意のシナリオを生成し，デザイナーに予期しなかった(しばしば病的な)具体例に目を向けさせるシミュレーションであると分かり，これは驚きでした．

13　**単純さと明確さ**　(COVID-19の流行による新たな働き方によって突然拡大した) ビデオ会議でのZoom社の優位性について，技術ライターのShira Ovideは，ソフトウェアが「ただ動く」ことが同社の成功だと考えています．Ovideは，「最初だとか，何かで１番だとかは，重要でないかもしれない」と説明し，「単純なことこそ，見過ごされてきた成功の秘訣」と述べています．しかし，「単純さを追求することは簡単ではない」との認識も示していて，「お金持ちへの一見して難しい切符なのです」[114].

Ovideは，知らず知らずのうちに，２人の最も有名な計算機科学者Tony HoareとEdsger Dijkstra，単純さの支持者，の意見に共鳴しています．Hoareのチューリング賞受賞講演[57]での単純さに関する発言は，おそらくソフトウェア工学で最もよく引用されるものです．２人とも，プログラミング言語のデザインが過度に複雑になるのを批判しています．まずはAlgol 68についてで，簡明な言語の提案が却下されたことを「ソフトウェアデザインを構築する方法には2つあると結論付けます．１つは，単純にし，明らかに欠陥をなくす方法，もう１つは，複雑にし，明らかな欠陥をなくす方法です」.

2つ目の批判は，PL/1についてで，単純さとは，それを実現するのに必要なリソースが容易に手に入るときでも (そういう時ほど) 捉えどころがないものだ，と指摘し，「最初，このような技術的におかしなプロジェクトは崩壊すると願ったのですが，成功する運命にあることに，すぐに気づきました．ソフトウェアの世界では，決心さえすれば，ほとんど何でも実現し，販売し，利用することができます．一介の科学者が，数百万ドルの大金を前にして，何を言っても無駄です．しかし，この方法で買えない信頼性という品質があります．信頼性の値段は，最大限に単純さを追求することです．それは，大金持ちでも到底払えない代償です」.

そして，ここでDijkstra[36]の言葉です．「単純さを求める機会は多々あります．というのは，思い浮かぶ例すべてで，単純でエレガントなシステムは，簡単で素早くデザインできて正しく，実行が効率的で，また，ある程度受け入れられるようにデバッグしなければならないような工夫だらけの仕掛けよりも，はるかに信頼性が高いからです」.

HoareとDijkstraはソフトウェアのデザインよりもソフトウェアのエンジニアリングに (Dijkstraはこの用語を嫌って使いませんが) 関心を持っていたので，当然ながら単純さの利点が主として信頼性にあると考えています．ユーザはプログラマーよりも複雑さに対して寛容ではないので，ソフトウェアデザイン領域での利点はさらに大きいと思われます．コンセプトを用いてソフトウェアをデザインすれば，デザインが明晰だとプログラムコードも明晰になるので，ユーザ経験が向上するだけでなく，より信頼性の高いソフトウェアができるはずです．

Zoomの場合，単純さだけが成功の理由ではないでしょう．ビデオの品質で，SkypeやGoogle Hangoutsといった競合他社に対する優位性を説明できる部分もあります．加えて，後述するように，Zoomアプリは，いくつかのコンセプト上のデザインの問題を抱えています．

14 **コンセプトモデルの源**　Stuart CardとTom Moranは，歴史的な論文[25]で，Xerox PARCでの長年の業績をまとめています．この論文の大部分は，彼らの先駆的な認知モデル（「人間情報処理」）と，ユーザインタフェースの主に物理的な側面のデザインへの応用について述べています．また，メンタルモデルの役割について論じており，メンタルモデルは偶然の産物ではなく，デザイナーが適切なコンセプトモデルを考案し明示的に構築すべき，という私も採用した見解を示しています．「ユーザは，システムを使用する時に，明らかにメンタルモデルを構築して，システムの振舞いを理解しようとしています．明示的であれ暗黙であれ，簡明なモデルが示されないと，ユーザはシステムがどのように作動するかについて自分勝手に解釈します」と述べた後こう続けます，「ユーザがシステムを理解するというのであれば，ユーザが学びやすいコンセプトモデルを明示的にデザインしなければなりません．これは，ユーザに学んで貰おうとデザイナーが意図したモデルなので，想定ユーザのモデルと呼びます」．

2002年版『Design of Everyday Things』[110]の序文で，Don Normanは最も重要なデザイン原則をあげています．最初にあげているのはコンセプトモデルです．サーモスタットの例を用いて，正しいモデルを持たないユーザが，早く暖かくしようとして，高めに温度設定することを説明しています（この他，4番目までに，ユーザへのフィードバック，誤りを防ぐ制約条件，アフォーダンスのシグナルをあげています）．しかし，Normanにとって，コンセプトモデルの原理は，主にコミュニケーション関連で，装置の外観がコンセプトモデルを伝えるべきというものです（詳しくはノート54のノーマンの冷蔵庫についての議論を参照）．本書は，CardとMoranの考えに近いです．コンセプトモデルを形作ること自体がデザインの主要な課題であり，それを伝えること（本書の用語だとコンセプトの具体的なユーザインタフェースへのマッピング）は2次的な問題です．

APIのコンセプトモデル　ユーザがソフトウェアを操作するのに適切なコンセプトモデルが必要なのと同様に，プログラマーがAPI（アプリケーション・プログラミング・インタフェース）を通じて他のプログラマーのプログラムコードを取り込むのにもコンセプトモデルが必要です．プログラマーによるAPIドキュメントの理解に関する研究[81]によると，APIのコンセプトの基本的な理解を持たないプログラマーは，検索条件を作成し，見つけたコンテンツが適切かを評価することさえ難しく，APIを有効に活用するのが難しいとわかりました．

Fred Brooksと概念上の統一性　1975年，Fred BrooksはIBMでのOS/360プロジェクト管理の経験をもとに『Mythical Man Month』[17]を書きました．この本は古典となり，非常に大きな影響力を持ちました．その重要な考え方の1つが「概念上の統一性」です．Brooksは「システムデザインでの最も重要な事項」と主張しました．1995年の記念版のあとがきで，彼はオリジナル版で述べた見解を振り返り，特にDavid Parnasの情報隠蔽への反論を撤回しました．しかし，「これまで以上に確信を持っています．概念上の統一性が，製品品質の中心です」と，意見を変えていません．

Brooksは，自身の代名詞といえる論文『No Silver Bullet』[18]で同様の見解を示しました．ソフトウェア開発の課題の本質，すなわち「ソフトウェアの性質に固有の困難さ」と，偶然，すなわち「現在の生産方法に付随するものの本来的でない困難さ」に分け，この本質を，ソフトウェアを支える概念と位置付けました，「ソフトウェアの実体の本質は，データセット，データ項目間の関係，アルゴリズム，関数呼び出し，といった相互に関連する概念からなります．この本質は，このような概念上の構造が，多くの異なる表現の下で同じという点で抽象的です」．さらに，概念構造を作り出すことが大きな課題であると主張しました，「ソフトウェア構築での困難さは，この概念構造の仕様，デザイン，テストです．概念を具体的に表現し，その表現が忠実であるかを検査する労力ではありません」．

Brooksにとって，概念上の統一性とは，システム全体の設計が1つの考えから生まれることです．この見解と一致するのですが，彼の最新の著書『The Design of Design』[19]では，「スタイル」について，いろいろなところで現れるたびに繰り返しなされる小さい決定事項の集まりと定義しています．これに対して，Brooksのコンピュータアーキテクチャについての共著[12]では，概念上の統一性という見方は，直交性，妥当性，一般性という3つの本質的な性質からなるものとして，簡潔に定義しています．Brooks自身は，この考えをさらに発展させませんでしたが，（本書の著者を含む）他の多くの人々に影響を与えてきました．

概念モデリングという分野　計算機科学には「概念モデリング」という分野がありますが，取り扱う対象が異なり，実世界の実体や関係をモデル化するものです．「概念の（conceptual）」という言葉は，コンピュータ内部の表現と外部の実体を区別する時に使います．このような概念モデルは，古典的なAI推論（ロボットプランナーなど）や，実世界の（給与などの）データを保持するアプリケーション（あるいは，すべての情報システム）のデータベースで使われます．また，最近では，World Wide Webでの知識構造を捉えることに焦点を当ててきました．

概念モデリングは，基本的に記述を得る努力です．この分野のリーダーの１人John Mylopoulosは次のように説明しています，「概念モデリングは，周囲の物理的あるいは社会的な世界を理解しコミュニケーションをとることを目的として，ある側面に形式的な記述を与える活動です」[105]．対して，本書はデザインと発明をテーマにしています．記述は重要ですが，それ自体を目的とするものではありません．

概念モデルは，通常，問題領域の基本的な要素とその関係を表現するデータモデル（意味オントロジーとも呼ばれる）です．データベース開発では，このようなデータモデルを，データベーススキーマと対比させます．データベーススキーマは問題領域での特徴だけでなく，（例えばテーブルの集合体として）データベース内の表現を決めます．概念モデリングでよく用いられるデータモデルは，ER（entity-relationship）モデルです．ERモデルは，1976年にPeter Chenが開発し，データベース設計の方法として，大きな影響を与えました[27]．他のモデル（例えば，意味データモデル[52]）は豊富な機能を有していましたが，ほとんど使われませんでした．その中で，ある実体が他の実体の部分集合であると指定する機能は使われ，この機能を追加したモデルは「拡張ERモデル」として知られています．Unified Modeling Languageの表記法の基礎になっています．

驚いたことに，概念が一体何なのかについて，この分野では同意が得られていないようですし，この言葉は形容詞的な形でしか使われていないようです．最近の論文[117]でも辛辣な書かれようです，「概念モデリングのコミュニティは，モデルが何をモデル化しているのかについて明確な一般的な合意をしていないだけでなく，どのような可能性があるのか，各々がどういう意味を持つのか，について，明確なイメージも持っていません．異口同音に，モデルは概念を表すなどと言いつつ，その概念が何であるかが明確でないのです」というものです．

研究者の多くは，概念モデルの実体が「概念」を構成する要素とするでしょう．これは，概念モデルの概念と，概念をラティスで整理する（概念が複数の親を持ち得る分類法の）形式的な概念分析での概念を一致させることになります．この考え方によると，概念モデルの関連は，概念の間の関係を表します．

しかし，概念と関係を区別することは困難であり，モデルの構築方法に依存します．例えば，レストラン予約システムの概念モデルは，予約という実体を持ち，予約される席や予約する顧客といった他の実体と関連付けられるでしょう．一方，予約を顧客と席の関連として表現してもよいでしょう．予約を実体として扱いたい理由の1つは，予約日などの属性を追加できることです．ところが，（オリジナルのERモデルを含む）モデリング言語は，関連にも属性を持たせることができるので，先のように考えなくても良いのです．いずれにせよ，実体と関係を区別するような概念の定義は明らかに不安定です．

この（データモデルの要素を概念とする）方法の大きな問題は，モデルに構造がなく，概念が増えすぎることです．概念モデル内の実体や関係すべてを概念とすると，予約の開始時刻と終了時刻も概念ということになるでしょう．概念モデルの概念が実用的な意味を持つには，モデルを分割し，複数の実体や関係をグループ化する必要があると思えます．予約受付を取り扱う要素はすべて，局所化されたデータモデルからなる予約コンセプトの一部になるという考え方です．

Fowlerの分析パターン　本書のコンセプトは，Martin Fowlerの「分析パターン」[42]に近く（本書は文献42から影響を受けたのですが），小さな再利用可能な概念モデルです．大きな違いは，本書のコンセプトは主に振舞い的という点です．振舞いを表すのに，（実行中のコンセプトの状態が）何を記憶すべきかを明らかにすることで，コンセプトの構造が振舞いの裏付けになります．Fowlerは，プログラムコードとの対応を考え，クラスが持つメソッドを示して，振舞いを導入します．後に見るように，この方法は必要でなく，振舞いを実現に依存しない方法で指定することができます．

ドメイン，データモデル，ドメイン駆動デザイン　関連する考え方に「ドメインモデリング」があります．これは，ソフトウェアシステム開発の基礎として，問題領域モデルを用いることを提唱するものです．問題領域を明示的にモデリングするソフトウェア開発の初期のアプローチとして，Michael JacksonのJSD[68]があります．JSDは，問題領域の実体のライフサイクルを反映したイベント列を文脈自由文法でモデル化します．システムの機能をこのモデルによって定義し，モデルとシステム機能の系統的な変換によって実現します．

オブジェクト指向アプローチも問題領域のモデリングを標榜しています．ところが，オブジェクトは実現上の決定事項にがんじがらめのせいで，有用なモデリングの構成要素になりえないことがわかりました．OMT[131]は，オブジェクトを基本とする実現法と，忠実なモデリングとを両立する方法を見出しました．実体-関係に着目したドメインモデルを構築し，次に（JSDに似た発想で）オブジェクトの構造に変換するものです．

Eric Evansの有名な著書『Domain Driven Design』[38]は，ドメインモデルを実務家にもたらし，古くからのアイデアに新しい生命を吹き込みました．ドメインモデリングに加えて，重要な一方で，軽視されてきたアイデアを刷新しました．「実体」と「値オブジェクト」の区別[96]，下位層が上位層の語彙を提供する階層アーキテクチャ[32]，開発チームが共通語彙を使うことの重要性[151]などです．この本が従来アプローチをドメインモデリングにまで押し上げた重要な点は，対象範囲に境界があるという考えです．つまり，機能が違う領域や組織の一部には，異なる（時に互換性に欠ける）ドメインモデルが必要かもしれないのです．コンセプトデザインは，さらに一歩進め，コンセプトごとに関連するデータモデルを保持するようにします．

問題ドメインを異なる部分ドメインに分割する方法は，Michael Jacksonの問題フレーム[70]で重要な役割を果たします．構築中のシステム内で生じる現象と，システムと相互に作用するドメインで生じる現象との関係を捉えた典型的なパターンとして，要求を構造化するものです．また，最近の研究で，Jacksonは，システムを「3つ組」の集まりとして表現します[71]．3つ組は，マシン（コンピュータ上で実行されるプログラム），マシンが相互作用する対象世界の一部，および相互作用の結果として生じる振舞いから構成されます．各マシンが対象世界の異なるモデルに働きかけ，世界の異なる側面が異なる種類の振舞いに関連する（そして異なる近似でよい）ことに注力するという点で，彼のアプローチは重要です．このマシンはコンセプトより粒度が小さいですが，コンセプトと同じように独自のデータモデルとダイナミクスを持ちます．

他の研究者も，要求の基礎としてドメインモデリングを研究しました．特にDines Bjornerは，ドメインモデリングを「ドメイン工学」と呼ぶほど重視しました[10]．

計算機システムデザインにおけるコンセプト　計算機科学の中の「システム」と呼ばれる分野は，主に（ネットワークやファイルシステムなどの）基盤コンポーネントのデザインに焦点を当てるのですが，デザインの可能性を体系化するよりも，画期的なアイデアに焦点を当てた事例ベースになる傾向があります．特筆すべき例外は，Jerry SaltzerとFrans Kaashoekによる教科書[132]で，（特にネーミングについての章に影響を受けたのですが）本書のコンセプトに近いデザインのテーマを扱っています．また，Butler Lampsonによるシステムデザインの講義録[86]は，複雑なコンポーネント（分散メモリなど）の振舞いが，厳密な（普通に考えるよりも弱い条件の）仕様で特徴付けできることを示しています．

第2章　コンセプトの発見

15　**Dropboxフォルダコンセプト**　Dropboxは，Unixオペレーティングシステムのフォルダコンセプトを採用しました．Unixでは，フォルダをディレクトリと呼びますが，優れた側面が多くあるデザインです．特に，ファイルやディレクトリの名前をメタデータとして扱わず，ディレクトリのエントリを単に含むだけなので，名前に関する情報を保持する構造をファイルシステムに追加する必要がありません．ディレクトリは，特別な解釈をするものの，ファイルと同様にデータブロックで表現できます．

ファイルやディレクトリが複数の親を持つことは，DropboxがUnixから採用した（共有に必須の）機能で，強力ですが，シングルユーザのUnix環境であっても，厄介な問題がいくつかあります．ファイル削除は単純な除去ではなく，ディレクトリのエントリを削除することですが，そのファイルは別のディレクトリから，まだ参照されている可能性があります．その結果，ストレージの再利用には，アクセス不能なファイルを特定する一種のガベージコレクションが必要です．

ユーザの視点では，複数の親が存在する可能性があることは，さらに少なくとも3つの状況を生みます．まず，初心者のUnix ユーザは，フォルダが他のファイルやフォルダを「含む」（単に名前付きリンクを含むのではない）ことを期待して，ディレクトリの大きさ，つまり，どれだけのディスク容量を占めているかを返すディレクトリ一覧コマンドのオプションを探すのですが，そんなものはなく徒労に終わります．（1つのファイルが2つの親フォルダを持つことがあり，ファイルの容量消費をどのように割り当てるべきかが明確でないので）このようなオプションが存在しないのは当然でしょう．その代わり，別のコマンド（du,「ディスク使用量」）を使う必要があります．このコマンドは，古典的なUnixスタイルのデフォルトでは，対象を指定せずに到達可能なすべてのディレクトリのサイズのレポートを生成します！　言うまでもなく，このような使い勝手の悪いソフトウェアを許容するのは計算機科学者だけです．そこで，UnixファイルシステムがAppleのMacintoshに採用されたとき，使い勝手の悪さを隠し，Finderは期待通りにフォルダのサイズを表示するようにしたのです．

二番目はもっとややこしい問題です．ファイル名の変更は，ディレクトリからファイルを削除し，新しい名前で再び追加するのと区別がつかないのです．マシン間でファイルを同期させるUnix上のツールからは，同じファイル名が変更されたのか，たまたま同じ内容の新しいファイルなのかの見分けがつきません．これでは，ファイルの変更履歴を確実に追跡することは不可能です．新しいファイルが，異なる名前の古いファイルと同じ内容の場合，そのファイルは単に名前を変えただけなのか，それとも古いファイルが削除され，たまたま同じ内容を持つ新しいファイルを作成したのでしょうか．例えば，Gitバージョン管理システムは，ファイルが大きい場合はファイル名を変更したと推測します．同じ内容のファイルを新たに作成する可能性が低いからです．Dropboxはこの問題に悩まされることはありません．というのは，Gitと異なり，ファイル名を変更したユーザのアクションを知ることができ，たとえファイルシステムがUnixベースであっても，Unix的ではない独自の方法で，その名前変更を解釈できるからです．

3つ目は，読み書きの権限がない人でも，ファイルを移動したり名前を変えたりできるということに驚きます．というのは，これらのアクションはファイルを含むディレクトリが対象で，ファイル自身ではないからです．

このフォルダコンセプトは，おそらく計算機科学における最も古いコンセプトの1つでしょう．実は1960年代後半，MITの研究所の前身で，Multicsというオペレーティングシステムの一部として考案されたものです．複数の親を持つという柔軟性は，Multicsには部分的にしか存在せず，あるディレクトリが他のディレクトリを参照する方法が2種類ありました．主となる参照関係は「枝」と呼ばれ，常にツリー構造を形成しました．他のものは「リンク」と呼ばれ，制約がありませんでした．Unixはこの区別をなくし，どちらの場合もリンク（正しくは「ハードリンク」）を使用し，2つ以上のディレクトリから参照可能なファイル（またはディレクトリ）は完全に対称で，区別しません．

16　Dropboxユーザの実証研究　このようなコンセプトで混乱するのは，技術

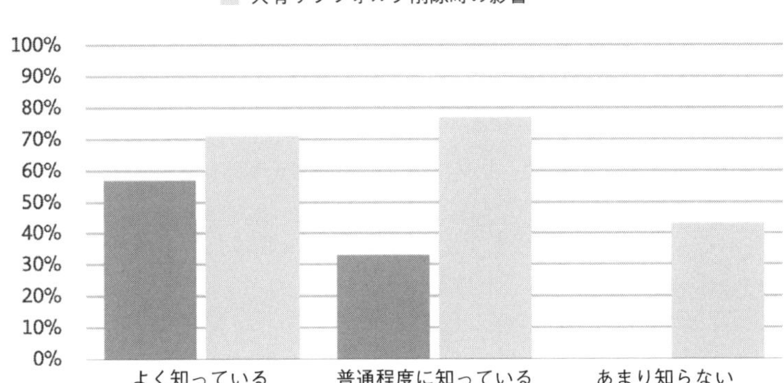

図E.1 MITの学部生．棒グラフは2つの質問に対する正解率

的な素養のない人だけではありません．私の教え子のKelly Zhangは，MITの計算機科学の学部生約50人を対象に，まずDropboxについての理解度を自己評価してもらい，次にフォルダを削除した2つの場合の影響を予測してもらいました．その結果を図E.1に示します．トップレベルの共有フォルダ（「Bella Party」など）を削除した場合の影響に関しては，Dropboxについて「よく知っている」と答えた人のうち60％以下，「普通程度に知っている」の人のうち40％以下，「あまり知らない」と答えた人では誰も理解していないことがわかりました．共有フォルダ（「Bella Plan」など）に含まれるフォルダを削除した場合の効果に関しては，「よく知っている」人の約70％，「普通程度に知っている」の人の約80％，「あまり知らない」人の約40％強が正しく予測しました．つまり，MITの計算機科学の学部生にDropboxの管理を任せても，コインを投げて何をすべきかを決めるのと大差ないのです．

17 **Dropboxの緩和策**　Dropboxの功績は，（ブラウザからクラウドファイルを直接削除するのではなく）デスクトップ上のミラーコピーを取り除いてファイルを削除した場合でも，図E.2に示すように，ブラウザの警告（図2.3）に似た警告が表示されることです．ところが，この警告はファイルやフォルダの削除前ではなく，削除後に表示されるので見逃しがちです．

Dropboxのデザインには，第4章で説明したゴミ箱コンセプトの亜種も含んでおり，削除されたファイルやフォルダは，実際には一時的に特別な場所に移動し，

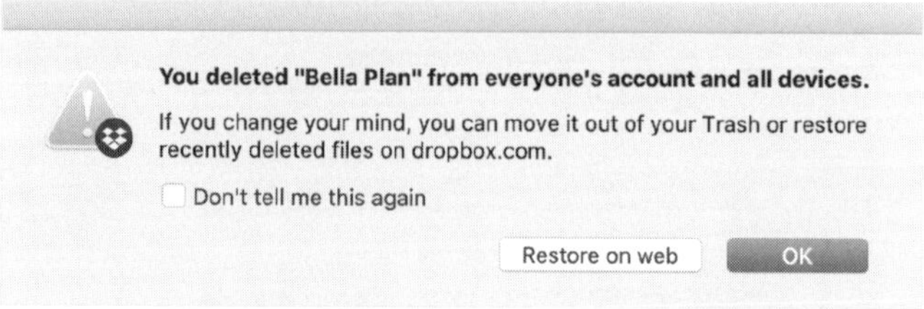

図E.2　共有フォルダを削除した後にDropboxが表示する警告メッセージ

30日経過するまでは元に戻せますが，その後は永遠に失われてしまいます．

18　**Dropboxを訴える時？**　本章ではDropboxのデザインについてかなり批判的な分析をしているので，同社に対する集団訴訟を勧めていると思われるかもしれませんが，全くそんなことはありません．Apple Macintoshが登場したとき，ある批評家は「批判されるほど優れたユーザインタフェースデザインはこれが初めてだ」と指摘しました．それ以前，ほとんどの計算機システムのユーザインタフェースは，一貫性がなく，行き当たりばったりだったので，批評すら不可能だったのです．本書では，読者にとって馴染みあることと，ソフトウェアデザインのわかりやすい例という理由で，代表的な企業の製品から例を選びました．無名の企業が作った支離滅裂なデザインを批判するのは簡単です．主要な製品に焦点を当てることで，豊富な経営資源があり，最も優秀なデザイナーやエンジニアを雇っている企業にとっても，コンセプトデザインに価値があることを納得していただきたいと考えています．コンセプトデザインがこういう会社の製品の重大な弱点を，明らかにできれば，小規模で経営資源の少ない末端の企業にとって，どれほど有用であるか，想像してみてください．

19　**ソフトウェアのUXデザインレベル**　1970年代後半，James FoleyとAndries van Damは，語彙，構文，意味，コンセプトの4つのレベル分けを導入しました[41]．このレベルは，実現方法の構造を反映したもので，実際，最初の3つは，その前の時代に出現した古典的なコンパイラの構造に対応しています．これに対して，本書のレベルはデザイン上の関心事を反映します．例えば，赤いボタンは語彙レベルに位置しますが，物理レベル（色覚異常のユーザに明瞭に見えるか）と言語レベル（赤は止まることを意味するか）の両方で，デザイン上の疑問が生じるでしょう．ボタンの振舞いは意味レベルですが，ここでは，ボタンを押すことがコンセプト的に重要であるか（例えばモデレーターが投稿を拒否する），重要でないか（例えば遅いクエリを中断する）によって，どのレベルに位置付けるかを判断します．また，用語が似ていても，彼らのコンセプトレベルは本書のものとは異なります．彼らのは，ユーザのメンタルモデルに関係し，振舞いの詳細よりもゴールに焦点を当てています．一方，本書では，ユーザとデザイナーの共通理解に寄与する本質的な振舞いを指します．

Tom Moranは，本書の提案に近い3レベルのスキームを提案しましたが，Foleyとvan Damのと同様に，実現構造の影響を強く受けています[103]．一番下には，デバイスとユーザインタフェースのレイアウトを扱う物理コンポーネント，真ん中には，（キーを押すなどの）作用とコマンド言語の構文を含むコミュニケーションコンポーネント，そして一番上には，タスクとその意味からなるコンセプトコンポーネントが位置します．Moranにとって物理的かどうかは計算機に依存して決まりますが，本書では，ユーザの認識に依存します．多くのデザインには，先の赤いボタンの例のように，物理的な面と言語的な面があります．Webページのリンクであることを示すのに，テキストに下線を引いたり，青い文字にしたりすることを考えればわかります．一方，Moranのコンセプトレベルは，Foleyとvan Damとは異なり，本書と似ています．コンセプトレベルをタスクレベル（ユーザが実行したいタスクによってゴールを表現）と関連する操作を持つ実体の集まりからなる意味レベルの2つのサブレベルに分けました．本書の目新しさは，コンセプトレベルを見出したことではなく，それに形を与えたことです．これから述べるように，コンセプトレベルに，実体や操作以上の有用な構造を見出すことができます．

Bill BuxtonもFoleyとvan Damを批判し，Moranのレベルを好みました[24]．彼は「語用論」を明確に考慮するように主張しました．語用論は人間の基本的な相互作用に対応するデザイン面のことです．例えば，チャンクの認知能力によって，複雑なコマンド文法を許容できるかが決まるだろう，と指摘しました．MoranおよびFoleyとvan Damの方式では，構文は中間レベルを位置します．本書では，Buxtonの考え方に沿って，この特別な問題を，物理レベルに置くことにします．というのは，知覚的な融合と同様に，言語特性よりもユーザ認知に属するからです．

UXレベルの無視　システムのインタフェースに対するユーザ経験を1つに統合した実体として扱い，レベルの区別をしないことがあります．例えば，Thomas Green は「cognitive dimensions of notations」に関する最初の論文[46]で，「システム＝表記法＋環境」というスローガンを示し，表記法の意味とその意味を組み込んだツールが不可分なことを示唆しています．

デザイナーが，より精巧なツールサポート（例えば，隠れた依存関係の表示機能）によって，表記法の欠陥を減らせる範囲であれば，この考え方は有用です．ところが，これは本書の基本的な前提に反しています．つまり，レベル分けすることで，明解で効果的なデザインを得ることはできますが，コンセプトレベルの深刻な欠陥は，言語的あるいは物理的な応急処置では改善されません．表記法をデザインする場合，これは少なくとも意味，抽象構文，具体構文を区別することを意味するのですが，（驚くべきことに）Greenは，区別しませんでした．

ユーザビリティに意味を見出すこと　本書の3段階の分類に，構文よりも意味を重視する思いを感じられたなら，それは正しいです．ある同僚は，何かを他よりも好むときに見られる傾向を皮肉って，計算機科学で「意味」という言葉は「より良い」という意味を持つ，と語りました．これは公平ではありませんし，物理的なデザイン，言語的なデザイン，特に書体や色，レイアウト，言語などの選択の微妙な違いが，ユーザの感情的な体験に影響を与えるのに重要なことは，わかっています．本書の試みが，大まかな方向として，ユーザビリティに意味を見出そうとすることと言っても，単純化しすぎることはないでしょう．

20　**ディストピア「ターミナルワールド」**　David Rose[130]は，彼がターミナルワールドと呼ぶディストピアを描いています．その世界では，物理的な対象とのあらゆるインタラクションをガラス板と光るピクセルを通して行うのです．Bret Victorも，入力には人間の手を使うのに，ポインティングとスライドしかできないデバイスの限界に憤慨しています[146]．

物理的なレベルでの懸念はターミナルワールドでも当てはまりますが，豊かな物理的インタラクションだといろいろなこともできるでしょう．（主にApple社によって）電話や計算機はRoseのディストピアへと我々を否応なく導いているように見えますが，デザインの他の分野では，ユニバーサルなインタフェースに対する抵抗感が強まっているように思えます．ユーザは，メニューやクリックに疲れ，より触感のある体験を好むようになっています．一部のカメラメーカー（特にFujifilmやLeica）は，デジタルカメラに古典的なメカニカルなデザインを残し，画面を見ずに調整可能なノブやダイヤルを備えています．多くの写真家にとって，この特徴だけでも，他の精巧な機能を持つカメラより好ましいものです．

21　**Fittsの法則と一般的に「身体的な」能力**　人間の身体能力に基づいたUXデザイン原則のもう一つの例は，ポインティングデバイスを位置合わせするのにかかる時間を予測する「Fittsの法則」です．単純化すると，かかる時間は対象の幅に反比例して変わります．対象が小さいと，ユーザはゆっくりせざるをえなくなり，正しい位置を指し示すのに何度も往復しなければならないかもしれないからです．

Fittsの法則に関して，macOSのメニューデザインがWindowsよりも優れていることを示した適用例が良く知られています．macOSのメニューデザインは，デスクトップ上部のメニューの幅が実質的に無限です．というのは，デスクトップの境界を越えてマウスを動かそうとすると，マウスが動かなくなるのです．その結果，Windowsに比べて素早くメニューを開くことができ，簡単です．

デザインの物理的なレベルは，広い意味でのユーザの「身体的な」能力を示すもので，ユーザの記憶容量のような認知的な側面も含まれることに注意してください．ユーザインタフェースデザインの物理的なレベルに関する古典的な著作に，『The Psychology of Human-Computer Interaction』[26]があります．人間ユーザを，反応時間，記憶容量などのパラメータからなる情報処理者として明示したモデルに基づき，インタフェースデザインに関する理論を構築しています．その本では，このユーザモデルからFittsの法則を導き出しています．

22　**言語的な誤解釈のリスク**　図2.5で言語レベルを表すのに使ったアイコンは，前方の道路工事を警告するイギリスの交通標識で，「傘を開くのに苦労している男」として親しまれており，予想外の解釈がなされる危険性のあることを示します．

23　**冗長な機能，肥大化，発見容易性**　ユーザが切実に求めている機能のないアプリというのは稀です．このような場合，ユーザは文句を言い（あるいは別のアプリに行き），開発者が対応します．ところが，機能が多すぎたり，複雑すぎたりすることは，より深刻な問題です．アジャイルプログラミングの合言葉は，「The Simplest Thing That Works」（機能する最も簡明なもの）を作ることです．また，複雑な機能を検討する際には，「You Aren't Going to Need It」（略称：YAGNI，必要なくなるだろうね）も覚えておきましょう．これらのスローガンに込められた知恵は，多くのソフトウェアチームが経験した，最も野心的で一見必須と思われる機能が，しばしば労力の大半を費やし結局は全く使われない，という苦い経験を反映しています．一方，大成功を収めたアプリが「肥大化」するという不満は，たとえ必須のアプリ機能が20％だけということが事実としても，その20％がユーザによって異なる可能性のあることに考えが及んでいません．

YAGNIの裏側にあるのは，ある特定の目的を達成するのに，誰かにとって必要な複雑さを避けられない可能性があるという認識です．ですから，認証システムを構築する際，ユーザが忘れたパスワードをリセットする必要がないなどと思ってはいけません．ショッピングカートを構築して，購入指示の直前に商品の数を変更できないようなこともいけません．複雑な設定を保存し呼び出すことができる事前設定機能を提供しないようなアプリをデザインしてはなりません．

ユーザが何を必要としているかを知る唯一の方法は，経験を通すことです．コンセプトが役に立つのは，多くのアプリケーションや，多くの異なる状況で蓄積された経験を具現化するデザインだからです．例えば，認証機構をデザインする際には，確立されたコンセプトから選択すべきであり，独自の開発仕様にしてはなりません．そうすれば，（過剰な複雑さや不十分な機能の）どちらの方向にも行きすぎることなく，重要なセキュリティ上の脆弱性をもたらすこともありません．

発見容易性は，本当に重要な問題です．私が好きな例は，発見するのに何年もかかったコンセプトです．Apple Keynoteのオブジェクトリストビュー（2017年3月のKeynote 7.1で導入）は，スライド上のオブジェクトをツリーで表示し，横断的に選択できるので，レイヤーやグループによる制約を受けずに，書式やアニメーションなどを任意に変更することが可能です．PowerPointには選択ペインという似たコンセプトがあり，これはもっと以前（2007年版）から導入されていましたが，（2013年付けの大袈裟なブログ記事が示すように）これもどうやら多くのユーザに長年気づかれていなかったようです．

ある機能に気付きにくいのは，キーボードやメニューからアクセスできなくなっているからではないか，という気がしています．メニューは，古めかしいうえ，視覚上の混乱を招きますが，少なくとも利用可能なアクションを容易に探し出すことができるという利点があります．しかし，インタフェースが徐々に視覚的になり，文字が少なくなるにつれ，機能を探すのが難しくなってきました．例えば，Apple Preview（PDF閲覧・編集アプリ）のユーザの何人が，あるウィンドウから別のウィンドウにサムネイルをドラッグすればPDF文書を結合できることや，Apple Keynoteで選択したファイルのアイコンをスライドナビゲーターウィンドウにドラッグして一連の写真からプレゼンテーションを作成できることを知っているでしょうか．

24　**洗練さの異なるコンセプトモデル**　同じアプリやシステムでも，洗練さの度合いが異なるように見えることがあります．これは，そんなに頻繁なことではありません．というのは，よくデザインされたアプリは，デザイナーがコンセプトで意図した目的を達成するのに必要なだけの複雑さがあり，コンセプトを把握できないユーザはそのアプリを効果的に使用できないからです．コンセプトには，ユーザがよく知らない詳細な振舞いがあるかもしれませんが，ユーザビリティの障害になることはほとんどなく，使いながら学習できます．

コンセプトを理解する度合の違いは，コンセプトがほとんどのユーザから隠されたメカニズムを表現する一方で，ユーザの活動が新しい領域に広がったり，不具合が生じたりすると，顕在化する傾向にあります．例えば，Webを閲覧している人は，amazon.comはAmazonが所有するマシンの名前で，この名前をブラウザ上部の欄に入力し，表示されたページで操作すると，ブラウザがこのマシンに問い合わせを行い，応答を受け取ると想像するでしょう．単純化しすぎているものの，この見方はブラウザを効果的に使うには十分で，Webサービスのコンセプトとして定式化されているでしょう．特に，ブラウザに入力されたデータに対して誰がアクセスできるかがユーザにもわかります．

これに対して，異なる企業が所有するサーバを区別するモデルさえ持っていないユーザは，個人情報を入力する際，なぜ他のサイトより，あるサイトの方が安全なのかを理解できず，単に間違ったコンセプトモデルを持つことになります．インターネットに関してユーザが持つモデルを調査したところ，あるユーザは，データの行き先に関する質問に対して次のように回答しています，「どこにでも行くと思う．情報は，地球のように流れていく．誰もがアクセスすると思う」[77]．

より詳しいコンセプトモデルでは，インターネットサーバには固有のシンボリックな名前がないこと，Webクエリに表示される名前はドメイン名をIPアドレスに変換するドメインネームサーバ（DNS）によって解決されることがわかります．ドメイン名のコンセプトは，新しい名前がサーバに割り当てられたとき，（DNSレコードがまだ伝播していないので）その名前がすぐに利用できない理由を説明するのに必要です．別の例で，Webサービスの詳しいコンセプトから見ると，サーバ間の負荷分散のおかげで，あるユーザによる更新が，2番目のユーザが更新を受け入れた後でも，そのユーザには見えないことがあるのがわかります．これを理解するには，結果整合性を組み込んだWebサービスのコンセプトが必要です．

Web閲覧の際のセキュリティ特性を理解するのが難しいのは，非常に多くの異種コンポーネントやシステムが関与しており，その機能が非常に複雑だからです．一方，アプリケーションのデザイナーは，ユーザに，全体像を理解できる小さな世界，つまり賑やかな都市ではなく閉ざされた庭を見せようとするのです．

25　**学びやすさの限界**　デザイナーには，良いコンセプトをデザインするだけでなく，それをユーザインタフェースにマップする責任があります．つまり，ユーザが正しいメンタルモデルを作り出す機会を最大化し，コンセプトに忠実かつ説得力のあるインタフェースを表現することです．

これは簡単ではありません．コンセプトによっては本質的に複雑だったり，単純なコンセプトでさえ推測できないユーザがいたりします．Amy Koが指摘したように，ユーザインタフェースデザインにおける「学びやすさ」という基本的な目標は，控え目に見るべきものです[82]．すべてのコンセプトがユーザインタフェースを通して「学べる」わけではありません．使ってみて学ぶというよりも，友人や同僚と一緒にアプリを実行し説明する社会的なプロセスを通して学びます．さらに，ほとんどのコンセプトは新しいものではなく，これまでのアプリで慣れ親しんだものであり，1つのアプリだけでコンセプトを学べることはありません．

もちろん，専門家向けにデザインされたアプリケーションには，ある程度複雑になるという犠牲があっても，その効果を発揮するコンセプトが含まれることがあります．その場合，ユーザにトレーニングを期待するのは妥当です．例えば，Adobe Photoshopのチャンネル，レイヤー，マスクのコンセプトは，初心者にとって非常に複雑で分かりにくいものですが，一つずつ体系的に学ぶことで習得できます．試行錯誤から学習したり，オンラインの短いビデオチュートリアルを延々と見て学んだりすることは，よくありますが，効果的とは言えません．

第3章　コンセプトの効果

26　**パラグラフの力**　Wordのパラグラフコンセプトを，他のコンセプトに期待される機能が含まれるように拡張する例として，章の書式設定を考えましょう．章コンセプトを新たに設けるのではなく，スタイルコンセプトを使って，例えば，章の冒頭のパラグラフスタイルを定義できます．書式コンセプトと組み合わせると，新しい章を開くパラグラフに，適切な大きさのフォントを設定し，また，直前にページ区切りを挿入することで，章が常に新しいページから始まるようにできます．

Wordにはセクションのコンセプトがありますが，普通に想像するようなものではありません．セクションは，章を細分化したもの（このコンセプトはWordには存在しません）ではなく，同じ書式の連続したページの列を表します．

27 **ゴミ箱コンセプトの誤解**　「Slate」誌に掲載されたゴミ箱の歴史には，「ユーザがファイルを永久に削除する方法を必要としているとチームが気づいたときにゴミ箱が考案された」とあります．永久に削除するのは簡単ですが，難しいのは，ファイルを元に戻す方法をデザインすることだったのです！（Cara Giaimo, Why Only Apple Users Can Trash Their Files, Slate, April 19, 2016; https://slate.com/human-interest/2016/04/the.history-of-the-apple-trash-icon-in-graphic-design-and-lawsuits.html）.

28 **Appleの楽曲コンセプト**　Walter Isaacsonは，Jobsの伝記[59]の中で，SonyはAppleと異なり，家電のリーダーであるだけでなく，独自の音楽部門を持っていたのですが，Sonyは消費者に直接販売する楽曲というコンセプトを組み合わせてビジネスを統合する機会を逸したと述べています．Apple社以前，曲の再生はできても購入はできず，アルバム単位で購入しなければなりませんでした．2001年に発売されたiPodは洗練された外観が注目を集めましたが，iPodの成功は，楽曲コンセプトもさることながら，それを可能にした新しい技術（1時間ほどで音楽をアップロードできるFireWire接続と，音楽を保存するマイクロディスク）に起因すると言えます．

29 **フリークエントフライヤーのコンセプト**　フリークエントフライヤーのコンセプトは（ユーザインタフェースデザインの暗黒パターンになぞらえて）暗黒コンセプトといわれるかもしれません．というのは，航空会社は，マイレージを使いにくくしようと，思い付く限りありとあらゆる戦術を開発してきたからです．例えば，多くの航空会社はマイルを失効させますが，その有効期限を情報更新のメールに載せないなどで隠しています．他にも，特典交換に利用できる座席数を少なくしてマイルを使いにくくする，マイルを価値の低い雑誌購読に交換するように顧客を仕向ける，割引販売や航空会社パートナーを通じて販売する座席は「マイル」が少なくなるような複雑な数式を導入する，といった手を打っています．British Airwaysは，さらに巧妙な手口を使いました．見かけの運賃を下げ，その差額を他の航空会社よりもはるかに大きくサーチャージや税金に割り当てることで，（交換時に運賃だけをカバーする）マイルの価値を下げました．この手口をめぐる（2018年にニューヨークの連邦裁判所の）集団訴訟では，2,700万ドルの和解に至りました．

30　**Gmailのラベルは費用対効果が高いか？**　Gmailの中心的なデザイナーの一人が報告した調査によると，Gmailユーザのうち，ラベルを作成した人はわずか29.0%でした[91]．これは必ずしも問題ではありません．手作業による整理の必要性がないほど，Gmailの検索メカニズムが威力あることを反映しています．逆に，10人に3人のラベルを使っている顧客にとって，ラベルがないことは致命的な問題という可能性もあります．一方で，ラベルを入れることがGoogleの純益につながるのか，それとも何か別のコンセプトの方が費用対効果が高いのか，考えさせられるところです．

31　**関心事の分離**　この用語は，計算機科学者Edsger W. Dijkstraが1974年に発表した論文[34]で用いたものです．同僚に書いた手紙を引用し，関心事の分離が「ある側面を切り出して，それにのみ専念していると常に自覚しながら，その側面が首尾一貫していることを念入りに調べる」方法であると説明しています．

Dijkstraは，「完全にはできないとしても」，関心事の分離は，「私が知る限り，自分の考えを効果的な順序付けに利用できる唯一の技法である」と説明しました．関心事の分離は，おそらく最も重要な戦略である一方で，大変過小評価されています．一見地味ですが，効果的な問題解決の核心であり，決定的なイノベーションの種になり得ます．

関心事の分離を，再帰アルゴリズムの構造化から生まれた，技法の「分割統治」と混同してはなりません．この技法はそれほど強力ではないのです．分割統治を適用するには，問題を2つ以上の部分に分割し，各々を解いた後に再統合し，全体としての問題を解きます．アルゴリズム以外の分野では，分割統治はほとんど使われないことが分かっています．問題がきちんと分割され，各々に対する解が簡単に再統合できることを前提にしているのですが，この2つの前提は，問題解決の多くの状況では怪しいのです．

関連する戦略にトップダウンデザインがあり，問題の処理手順を表す小問題に分割していく方法です．プログラミングの歴史の初期には，入力を読み取り，何らかの計算を行い，出力を生成する，というように処理を分解して構造化するスタイルがありました．この構造は一般性に欠け，（入力と出力が明確に定義されることがあまりないので）柔軟性に欠け，（読み手と書き手が共有する仮定がプログラムコードに局所化されないので）保守が困難です．これに対し，関心事の分離では，入力と出力はそれ自体が関心事であり，計算から独立して検討されます．

Michael Jacksonは，仕様を分解する作業を続け，最終的に，プログラムによる実現が直接可能になるまで分解して，ソフトウェアシステムを構築するトップダウン開発は，失敗することが多いと指摘しています．というのは，最初の（そして最も重要な）分割は，開発者が分解対象に十分な理解をしていないときに行われるからです[68]．

32 **実現されたコンセプトの再利用**　現在のライブラリやフレームワークはコンセプトごと再利用するのに適切な粒度ではありませんが，コンセプトに基づく新しいフレームワークを開発する取り組みが始まっています．コンセプト全体を，フロントエンドおよびバックエンドのコンポーネントと共に取り込み，手元の問題に柔軟に構成できるものです．

Deja Vuは，Santiago Perez De Rossoが構築したコンセプト再利用プラットフォームです[119]．コンセプトは，GUIとバックエンドサービスの両方を含む全体で，HTMLの一種で組み立てられることから，プログラミングは最低限で済みます．エンドユーザは，既存コンセプトを（**第6章**で説明するアクション同期を用いて）つなぎ合わせるだけで良いのです．これに対して，既存のフレームワークの多くは，（GUIライブラリの日付選択など）小さすぎるコンポーネントや，（Drupalなどのコンテンツ管理システムの評価やコメントのプラグインなど）大きすぎて柔軟性に欠けるコンポーネントを提供するだけです．

33 **Appleの同期コンセプトの不十分さ**　皮肉な見方をすれば，Appleは，一部のファイルだけを同期する機能を故意に省いて，大容量ストレージを持つ新しいモデルの携帯電話への買い替えを促しているように思えます．また，Appleのデザイナーは，簡明さが脅威になるという理由で，選択同期を除外したのかもしれません．そうだとすると，完全に一般的な機能ではなく，制限された形で提供できたはずです．例えば，最近の写真を携帯電話に保持し，古い写真はクラウド上に残したまま削除するモードを提供することも可能です．

同期に関する同じような問題は，Apple社のiTunesでも起こりました．元々，iTunesはラップトップやデスクトップパソコンからiPod音楽プレーヤーに音楽を転送することが目的のアプリケーションでした．iTunesの開発者は，コンピュータをファイルのマスターコピーの所有者とみなし，同期を一方通行にしました．（iTunesストアで購入したファイルや，コンパクトディスクから取り出したファイルなど）コンピュータ上に現れた新しいファイルは，iPodに転送されます．iPod上にしかないファイルは，パソコンには転送されず，実際には削除されます.

おそらく，これは理にかなっていました. iPodのコストがコンピュータの10分の1以下で，iTunesを介する以外にファイルを入手する手段がなかった頃のことです. ところが，iTunesの最後の年になった2019年までには，最も高価なiPhoneは，Appleの最も安価なラップトップと同等のストレージを持ち，もちろんファイルを入手する手段を持つようになりました.

紛らわしいことに，iPhoneのカメラで撮った写真はコンピュータに伝搬されます. 一方，音楽ファイルを所有するのはコンピュータで，携帯電話ではありません. このデザインの最もひどい帰結は，コンピュータが破損または紛失し，新しいコンピュータを購入した場合，iTunesが古いiPhoneと同期する際に，すべての音楽ファイルを新しいコンピュータに転送できると考えてしまうことでしょう. 実際は，接続すると，同期によってiPhoneのすべてのファイルが削除され，空っぽの新しいコンピュータに一致すると警告されるのです！

34　**2段階認証への攻撃**　本文で紹介した2段階認証への攻撃は，既知の多くの攻撃のうちの2つです. LinkedInの例は，ソーシャルエンジニアリング攻撃（不用心なユーザを偽装サーバに送り込むこと）と古典的な「中間者」攻撃を組み合わせたものです. 1995年にFBIに捕まり5年間刑務所に入った後コンサルタントとして成功した有名なハッカー，Kevin Mitnickが2018年に述べたものです.

35　**クリティカルシステム：安全性とセキュリティ**　私たちの社会は，最も重要な機能をソフトウェアにますます依存するようになっています. かつて「クリティカルシステム」は特殊な狭い領域を占めていましたが，現在ではほとんどすべてのソフトウェアがクリティカルになったといえます. 今やソフトウェアなしに機能するビジネスはほとんどなく，ビジネスが連携することから，一つの不具合が大きな影響を与えます.

ソフトウェア開発では，従来は，安全性とセキュリティは異なる関心事で，異なる種類のシステムに適用されました. セーフティクリティカルなシステムは，医療機器，化学プラント，電力網など，人命を脅かすシステムです. セキュリティクリティカルなシステムは，データの破損や漏洩による被害が主なリスクで，金銭的な損失が主な懸念事項でした.

この区別は常に微妙で，システムは物理的な装置を制御するもの（それゆえ安全上のリスク）とデータを管理するもの（セキュリティ上のリスク）とにきれいに分けられるという誤った前提の上に成り立ちました. 2005年に，大規模な三次医療病院の薬局データベースに障害が発生し，看護師が何千人もの患者に薬を提供できなくなった事件を2人の麻酔科医が紹介しました[29]．大惨事を回避できたのは，看護師たちが印刷された伝票から苦労して薬局の記録を復元できたからです．そして，これはランサムウェアが病院を攻撃する時代のずっと前のことでした．

今，デバイス装置のセキュリティリスクに注目が集まっています．セキュリティ研究の第一人者であるKevin Fuは，医療分野のセキュリティに特化したセンターを設立し，議会での証言や，ペースメーカーや除細動器などの埋め込み型デバイスを含む医療機器のセキュリティリスクについて多くの論文を執筆しています．

36 **医療機器のデザイン欠陥**　米国では，避けられたはずの医療過誤によって，年間50万人近くが死亡しており，これはがんや心臓病による死亡者数に匹敵します．Harold Thimblebyは，注目の新著[142]の中で，医療機器のデザインを改善すれば，これらの死亡の多くが避けられると論じています．

この本は，物理的，言語的，コンセプト上のあらゆるレベルで重大な欠陥を持つユーザインタフェースの衝撃的な例を満載しており，良い規制，エンジニアの良いトレーニング，そして我々がすでに知っているデザイン原則を一貫して適用することに関連した説得力のある事例を提示しています．

コンセプトは，ベストプラクティスを具現化，体系化することで，医療機器のデザイン改善に大きな役割を果たすと思われます．多くの事故は，ほんのいくつかの実務に関連しているようです．投与量，処方，不適切な相互作用といったコンセプトの共有ハンドブックを策定することで，機器メーカー間で一貫した基準を達成することが容易になるかもしれません．

37 **デザイン批評 vs. ユーザテスト**　デザイン批評は，ソフトウェアデザイン，あるいは一般的なデザイン思考で，そんなに広まっていません．デザイン思考の本や記事では，ブレインストーミングへの賛美が果てしなく続きますが，分析やレビューにほとんど言及していません．これは，すべての伝統的なデザイン分野で「批評」が重要なことを考えると奇妙なことです．

HCIの分野では，ユーザテストがデザインを評価する唯一の適切な方法であることが，ドグマになっているようです．デザインについて深く考えることに時間を費やすよりも（そして偏見や先入観に惑わされるよりも），とにかく，プロトタイプをあるいは製品全体を作るか，（Webアプリケーションでは一般的な戦略ですが）製品のバリエーションを比較するかなど，デザインを試してみることが推奨されています．

このような評価は確かに貴重です．行動経済学は，人間の行動はかつて考えられていたほど理性に支配されていないことを教えてくれました．デザインがどのように受け取られるかは確実ではないのです．ソフトウェア開発者は，ユーザテストをしないで放っておくことがあります．デザインの大幅な修正が必要となるような致命的な欠陥の発見を出荷，配布するまで遅らせたいとさえ考えます．さらに言えば，紙製のプロトタイプや簡単なワイヤーフレーム，デザイナーがアクションへのユーザ反応を模倣する「オズの魔法使い」風の設定といった安価な検査法でも，費用対効果が高いことがあります．Amy Ko[83]による優れたオンラインブックは，デザイン手法一般に加えて評価技術に関する有用なサーベイになっています．

また，大規模なデータを扱うツールや，データに隠された何らかの傾向を発見する手法としての機械学習の登場により，大規模な実証評価は安価で効果的になりました（順序が逆で，データの入手可能かが先だろうという疑問はあります）．

また，実証的な評価は，影響力のある人の根拠のない意見にデザインが乗っ取られるHPPO（highest paid person's opinion）効果と呼ばれる危険性がある場合への対策として有用です．

ユーザテストは，2020年のパンデミックの際に学生たちと作った小さなアプリで明らかに価値があると思いました．このアプリは，予め決めたグループのメンバーでペアを組み（テキストメッセージで）お互いに電話するように促すことで，避難所での孤立感を軽減することを目的としていました．当初，このアプリを高齢のユーザにテストしてもらいました．テキストメッセージがこのアプリから送信されたものであるか気づかれないかも知れないので，（「あなたが登録しているhand2holdのサービスです」のように）最初のメッセージに送信元を明確に説明するようにしました．ところが予想に反して，高齢のユーザはメールを読んだらすぐに削除するので，後からメールが届いても最初のメッセージと結びつかず，迷惑メールとして処理してしまうことがわかりました．そこで，すべてのメールに識別用の文字列を入れることにしました．

そんなこともあったのですが，実証的な評価が過大視されていると思わざるを得ません．デザインに対するフィードバックを得る手段として間違いなく必要です．ところが，デザインを創作し，洗練させる手段としては，あまりにも大雑把で高コストの方法かもしれません．選択肢の空間を探索し，それぞれの選択肢を経験的にテストしてデザインを見出すことなど不可能です．1つか2つ以上の選択肢を実現するにも，単純にコストがかかりすぎます．せいぜい，ある機能をある範囲の値に変えられるような，パラメータ化されたデザインを作ることができる程度です．例えば，メッセージのテキスト内容，ページ上のウィジェットのレイアウト，要素の色など，デザインのさまざまな側面は，実用上は重要かもしれないものの，基本的とはいえません．

長い間かけて，デザインの評価に，専門家による批評という方法が確立されました．デザイナーは，デザインチームのメンバーとして，あるいは外部の評価者として，経験やその分野の深い知識に基づいて提案デザインを評価します．評価者は，過去にあった同じようなデザインに対してユーザがどのような反応を示したかという実証的な情報に基づいて，ユーザの反応を予測します．また，頭の中でシミュレーションを行い，さまざまな使用シナリオを想像し，既知のコーナーケースを想定することで，潜在的な問題点を検討します．そして，最も重要なのは，デザイナーが意識的であろうとなかろうと，コミュニティ全般の経験を具現化した原則を適用していることです．

現代の私たちは，経験的な評価に重きをおき，批評を効果的に行うデザイナーの能力への信頼をなくしていると思えます．初期のGoogleでビジュアルデザイナーとして働いたDouglas Bowmanは，データ駆動型デザインに対する同社のアプローチに不満を抱き，2009年に同社を去りました．彼はブログの中で，Googleのアプローチをこう表現しています，「主観を排除し，データだけを見る．有利なデータか？　よし，やろう．データが悪い影響を示す？　図面台に戻ろう．そして，データはやがて，あらゆる決定のより所となり，会社を麻痺させ，大胆なデザイン上の決定を阻むのです」[14]．

デザイン批評は欠くことができません．デザインの過程で自分の仕事を評価する最良の方法だからです．アイデアが生まれるたびに批評することで，漠然とした直感から具体的なデザイン提案に至るまで，悪いアイデアを排除し，良いものに磨きをかけます．この手の仕事は大変で，かなりの教育と経験を必要とします．このことは，米国国防省のデザイナーNatasha Jenが示唆するように[74]，デザイン批評の遣り甲斐よりも，デザインを民主化することに熱心な一部のデザイン思考業界で，デザイン批評が軽視されている理由です．

まとめると，デザインへの建設的なアプローチには，批評とテストの両方が必要ですが，そのバランスを調整して，原則に基づいた批評がデザイン活動の中心になるようにもっていく必要があります．デザイナーは仕事の流れの中でデザインの原則を適用することができ，デザインが原則を満たしたときに初めて，ユーザテストに移る意味があります．この順序は，全体的というよりも局所的なものです．デザインの改良がすべて終わってからユーザテストするということではなく，デザインは小さな繰り返し，例えば一度にひとつのコンセプトで進め，各段階が終わるごとにユーザテストを行うことを意味しています．

38　**デザイン批評の根拠となるデザイン原則**　ユーザインタフェースのデザイン原則の大部分は，物理的なレベルと言語的なレベルを扱っています．先に，デザイン原則の発展を調べました（ノート7）．Don Normanの『The Design of Everyday Things』[110]に登場するデザイン原理に加えて，Ben Shneidermanの『Eight Golden Rules of Interface Design』（1985年に初版）[134]，Jakob Nielsenの『10 Usability Heuristics for User Interface Design』（1994年）[108]，Bruce Tognazziniの『First Principles of Interaction Design』（2014年）[143]などがあります．これらには重なりがあり，共通するテーマは，一貫性，発見性，可視性，ユーザコントロール（特にエラーからの復帰）が必要なことです．

次に，ユーザインタフェースのデザイン原則とその適用例を紹介します．Don Normanのアフォーダンスの考え方は，物理的なコントロール（またはスクリーンウィジェット）が，（NormanがSaussureの記号論から取った「シニフィエ」によって）どのようにユーザにその能力（「アフォーダンス」）を知らせ，ユーザが取るべき適切なアクションを示します．例えば，ドアノブは，引くのか押すのかが明確な形状にすることができ，ユーザインタフェースのボタンは，クリックするのかスライドさせるのかをユーザに伝えることができます．

Gestalt理論によれば，形や色が似ていて，近くに配置されていると，同じような機能を提供するとみなされるそうです．また，Fittsの法則（ノート21と図2.6で言及）は，ポインティングデバイスをターゲットに移動させる時間が，ターゲットまでの距離に比例し，ターゲットの大きさに反比例するとしています．

こういった原則は，価値判断の語彙を提供するだけでなく，特定の解決策へ私たちを導くかもしれません．例えば，緊急停止ボタンは大きく見つけやすい外観を持ち，他のボタンの近くに（明らかに分離して）配置されるべき，といったことです．

同様の原則は，「批評」が関わる他の分野でも一般的です．例えば，タイポグラフィデザイナーが活字の「色」について述べるとき，文字通りの色ではなく，リズム，テクスチャ，トーンなど，活字ブロックから受ける視覚的な印象を指します．写真家が画像の「バランス」(何を指すかの定義や達成するのが難しい一方で，容易に気が付く品質）について論じます．またプログラマーは，「結合最小」原則をよく使います．バグを回避し，再利用や保守性を高めるのに多く影響を与えるのです（ノート6）．

39 Don Normanの本のイースターエッグ？　数年前，兄のTim Jacksonは，Don Normanの本[110]のデザイン自体に，デザイナーが意図的に「イースターエッグ（隠し機能）」として仕組んだのではないかと疑いたくなるほど自己言及的な欠陥があると指摘しました．

Normanのマッピングの考え方を説明する部分で，クッキングヒーターのツマミの配置にマッピングの考え方を応用した図が見開き2ページにわたって掲載されています．4つのバーナーが正方形に配置されているのにツマミが一列に配置されたデザインは，ラベルがないと，どのツマミがどのバーナーに対応するのかがわかりにくいので悪いデザインの一例です．

本ではこの4つのバーナーとほぼ同じレイアウトで，見開きで4つの図が描かれています．しかも，図の説明は上から下へ順番に並んでいて，さらに悪いことに，4つの図に3つ分の説明しかないのです．

第4章　コンセプトの構造

40 「目的」は「ゴール」ではない　削除することがゴミ箱コンセプトの合理的な「目的」なのでは，と思うかもしれません．結局のところ，ほとんどの場合，削除するのにゴミ箱を使っているのではないでしょうか（ノート27）?．

しかし，これを認めてしまうと，デザインの考え方としての「目的」のパワーが弱まってしまいます．代わりに，次のように区別するのが良いでしょう．ある時点でユーザが達成したいことをゴールとし，これはコンセプトの助けを借りて達成されるかもしれないことです．一方，目的は，あるコンセプトをデザイナーが取り入れる動機を与えるニーズです．ですから，ゴミ箱コンセプトのゴールは，ファイルを削除すること，過去に削除したファイルの情報を追跡すること，ゴミ箱を繰り返し空にするときに癒やしとなる音ASMR（自律感覚経絡反応）を提供することなどです．削除の取り消しもゴールですが，他にもゴールがある中で，これだけが目的になります．というのは，他のゴールを達成するには，もっと簡単な（場合によってはもっと効果的な）方法があるからです．

別の言い方をすれば，ゴミ箱コンセプトがなかったら，どのような機会が失われるのでしょうか．（ファイル作成が可能なオペレーティングシステムには，ファイル除去の簡単な方法があったことからも）削除する何らかの方法があるというのはもっともな仮定でしょう．この時，ゴミ箱の目的は，もたらす便益の大きさから，削除の取り消しといえるのです．

一般に，デザインにコンセプトを追加すると，ソフトウェアを構築する設計者や開発者，ならびに使い方を学ばなければならない顧客のコストが増加します．コンセプトの目的は，便益，つまり，そのコンセプトがもたらす利点を詳細に明らかにし，そのコンセプトを加える動機を考慮して，そのコストが正当化されるか判断するのに役立ちます．

本章の他の2つの例でも，目的とゴールについて同じような区別ができます．スタイルコンセプトの目的は，ドキュメントの一貫した書式設定を可能にすることです．特に，1つのスタイルの書式を変更すると，そのスタイルのすべての要素が連動して更新されることです．Wordなどの素朴なプログラムのユーザは，スタイルは書式を適用するものであり，既定義の書式プロパティ群を要素に適用する（例えば，セクションヘッダーを太く大きくする）迅速な方法を提供するだけと考えがちです．ところが，ゴミ箱コンセプトの削除ゴールと同様に，スタイルコンセプトがなくても，このゴールを達成する簡単な方法があります．

また，予約コンセプトについても同様です．ユーザのゴールは，レストランで席を確保することだけかもしれません．席の提供だけがレストランのしたいことで，お客さまが席に着いて待っているだけで良いのであれば，席をその場で割り当てるという単純なコンセプトでも良いのではないでしょうか．

ゴミ箱はメタファではない　ゴミ箱に関するもう1つのよくある誤解は，ゴミ箱が物理的なゴミ箱のメタファであるからこそ，ユーザにとって魅力的で直観的なのだ，という誤解です．メタファはユーザインタフェースで役立ちます．例えば，フォルダとファイルは，物理的なフォルダと紙ファイルのアナロジーが，わかりやすいです．

ところが，ゴミ箱コンセプトを理解する上で，物理的なゴミ箱は誤解を招くメタファになります．物理的なゴミ箱の目的はゴミを除去する段階を分けることです．台所にゴミ箱を置き，毎週回収される大きなゴミ箱に，毎回ゴミを捨てに行く必要がないのです．Appleのゴミ箱コンセプトの目的は，そうではなくて，アイテムをゴミ箱から復元することです．この機能は台所のゴミ箱でもできますが，一般的には利用したいものではありません．

41　**デザインにおける「名前」の重要性**　デザインにおいて名前は本質的です．というのは，名前があれば，説明することなく，既知のパターンを参照できるからです．建築家が「バルコニーは片持ち式にしよう」と言い，「建物の側面に，人が歩いて出られるような，支柱が見えない小さな板状のものを付けよう」とは言わないように，ソフトウェアのデザイナーは「メッセージの削除処理にゴミ箱コンセプトを使おう」と言い，「Macのデスクトップのような方法で，削除したファイルを復元できるゴミ箱アイコンを使って，メッセージ削除処理をしよう」とは言わないでしょう．

42　**状態はメモリ**　コンセプトの状態を記述するもう1つの方法は，コンセプトが実行中に覚えておくべき内容を把握することです．ゴミ箱の中のアイテムを削除した時間順に表示するとしたら，アイテムがいつ削除されたかを覚えておく必要があり，アイテムと削除日時の関連付けもコンセプトの状態に含まれなければなりません．

この考え方はわかりやすいと思うのですが，データモデル構築の初心者には明らかでないことが多いです．データモデルを，あたかも世界の真理を述べているかのように考えがちです．(「ユーザが名前を持つ」というように)，「has (持つ)」を関係記述に使う時によく見られ，(例えば，化合物を記述するデータモデルのような) 純粋なオントロジーのデザインではありえなくもないでしょう．ところが，ソフトウェアのデザインでは役に立ちません．というのは，データモデルがアクションをサポートするからです．アクションが特定の情報を必要としない場合はデータモデルから省くことができ，逆に，アクションがその情報に依存する場合はデータモデルに含めなければなりません．

データモデルは，コンセプトによって，わかりやすくなります．というのは，1つの巨大なデータモデルの代わりに，小さなデータモデルの集まりとして表せるからです．小さなデータモデルそれぞれが個々のコンセプトの状態として定義され，そのコンセプトのアクションは特定のデータモデルを必要とする理由になるからです．

43　**操作の原則**　操作の原則は，コンセプトの振舞いに関して何かしらの重要な特性を持つことを表す定理，あるいは一般化したテストケースのようなものとみなせます．ここで，定理やテストケースはプログラムや仕様の整合性チェックという二次的な役割を担うのに対し，操作の原則は，コンセプトのデザインの前面に位置し，まさにコンセプトの本質（コンセプトを説明する最も説得力のある方法）なのです．

Isaac Newtonは，聡明な人と思われますが，トースターを見て，何をするもので，何のためにあるのだろうと考えたとします．「弱」から「強」と書かれたつまみ，下に押すレバー，そして「取り出し」ボタンがあります．このトースターをNewtonにどう説明しますか？　まさか，（調理時間を決めるダイヤル設定，発熱体のオンオフ状態，出来上がりまでの残り時間を示すタイマーの）状態から説明することはないでしょう．また，例えば，ダイヤルを回すと調理時間に対応する状態の構成要素が調整されるといったアクションの説明から始めることもないでしょう．

トースターの使い道，つまり食パンを焼くという目的を伝えれば良いのです．次に，食パンを2枚入れて，例えば，つまみを真ん中あたりにセットし，レバーを押し下げるという使い方，つまり操作の原則を示します．さらに，つまみを「強」の方へ回しすぎて，トーストが焦げ始めたらボタンを押して，トーストを取り出すという，操作の原則の２つ目のシナリオに拡張すれば良いのです．

状態とアクションは振舞いを完全に定義しているのですが，デザイナーとユーザの両方が必要とする重要部分が欠けています．つまり，コンセプトの（目的によって与えられる）必要性と，（操作の原則によって与えられる）どのように満たされるかが示されていません．

操作の原則は，Michael Jackson[72]を介して，哲学者Michael Polanyi[125]の研究から知りました．機械の操作の原則は「その特徴的な部分（器官）が，機械の目的を達成する全体的な動作に組み入れられて，自身に固有の機能を果たす方法を規定する」と説明しています．

トースターの例は，物理法則では機械を説明できないというPolanyiの観察に基づいています．これは物理学と工学の根本的な違いで工学では「工夫のロジック」が必要です．Polanyiの言葉を借りれば「工学と物理学は異なる学問である．工学には，機械の操作の原則とそれに関係する物理の知識が含まれる．一方，物理学と化学には，機械の操作の原則に関する知識がない．したがって，ある物体の物理的かつ化学的な形状を完全に把握しても，それが機械かどうか，機械だとしたら，どのように動くのか，何のために動くのか，はわからない．機械の物理的かつ化学的な調査は，確立された操作の原則と関連して行われなければ意味がない」[124, p. 39]．

Thimblebyの部分定理　Harold Thimblebyは，ユーザがシステムとのインタラクションを観察することで振舞いに関する定理を推測し，システムを信頼するようになると指摘しています[140]．その定理が真であるか（その場合，しばしば役に立ち），明らかに偽である（その場合，ユーザは無効なことを直ちに知る）かのどちらかであれば問題ありません．

問題はThimblebyが「部分定理」と呼ぶ，大抵の場合に正しい定理で生じます．部分定理は多くの場合に成り立つので，ユーザは普遍的に成り立つと信じるようになるのですが，ある日突然，過った方に向き，厄介な驚きを生じることになります．例えば，フォルダを持つ電子メールアプリケーションでは，「送信済みメッセージ」フォルダには，(1) 送信されたすべてのメッセージが含まれ，(2) 送信されたメッセージのみが含まれると考えるのが自然です．実際は，どちらも真ではありません．前者は，（明らかですが）メッセージを整理する際に他のフォルダに移動できるからですし，後者は，受信メッセージで送信してもいないメッセージを（特段の理由もなく）そのフォルダに移動できるからです．

本章の3つのコンセプトについて，部分定理の例を挙げます．これらの定理はそれぞれ，コンセプト自体では真ですが，実現の状況によって部分的になることがあります．ゴミ箱コンセプトで示した操作の原則は，実はApple Macintoshでは部分定理なのです．後にノート73で説明するように，（ほとんどのユーザはこのような場合に遭遇しないですが）ゴミ箱を空にしても，ゴミ箱のすべてのファイルが完全に除去されるとは限りません．

スタイルコンセプトでは，スタイルを階層化し，親の書式設定プロパティを継承するという拡張が多くあります．ソフトウェアモデルの自動解析に関する筆者の最初の論文[62]では，スタイルコンセプトを具体例として用いて，ありふれた定理が部分的なことがいかにして判明したかを示しました．スタイルの親を変更して，すぐに元に戻せば，取り消しの効果が生じ，スタイルは変更されないと思うかもしれません．意外なことに，多くの実現例では，そうなりませんでした．理由を説明すると驚きが半減するので詳しく説明しませんが，スタイルとその親が書式プロパティに同じ値を設定すると，この事象が生じることをヒントにしておきます．

予約コンセプトでは，操作の原則そのものが明らかに部分定理で，その部分性はほとんどのレストラン顧客が理解しています．予約してレストランに行っても，実際には席が空いていない可能性がわずかながらあります．というのは，レストランは予約を受ける際に，一組の客がどの程度の時間その席に留まるかを想定しなければならないからです．時には長居をする人もいるため，レストランには予約に応じるだけの空き席がないかもしれません．

操作の原則vs.ユースケースとユーザストーリー　シナリオは，ソフトウェア開発の方法で良く使われます．Ivar Jacobson[73]は，要求へのアプローチとして，ユーザがシステムとやり取りしゴールを達成するシナリオからなる「ユースケース」を考案しました．「ユーザストーリー」は類似していますが，構造化されない方法で表現されることが多いです．

どちらも操作の原則とは違いますし，異なる役割を担い，デザインの本質を説明するよりも，機能全体の説明を目的としています．さらに,ユースケースとユーザストーリーはシステムのレベルで用いられ，個々のコンセプトという粒度の小さいレベルでは適用されません．

そこで，要求定義の記述では，通常の使い方だけでなく，例外ケースも含めて，何十，何百ものユースケースがあります．コンセプトデザインでは，コンセプトが目的を達成するのに必要ないくつかのシナリオだけを与え，（例外ケースを含む）詳細はアクション仕様で扱われます．例えば，スタイルコンセプトでは，操作の原則に，スタイルを削除した場合のシナリオを記述する必要はありません．工夫を要するケースになりますが，デザインの本質とは言い難いです．

操作の原則が適切か否かを決めるのは，通常のシナリオとは違って，コンセプトのデザイン全体を，動機付けする方法にあります．どのようにスタイルが機能するのか，という疑問に対して，本文，引用，見出しなどのスタイルを定義し，次に適切なスタイルを選択し適用して，段落の書式を指定できることを示したとしましょう．これは完全に正しいシナリオで，常に，この手順に従っています．ところが，スタイルコンセプトの動機になるシナリオではありません．この簡明なシナリオをサポートするのに，アプリはどのスタイルがどの段落に関連付けられているかを記憶する必要がありません．それほど強力でないコンセプトで十分間に合います．

アジャイル開発では，ユースケースとユーザストーリーは段階的な追加のプログラミング作業によく使われます．これは良いアイデアで，ユーザにとって明確な価値のある機能を段階的に提供するというアジャイルの目標に一致します．ところが，1つまたは少数のユースケースだけに焦点を当てると，不完全なイメージを与えるだけで，次のユースケースへ容易に拡張できないような実現方法になる可能性があります．

例えば，スタイルコンセプトを実現する場合，スタイルを定義し，いくつかの段落に適用するユースケースから始めるとします．このユースケースが既存スタイルを変更しない場合，段落からスタイルへのマッピングは必要ありません．スタイルを段落に適用する場合，スタイルで定義された書式設定を段落に直接適用できます．これは妥当なものですが，コンセプトとしては別のものです．AppleのTextEditアプリでは「スタイル」という名前で提供されていますが，スタイルと段落の関連付けという重要な側面が省略されているので，あまり有用ではありません．スタイルを変更するユースケースを後に実現することになって初めて，プログラムコードを簡単に拡張できないことに気づくでしょう．実際，変更されるスタイルをユースケースに含めるだけでは十分ではなく，段落に適用された後のスタイルを変更するようにしなければなりません．

もちろん，これは小さな例であり，この場合にプログラムコードを作り直すことはそれほど難しくないかもしれません．一方，大規模なシステムの場合では，この種の問題は致命的です．アジャイルアプローチに従うチームが自分自身を窮地に追い込むことがあり，（リファクタリングとして知られている実践ですが）作業結果を捨てなければならない理由を示唆します．

コンセプトは自己完結しており，ほとんど互いに独立しているので，段階的な開発に最適の粒度になります．例えば，コンセプトを用いてワープロを実現する場合，まず段落コンセプトから始めて，テキストを編集する（そして段落に分割する）基本的なプログラムコードを構築します．次にテキストのサイズや書体を変更できる書式コンセプトを実現し，さらにスタイルによって書式を段落に系統的に適用できるスタイルコンセプトを実現すれば良いでしょう．

44 **コンセプトの形式化**　本書では，コンセプトを平易な言葉で表して，プログラムコードや論理に馴染みのない読者が不安を覚えないようにしています．実際には，正確で曖昧さがなく自動解析や実行可能コードへのコンパイルが可能になるような形式記法を用いる方が良いでしょう．Alloy[66]，Z[136]，VDM[75]，B[1]など，コンセプトの記述に適した記法が数多くあります．Alloyは，コンセプト記述の状態コンポーネント宣言や他コンポーネントを用いた制約（図4.4）で使われています．

コンセプトの意味論　計算機科学者や，コンセプト定義が正確に定義することについて厳密な説明を求める読者に向けて，以下で，コンセプトの意味論に関するメモを示します．コンセプトの振舞いに焦点を当てますが，まだコンセプトの目的を形式化できていません．

コンセプトの振舞いを，最も単純な言い方だと，ステートマシンとして見ることができます．**図E.3**は，ゴミ箱コンセプト（**図4.2**）のステートマシン部分を示します．初期状態では，アイテムにアクセスすることもゴミ箱に入れることもできず，アイテム作成だけが可能なアクションです．*create(i0)* アクションを実行すると，新しい状態になり，アイテム *i0* にアクセス可能になります．*delete(i0)* を実行すると，アイテムがゴミになる第三の状態に至り，削除を取り消す *restore(i0)* と初期状態に戻す *empty()* という2つのオプションがあります．

この小さなステートマシンは，1つのアイテム *i0* に対するアクションしか持ちません．コンセプトは，何らかのアイテムの集合 *Item* を考えていて，有限集合でなくても良いことから，マシンは実際には無限個あります．図示できなくても，定義することは可能です．初期状態から始めて，各アクションを順に考えます．その状態でアクションが許可されているとあれば，指し示す状態への遷移を追加し，これを可能なアクションごとに繰り返します．次いで，生成した新しい状態に対して，外向きのアクションを見つけ，先の方法を続けることで，マシンを拡張します．

（コンセプト定義言語には，初期状態を定義する構文が含まれるのですが，ここまでの例で不要だったのは，状態を集合と関係で構成し，空集合から開始することを前提としていたからです）．

遷移関係，事前条件，デッドロック　アクションの意味は，数学的には，関係

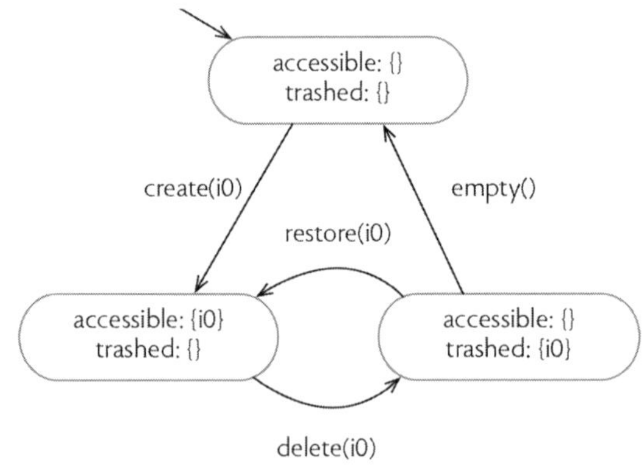

図E.3　ゴミ箱コンセプトのステートマシン

です．状態の集合Sをもつコンセプトが与えられたとき，集合Xを引数にとるアクションAには，関連する関係

$$trans(A) \subseteq S \times X \times S$$

があり，これは，アクションのすべての遷移(s, x, s')からなります．ここで，sは前状態，xは引数，s'は後状態です．複数の引数を考慮する時，Xをタプルの集合とします．

遷移関係は全域の必要はありません．後状態s'が存在するような前状態sと引数xの組の集合をアクションの事前条件と呼びます．事前条件が成り立たない場合，アクションは有効でなく発生しないでしょう（これは，プログラミングでの関数の事前条件の考え方と微妙に異なります．関数では，呼び出しを妨げるものがないので，事前条件は責務を表します．つまり，事前条件を満たさないで関数を呼び出すと，何でも起こり得ると考えます）．

どの状態でも，任意の数のアクションが有効になり得ます．ある状態に達すると，そこから何もアクションが起こらないコンセプトをデザインすることもできます．これはデッドロックと呼ばれ，コンセプトがこれ以上何もできないことを意味するので，望ましくありません．

通常，コンセプトは，各々が寿命を持つオブジェクトの集合を具体的に表します．個々のオブジェクトの寿命が尽きることはあります．しかし，集合は有界ではないので，集合全体としての振舞いが終わることはありません．例えば，予約コンセプトでは，個々のリソース（例えば，レストランの夕食時間帯）の寿命を扱い，リソースが消費されると寿命が尽きます．ところが，新しいリソースをいつでも追加できるので，コンセプト全体としては実行し続けることができ，デッドロックは発生しません．

アクションの形式化　状態とアクションは，先に述べたどの言語でも容易に形式化できます．例えば，図4.7で非形式的に定義した予約アクション

```
reserve (u: User, r: Resource)
    when r in available
    associate u with r in reservations and remove r from available
```

は，Alloyで形式的に書くと，このようになります．

```
pred reserve (u: User, r: Resource) {
    r in available
    reservations' = reservations + u -> r
```

```
    available' = available - r
  }
```

(inはAlloyのキーワードなので) 事前条件は同じで，(Alloyでは事前条件は暗黙なので) キーワードは必要ありません．最後の2行は，2つの状態成分の (プライム付きの名で示される) 新しい値を，各々の古い値を使って定義しています (プライムはElectrum[20]拡張によってAlloyに導入された略記法です)．

コンセプトの新しい言語をデザインする場合，関係の定義域を更新する操作的な構文を用いて，以下のような書き方で，同じ意味を表すようにします．

```
reserve (u: User, r: Resource)
    when r in available
    u.reservations += r
    available -= r
```

これは，プログラミング言語CLUに従って，C言語スタイルの簡易表現を一般化した方法で，*e1 op= e2*という形の文は，*e1' = e1 op e2*を意味します．上の2行目は暗黙のフレーム条件にしたがった更新制約の簡易表現です．

```
u.reservations' = u.reservations + r
all p: User | p != u implies p.reservations' = p.reservations
```

トレースと状態の観測　ステートマシン形式は簡明で機械的な性質を持つ一方で，実際には，より抽象的な見方が有用です．コンセプトの「トレース」を，可能なアクションの有限の履歴の集合として定義できます．ゴミ箱コンセプトでは，以下のようなトレースがあります．

```
<>
<create (i0) >
<create (i0), delete (i0) >
<create (i0), delete (i0), empty () >
<create (i0), delete (i0), restore (i0) >
…
```

これらのトレースを観察するだけでなく，コンセプトを利用する際は，任意の時点での状態を観測できます．つまり，関数

```
state: Trace -> State t
```

はトレースを対応して生成された状態にマップします．空のトレースが作る状態*state (<>)*は，初期状態です．より長いトレース後の状態は，アクション定義で与

えられたルールに従って，各アクションを順に適用して計算できます．ですから，あるアイテムを削除した後，そのアイテムはゴミ箱の中にあります．

state (<create (i0), delete (i0)>) = {accessible: {}, trashed: {i0}}

また，ゴミ箱を空にした後は，そのアイテムは永久に除去されます（そして，たまたま初期状態に戻っています）．

state (<create (i0), delete (i0), empty ()>) = {accessible: {}, trashed: {}}

システムアクションと決定論　コンセプトは決定論的と仮定されます．つまり，アクションに附随する遷移関係は関数的で，アクションを有効にする状態と引数値が与えられたとき，実行後の状態は高々1つです．

トレースは常に確かに1つの状態を導くので，これによって状態関数が定義できます．決定論のもう1つの帰結は，アクション実行を勝手に抑止できないことです．アクションが起こり得るかどうかは，アクションが起動される状態から（事前条件によって）定義されるので，ある時点までに起こったトレースがわかれば，特定のアクションが続くかを予測できます．

すべてのアクションがユーザによって実行される必要はありません．一般に，異なるカテゴリのユーザが実行するアクションの集まりは異なります．ユーザが関わることなく自発的に実行されるシステムアクションも考えることができ，コンセプトの表記に特別なキーワードで印付けすれば良いでしょう．例えば，フライト予約システムの座席割り当てコンセプトには，顧客*c*を航空機*f*の座席*s*に割り当てる次ようなアクションがあるでしょう．

system assign-seat (c: Customer, s: Seat, f: Flight)

座席の選択は（ユーザではなく）システムが行うので，航空券を購入したユーザが，一見任意に座席を割り当てられるというシナリオを記述できます．これはある意味でユーザの要求に対する非決定的な出力結果と思えます．しかし，座席選択の結果がシステムアクションの引数として見えるので，このコンセプトは，やはり決定論的です．実際上，少なくとも良いデザインでは（多くの航空会社が選択するデザインでないかもしれませんが），このようなアクションは，割り当てられた座席をユーザに知らせる通知と同期されます．

操作の原則のロジック　操作の原則の形式化は容易です．何らかの時相論理を用いることができるのですが，これまで形式的でない方法で示した定義のスタイルに近いので，ここでは，ダイナミックロジック[53]で表現する方法を説明します．

ダイナミックロジックの基本形は*[a]p*で，これは動作*a*を行った後に述語*p*が必ず成り立つこと，また，*<a>p*は，動作*a*を行った後，述語*p*が成り立つかもしれないということです．以下に示す操作の原則では，最初の形式だけが必要なので，様相演算子（[・]）を省いて，*[a]p*の代わりに*a{p}*と書くことにします．

アクションは，複合アクションにできます．*a*の後に*b*が続く逐次合成*a;b*，*a*が0回以上出現する繰り返し*a**，*a*か*b*のいずれかが生起する選択*a or b*，*a*ではないアクションを示す否定 *not a*を用います．また，アクションの前提条件を抽出する特別な演算子*can*を仮定し，*can a*がアクション*a*の生起可能な状態を示します．

これらの演算子をもとに，本章の操作の原則を形式化できます．ゴミ箱コンセプトでは，以下のような非形式的な記述

after delete (x), can restore (x) and then x in accessible

は，2つの形式的な表明になります．

delete (x) {can restore (x)}

delete (x); restore (x) {x in accessible}

スタイルコンセプトでは，非形式的な記述

after define (s, f), assign (e1, s), assign (e2, s) and define (s, f′), e1 and e2 have format f′

は

define (s, f); assign (e1, s); assign (e2, s); define (s, f′) {e1.format = e2.format = f′}

になります．予約コンセプトでは，非形式的な記述

after reserve (u, r) and not cancel (u,r), can use (u, r)

は

reserve (u, r); (not cancel (u, r)) {can use (u, r)}*

です．

操作の原則を厳密に表現するのに裁量の余地があり，形式化に際して，いくつかの選択肢があります．例えば，予約に関する原則では（キャンセルがないと仮定して）予約からリソース利用までの間にアクションを許していますが，なぜ，ゴミ箱では同じ柔軟性を表現しないのだろう，と思うかもしれません．後者の場合，次のように書くことができるでしょう．

delete (x); (not (restore (x) or empty ())) {can restore (x)}*

アイテムを削除した後，そのアイテムを復元する前に，（2度復元できないので）復元とゴミ箱を空にする以外のアクションを行うことができます．

このように表さなかった理由は（大した理由ではないですが），ゴミ箱に関す

る原則で表したシナリオは珍しいものではなく，誤って削除して直ぐに復元することがよくあるからです．ところが，予約コンセプトでは，予約の合間に何の予約も発生せず，予約が使用につながるというシナリオは非現実的で，良い例とはいえません．

線形時相論理版　操作の原則は，線形時相論理（LTL）[123]で表現することもできます．LTLとダイナミックロジックは表現力が同等ではありませんが，どちらも操作の原則の一般形，すなわち，可能なアクション列の後に，ある条件が成り立つことを表現できます．Alloyの最新版[20]は，LTL演算子を含み，予約コンセプトの操作の原則

after reserve（u, r）and not cancel（u,r）, can use（u, r）

は次のように表現できます．

```
all u : User, r : Resource |
    always reserve [u, r].then [can_use[u, r].while [not cancel[u, r]]]
    }
```

ここで，*then*と*while*演算子をマクロとして定義しました．

```
let then [a,b]{a implies after b}
let while [a,b]{not b releases a}
```

この定式化は，ダイナミックロジックによる形式化に比べると，少し直感的でないように思えますが，直ちにAlloyで使えるという大きな利点があり，実行や検査を自動的に行えます（この例を提供してくれたAlcino Cunhaに感謝します）．

時相論理における実動作　実は，ダイナミックロジックも線形時相論理も，操作の原則が意味する内容を正確に捉えていません．というのは，両方とも，アクションの生起を状態遷移と同等に扱うからです．

例えば，予約コンセプトの操作の原則（図4.7）で，式*cancel(u,r)*は，どちらのロジックでも，引数*u*と*r*を持つ*cancel*アクションの実行によって生じる遷移と一致します．*retract*アクションが，たとえ予約されていてもリソースを撤回できるように（異なるように）定義されていると，*reserve(u,r)*アクション後，*retract(r)*と*cancel(u,r)*は全く同じ効果（すなわち，ユーザ*u*のリソース*r*の予約取り消し）になったでしょう．ところが，操作の原則での*cancel(u,r)*の記述を，ユーザ*u*によるリソース*r*の予約が*retract*ではなく*cancel*によって取り消された場合にのみ適用されるようにしたいのです．この違いを明らかにするには，アクションの名前が重要な意味を持つような，より豊かな意味論を必要とします．

Leslie Lamportが考案し，強力なモデルチェッカーでサポートされたエレガントなロジックのTemporal Logic of Actions[85]も，アクションを明示的に表しません．書籍の題名から想像するのは難しいですね．Alloyの時相論理と同様，（あまり良い名称でないですが）「状態遷移のロジック」と表現する方が正確かもしれません．

オブジェクトの分類　*create(i0)*のようなアクションの事象が起きるという話をしましたが，オブジェクト*i0*がどのようなものかはまだ説明していません．オブジェクトを識別し，整理することはデザイン過程の重要な部分であり，オブジェクトをさまざまな種類に分類することが役立ちます．以下では，オブジェクトを分類する3つの軸，役割，可変性，解釈性を説明します．

オブジェクトの役割　ソフトウェアシステムで，オブジェクトが果たす役割は3つです．まず，オブジェクトは資産の役割を果たすことがあります．資産には固有の価値がありますが，その価値はユーザによって，また状況や目的によって異なる場合があります．写真，オーディオトラック，ブログ投稿，コメントなど，物理世界で馴染みあるものに対応する資産があります．一方，証明書，権限，能力，パスワードなど，特にセキュリティ関連のものは，より抽象的です．

第2に，オブジェクトは名前の役割を果たすことがあります．名前は，他オブジェクトを特定したり，識別したりするのに使用されます．名前が付されたオブジェクトは物理的な実体で，社会保障番号が人物を，シリアル番号がカメラを，住所が建物を特定します．また，世の中に存在する一方で物理的な実体でないこともあります．日付は過去または未来の一日を表し，商品コードは（例えば，ロックスベリー社のラセットアップルに対応する）商品カテゴリを表します．また，仮想的で計算機内にのみ存在する実体もあります．電子メールアドレスは電子メールアカウントを，ドメイン名はサーバを，ファイルシステムのパス名はファイルやフォルダを表します．

名前は，通常，厳密に1つのものを指し，曖昧さがないものですが，その解釈は状況に左右されます．例えば，小さな会社では，（ジョン・スミスがもう一人現れない限り）社員の名前を姓と名の組み合わせで呼べば良いでしょう．名前は他オブジェクトの代理名として使われることもあります．例えば，ほとんどの人が自分の携帯電話番号を持つので，電話番号を人の名前として使用することがよくあります．

オブジェクトの3つ目の役割は，単なる値としての役割です．値は，資産や名前と異なり，それ自体では意味を持ちません．他のオブジェクトとの関係から意味が生じます．例えば，80という数字は，人の年齢かもしれないし，湖の水温（華氏）かもしれないし，この1時間のWebサイトへのアクセス数かもしれません．

オブジェクトがどのような役割を担っているのかを知ることは，デザインの本質で，デザインに関わる問いにつながります．資産であれば，誰が所有していますか？　プライバシーは重要ですか？　どのように検索しますか？　名前だと，どのような状況で解釈されますか？　本当にユニークですか？　有効期限はどのくらいですか?　値については，何を表しますか？　単位はありますか?　2つの異なる値を比較できますか?　といった具合です．

同じオブジェクトでも，コンセプトによって役割が異なることがあります．Hacker NewsというWebサイトでは，ユーザはWebページへのリンクだけの投稿に賛成やコメントを付けます．投稿コンセプトでは（Webサイトに関する他のコンセプトでも），投稿は資産になりますし，リンクをたどる機能を提供するurlコンセプトにとって，投稿は名前になります．

オブジェクトの可変性　可変オブジェクトは，時間とともに変化するオブジェクトです．この見方が意味を持つには，オブジェクトのアイデンティティと値を区別する必要があります（ここでいう「値」は，プログラミングで使われているもので，先ほど説明した役割の分類での「単純な値」のような特殊な意味ではありません）．「変化する」とは，オブジェクトのある時点での値が，別の時点における値と異なることを意味します．

どこにアイデンティティがあり，どの値を置き換えるかは，通常，微妙な問題で，客観的な現実というよりも，記述の仕方によって決まります．例えば，2次元の画素配列で構成されたPhotoshopの画像を考えます．この画像に，より暗く見えるような調整を施したとします．このとき，画像の値を変更して，別の画素配列に変えたのでしょうか？　配列はそのままで，配列が含む画素を変えたのでしょうか？　それとも，配列と画素はそのままで，画素の値だけを変えたのでしょうか？　プログラマーの立場からすれば，どれが正しいかはプログラムコードを見ればわかるかもしれません．ところが，ユーザにとって，どれかに説得力があるとは言い難いのです．

ところで，アイデンティティは名前と同じではありません．オブジェクトのアイデンティティと値の関係は，箱とその中身の関係に似ています．名前は，オブジェクトの参照を可能にし，オブジェクトを見つけることもできます．これに対してアイデンティティは，あるオブジェクトを他から区別するだけです．

コンセプトはアクションの同期によってのみ情報を交換するので（第6章参照），アクションの引数として渡されるオブジェクトは不変でなくてはなりません．そうでなければ，あるコンセプトのアクションが他のコンセプトと共有されるオブジェクトを変更し，その結果，情報のやり取りが隠れたところで生じるかもしれません．これは，（別名など）プログラミング言語にとって不都合な複雑さをもたらします．プログラミング言語のデザイナーが，可変性を除去しないとしたとしても，何とか対処してきた複雑さです．

コンセプト内では，可変オブジェクトを使ってコンセプトの状態を解釈するのは自由です．しかし，すべてのオブジェクトが不変でオブジェクト間の関係のみが変更するという解釈ほど有効ではありません．例えば，予約コンセプトの記述（図4.7）では，「予約」オブジェクトは明示的に存在しません．予約は，ユーザからリソースへの関係reservationのタプルとして表現されます．

解釈型と非解釈型　オブジェクト分類に使える最後の第三の軸は，オブジェクトが解釈されるかどうかです．コンセプトに関わるオブジェクトの多くは，（中身が見えない）不透明であるかのように扱われます．コンセプトの振舞いでは，等しいかだけが定義されています．つまり，変数あるいは状態コンポーネントに保持されているオブジェクトが，他で保持されているオブジェクトと同じかどうか，ということです．

例えば，予約コンセプトの*cancel(u,r)*アクション（図4.7）は，ユーザ*u*のリソース*r*の予約をキャンセルするもので，*u*と*r*という名前のオブジェクトと予約関係に格納されているオブジェクトを比較します．アクションからは，ユーザやリソースが他と区別できる限り，ユーザやリソースは何でもよいのです．

これに対して，ユーザがアイテム*i*を数字*n*（例えば0～5の数）で評価するアクション*rate(i,n)*を持つ評価コンセプトを考えましょう．この場合，アイテム*i*は解釈されませんが，数*n*は整数として解釈され，アイテムの評価の平均を計算できます．

なぜこの区別が重要なのでしょうか？　第6章で説明するように，同期によって，コンセプトから別のコンセプトへ渡されるのなら，2つのコンセプトは，その型のオブジェクトを一貫して取り扱う必要があります．非解釈型であれば容易で，オブジェクトへの参照が同一オブジェクトであれば良いです．解釈型では事情が複雑で，2つのコンセプトがオブジェクトに同じ解釈を与えなければなりません．例えば，共有オブジェクトが050721という形式の日付の場合，これを5月

7日（典型的なアメリカのmm/ddの表記に従う）か7月5日（イギリスのdd/mmの表記に従う）かに関して，コンセプトが合意しなければなりません．

解釈型と非解釈型の区別は，置換不変性から定式化できます．コンセプト記述に現れる型Tには，その型の変数が保持できるオブジェクトの集合$Objs(T)$があります．Tの置換は，集合$Objs(T)$から自身への1対1の関数全体です．

引数x^0がタイプT^0，x^1がタイプT^1などを持つアクション$a\ (x^0, x^1, \cdots)$に置換pを適用すると，$T^i = T$ならy^iが$p(x^i)$，それ以外はx^iとなるような$a\ (y^0, y^1, \cdots)$です．置換はトレースと状態に対しても定義されます．

これで，不変性を表現できます．型Tの置換pとコンセプトCのトレースtに対して，置換したトレース$p(t)$がCのトレースで，かつ，$state(p(t)) = p(state(t))$であれば，型$T$はコンセプト$C$で非解釈性を示します．

例えば，予約コンセプトと終了状態からなるトレースが次のように与えられたとします．

<provide (r0), reserve (u0, r0), cancel (u0, r0)>

available: {r0}, reservations: {}

資源*r0*と*r1*を入れ替えを行う置換を適用すると

<provide (r1), reserve (u0, r1), cancel (u0, r1)>

available: {r1}, reservations: {}

で，これも有効なトレースと終了状態です．この不変性の条件は*User*あるいは*Resource*のどのような置換ならびにどのようなトレースにも成り立つので，これらのタイプは両方とも非解釈性を示します．

この例の非解釈性は驚くことではありません．というのは，これらはジェネリックな型変数で，定義から，コンセプトはオブジェクトに関して何も仮定できないからです．一方，通常のジェネリックでない型も非解釈のことがあります．例えば，Todoコンセプトのtask型（図6.2）は非解釈です．このコンセプトには，指定内容のタスクを検索したり，スペルをチェックしたりといった，タスクの「内側」を見る必要のある機能を持たないからです．

ある型が解釈型かを調べるには，アクションの状態更新の際にオブジェクトに施す操作を見る必要があります．もし，集合や関係，等号などの「論理的な」操作だけが含まれていると，その型は非解釈型です（Alloyの基礎となる関係論理を発明したAlfred Tarskiは「論理的な見方」はユニバースの置換に対して意味が不変なものと特徴付けました[138]）．

45　**データモデリングでの関係の威力**　スタイルコンセプトで状態コンポーネントの派生定義を，次のように書き表しました（図4.4）.

format = assigned.defined

これは*format*関係が*assigned*と*defined*の関係合成または「join」であることを示します．このような制約は，図式的に解釈できます（図E.4左）．*format*ラベルが付された矢印からの経路は，*assigned*ならびに*defined*のラベルが付された矢印からなる経路と等価です．

あるいは，言葉だとまだるっこしいですが，ある*Element*に関連する*Format*を得るのに，*format*関係を1ステップでたどることができますし，あるいは，関連する*Style*を得るのに，最初のステップで（その要素に割り当てられたスタイルを得る）*assigned*関係をたどり，次に2番目のステップで（そのスタイルが定義する書式を得る）*defined*関係を経ることもできます．この図では，デザインがどのように間接的な関係を利用するかも明確です（ノート48を参照）.

関係をグラフの矢印や経路として考えるのは，直感的で，コツさえつかめば役立ちます．ですから，関係でデータモデルを記述する（そして図として描く）理由になります．データモデル図を見て，どのように経路が関連するかを考えるだけで，課される可能性のある制約を簡単に発見できます．図E.4（右）はGmailのラベルについての状況を示していて，同じ形式の制約が課されます（第8章で説明するのですが，いくつかの深刻な問題の原因であることが判明します）.

このモデリングスタイルはAlloy[66]のエッセンスであり，先駆者のZ記法[136]に触発されました．他の表記法では，このようなナビゲーション的な見方はサポートされていません．一階論理では，限量子が必要です．

$\forall$ *e: Element, f: Format* | (*format*(*e, f*) $\Leftrightarrow$ $\exists$ *s: Style* | *style*(*e, s*) $\land$ *defined*(*s, f*))

オブジェクト指向スタイルでは，こんな風に書けば良いと思うかもしれません．

$\forall$ *e: Element* | *e.format = e.assigned.defined*

ところが，*e.assigned*が未定義で，不正な形式になることがあります．この問題の解決策は，（要素がマッピングされていないときは空ですが）式が値の集合を表すとし，集合上のナビゲーションと考えることです．これはまさにAlloyが行っていることで，マッピングを関係とし，ドットを関係結合として扱っています．

46　**ニアミスは必ずしも悪くない**　ニアミスのコンセプトは，必ずしも悪いデザインというわけではありません．スタイルコンセプトは，常に維持すべき構造を複雑化します．AppleのColor Pickerはシステム全体のパレットを提供し，特定

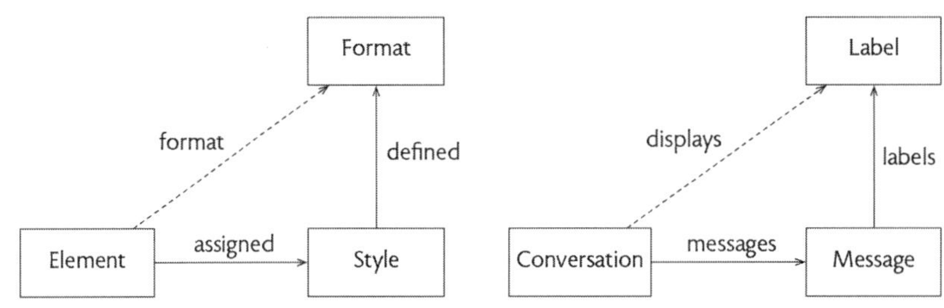

図E.4 スタイルコンセプトのデータモデル（左）とGmailのラベル（右）

アプリケーションのドキュメントは，何らかの方法でこの外部パレットに名前を付ける必要があることから，個別の依存関係を導入せざるを得ません．

47 **悪い衝突の検出：航空機予約の例**　予約コンセプトに共通する特徴に衝突検出があります．衝突する予約をできないようにすることで，ユーザによるシステム悪用やキャンセルの可能性がある予約を防ぎます．

衝突ルールが合理的な使い方を邪魔することもあります．日曜日の午前中にボストンからシンシナティに行って，午後の結婚式に出席し，その日の夜に戻りたいことがありました．往復航空券はなかったのですが，往復とも空席がありました．そこで，往路と復路の2つの予約を入れようとしました．ところが，航空会社のシステムでは，2つの便を同時に予約することはできず，「同じ日に異なる2つの都市から出発する便は利用できません」というメッセージが表示されてしまいました．

48 **コンセプトの特徴**　本文では，コンセプトの本質的な性質や特徴のいくつかを示しているだけなので，より深く知りたい読者にとって，詳しい説明が役立つと思います．

コンセプトは発明と関係　哲学者が概念について語るのは，多くの場合，世界に存在するものを分類する方法に関してです．「犬」や「猫」といった概念で動物を分類します．18世紀初頭，Carl Linnaeusは，現在も使われている生物の分類法を開発し，概念を特徴から定義しました．例えば，鳥は卵を産み，羽があり，温かく黒い血で，「空を飛び，歌う」です．

(Linnaeusの功績は，分類の結果よりも，分類するという考え方にあります．1831年に出版された『The Ornithological Dictionary; Or, Alphabetical Synopsis of British Birds』では，「既知の鳥類の3分の2以上が鳴かないこと，ヒクイドリ，ダチョウ，ペンギンなど多くの鳥は十分な羽がなく飛べないこと」を指摘し，自身の分類が完璧とは言えないと述べました）．

これに対して，ソフトウェアアプリやサービスのコンセプトについて語る時には発明されたものを指します．アプリのデザイナーが発明したものではないかもしれませんが，ある時点で誰かが発明したものです．納税管理アプリが社会保障番号のコンセプトを生み出したわけではないですが，このコンセプトは犬や猫のように元々世界に「存在」していたわけではありません．1936年に，新しい社会保障制度のもとで，米国の労働者の所得記録の方法として発明されたのでした．

ゴミ箱コンセプトはAppleが発明したもので，MicrosoftやHewlett Packardとの法廷闘争の焦点となりました．最終的に，Appleはこのコンセプトの所有権を失いましたが，名称の権利は保持しました（Windowsで「recycle bin」と呼ばれる理由です）．

スタイルコンセプトは，1970年代初頭にXerox PARCのLarry TeslerとTim Mottによって発明されました．スタイルの考え方は，1970年代初頭にXerox PARCでButler LampsonとCharles Simonyiが率いるチームが開発した最初のWYSIWYG文書作成システムBravoに導入されました．PARCのLarry TeslerとTim Mottが，ボストンの昔ながらの印刷会社Ginnを訪れて，テキストのマークアップの方法を学び，スタイルの考え方を思いつきました．その後，Simonyiは，スタイルの考え方をBravoに搭載し，また，Wordの開発を主導し，Microsoftに持ち込みました．

予約コンセプトは，少なくともレストランでは，19世紀に大都市のレストランで席と個室の事前予約が始まったときに発明されたと思われます．このように，社会基盤として不可欠なコンセプトに着目し，その起源を解明するのは楽しいゲームです．Atlantic誌のライターのAlexis Madrigalは，歴史家のRebecca Spangの協力を得て，レストランの予約について調査しました．なぜ20世紀に入ってから予約が始まったのかは定かではありませんが，電話の普及よりも，レストランでの外食がより広く普及した社会的な変化と関係があるようです（参照：Alexis Madrigal, "Where restaurant reservations come from: A journey into the mysterious origins of the pre-arranged table." Atlantic，2014年7月23日）．

コンセプトは進化　時を経ると共にコンセプトの利点と限界が明らかになり，これにつれて，デザインは進化します．小さな改良が何年も，あるいは何十年にもわたって積み重ねられることがあります．スタイルコンセプトは，Xerox PARC

のBravoテキストエディタに初めて登場したときは，非常に原始的でした．組み込みスタイル集が決まっていて，ユーザはスタイルの書式プロパティを調整することはできても，新しいスタイルを作成できませんでした（Google Docsアプリでも同じことです）．この制限はMicrosoftWordの最初のバージョンにも引き継がれましたが，最終的には，コンセプトが拡張されて，ユーザ定義スタイルや，スタイル集をパッケージ化するスタイルシートなどを含むようになりました．

何年もかけて改良されてきたデザインの好例が，グループコンセプトです．グループコンセプトは，お絵描きやレイアウトのプログラムで使用されており，複数のオブジェクトを結合して，（多くの点で）1つのオブジェクトとして扱えるようにするものです．ところで，長い間，このデザインには厄介な欠点がありました．グループ化したオブジェクトのうち，1つのオブジェクトを少し修正したい場合，いったんグループを解除し，該当するオブジェクトを選択して修正し，再度グループ化するしかありませんでした．グループ内のオブジェクト数が多い場合や，グループ自体にプロパティ（アニメーションの順番など）が割り当てられている場合，グループを解除するとそのプロパティが失われるので，大きな負担となりました．

約10年前，グループコンセプトが登場して数十年後，Appleは，その後，広まる賢い解決策を考案しました．シングルクリックでオブジェクトを選択し，そのオブジェクトがグループに属している場合は，グループ全体が1つのオブジェクトとして選択されます．ダブルクリックでグループ内のオブジェクトを選択すると，そのオブジェクトを個別に編集することができ，実質的にグループを「開ける」ことができます．グループ内の他のオブジェクトをクリックすると，そのオブジェクトが選択されます．グループ外のオブジェクトや背景をクリックすると，グループ化されたオブジェクトの選択が解除され，グループを「閉じる」ことができます，グループを構成するオブジェクトに加えられた変更以外は，編集前の状態に保たれます．

コンセプトの中には，別の形で進化し，目的の変化に応じた振舞いに変えるものがあります．例えば，Facebookの投稿コンセプトを考えましょう．当初，投稿の文字数は160文字に制限されていました．その後，2008年3月には420文字，2011年9月には5,000文字，そしてわずか2ヶ月後の2011年11月には6万文字に制限を拡大しました．このように，投稿コンセプトは，短いメッセージの提供から，長い記事の公開を支援するという，まったく異なる目的に形を変えました．

最新の制限について，Facebookは，50万字の典型的な小説を9つの投稿で共有できるとしています．

この投稿コンセプトの進化は，Facebookのプロフィールコンセプトが遂げた，小さく見えるけれど大きな変化に対応しています．Facebookが誕生した当初は，ユーザ同士がお互いのプロフィールページを訪れ，そこに掲載されている情報や写真を見ることを想定していました．プロフィール変更は，状態更新によって，ユーザ同士が互いに通知し合いました．この状態更新は，後に投稿と呼ばれるようになり，そのサイズと重要性が増し，投稿がコンテンツそのものになりました．現在，Facebookユーザのプロフィールにアクセスすると，目を引くのはプロフィールではなく，ユーザの投稿を時系列で表示するタイムラインです．

コンセプトとは目的　コンセプトには目的があります．そのために発明されたのです．ゴミ箱の目的は削除を取り消すこと，スタイルの目的は一貫した書式を維持すること，予約の目的はリソースの効率的な使用を達成することです．

説得力のある目的が定まらなければ，おそらくコンセプトはないのでしょう．このことは，ソフトウェアデザインの議論の中心がコンセプトではない場合があることを意味します．システムのユーザはコンセプトではありません．ユーザに関連するデータがある場合，（リソースのユーザを特定する）認証や（1ユーザのトランザクションを集約する）アカウントなど，容易に特定できる目的に対するコンセプトがデータに関連して存在するのでしょう．

初心者は，デザインを実世界に当てはめたときに重要な実体はコンセプトでなければならないと思いがちです．銀行のソフトウェアシステムをデザインしているとしたら，銀行そのものがコンセプトであるべきと考えるかもしれません．しかし，おそらく全くの誤りでしょう．データモデルには（そしてシステムのプログラムコードにも），銀行オブジェクトがあるのでしょう．しかし，これらのオブジェクトの構造は，他のコンセプトをサポートするものである可能性が高いのです．ほとんどの銀行はFDICの証明書番号を持ち，これはFDIC保険コンセプトの主要な識別子です．同様に，銀行のABA番号は，特定の役割，つまり銀行間移動というコンセプト用に割り当てられた識別子で，動物の足の数やワインの年代のような固有の性質ではありません．

もちろん，銀行はある目的から発明されたからといって，そのそもそもの目的が，銀行をシステムに含める理由にはなりません．かなり微妙なのです．世の中の何かに目的があるからといって，ソフトウェアシステムが参照するコンセプトになるとは限らないのです．ソフトウェアデザイン自体の目的である場合にのみ，目的として適切です．つまり，レストラン予約システムで，予約がコンセプトとなるのは，そのコンセプトが実世界で目的を持つだけではなく，システムの中で同じ目的を持つからなのです．

この違いを明らかにするのに，銀行の融資管理システムを考えましょう．このシステムには，融資や担保といったコンセプトがあるのは明らかです．ここで，ある人が信用できるかどうかを判断するのに，その人が保有する不動産，銀行口座，株式などの情報を集めるとします．これらはコンセプトになるでしょうか．ならないでしょうね．株取引システムでは，株式は間違いなくコンセプトです．一方，融資管理システムでは，株式コンセプトの目的は無関係で，株式などの保有物は借り手を評価する資産に過ぎません．このシステムでは，株式コンセプトの目的に関わる株式の振舞いは関心外で，重要なのは，借り手が時間と共に価値が変動する何らかの財産を保有していることです．つまり，システムにとって株式は関連のないコンセプトで，資産は関連するコンセプトでしょう．その目的は，融資のリスクを評価すること（そして，おそらく担保の役割を果たすこと）です．

このように，同じオブジェクトやオブジェクトの集まりでも，状況に依存して属するコンセプトが異なると見なせます．保有株式は取引システムの株式であり，融資システムの資産ですし，書籍はデスクトップパブリッシングシステムで出版物であり，図書館システムで保有物になるでしょう．

これは新しい考え方ではありません．1970年代には，チューリング賞受賞者のCharles Bachmanが，ネットワークデータベースモデルを拡張して，エンティティを「役割セグメント」で補完する役割モデルを開発しました．Bachmanによれば，役割は「異なる種類のエンティティが示す可能性のある振舞いパターン」です[7]．その振舞いによって物事を分類するのは，コンセプトの本質でもあります．役割という考え方は，それ以来，プログラミングやソフトウェア開発の中で繰り返し登場しました．操作によって定義される横断的な型（Javaのインターフェースなど）の考え方を動機付けるもので，「Object Oriented Role Analysis and Modeling（オブジェクト指向役割分析とモデリング；OOram）」として知られる開発手法の中心です[128]．

コンセプトは振舞い　これまで見てきたコンセプトには，静的な構造（状態）と動的な振舞い（アクション）がありますが，コンセプトを定義するのは振舞いです．ゴミ箱コンセプトのユーザにとって，ゴミ箱にアイテムがあるかどうかは二の次で，より重要なのは，アイテムを復元したり永久に除去したりできることです．スタイルコンセプトのユーザにとっては，スタイルを変更すると，そのスタイルが割り当てられている段落すべてが同時に更新されることです．この重要な振舞いの前提条件として，ワープロが各段落のスタイルを記憶するようになっています．そして最後に，レストランの顧客は，席を予約し，店に行けば空席があるとします．レストランが予約台帳を使うかは，顧客にとって何の興味もありません．

このようなコンセプトの性質から，簡明な経験則が導けます．振舞いが定義されていなければ，コンセプトがないのと同じです．写真編集アプリをデザインしていると，ピクセルをコンセプトにしたくなることがあるかもしれません．確かに，厳密さにこだわらなければ，コンセプトではあります．ところが，ピクセルに関連する振舞いは何でしょうか？　この問いは，真のデザインコンセプトに導きます．振舞いは，ピクセルの配列で構成された写真を受け取って，すべてのピクセルを暗くしたり明るくしたりして編集することでしょう．つまり，コンセプトは調整することです．あるいは，ピクセルを赤・青・緑の3原色に分割し，その1色だけを画像の全ピクセルに対して編集することが振舞いかもしれません．また，重なり合った複数の配列のピクセルを組み合わせて画像を構築する振舞いであれば，レイヤーというコンセプトになるかもしれません．

デザインする観点から有用なのは，最初に振舞いを特定することです．というのは，振舞いがなければ，デザインすることがほとんどできないからです．ソフトウェアアプリの複雑さは振舞いから生じます．例えば，写真ライブラリをデザインする場合，写真にカメラ設定，露光時間，撮影場所などを含むメタデータフィールドの集まりがあるとします．このメタデータの保存と検索は当然重要ですが，最初に考えるべきは「どのようなメタデータフィールドがあり，どのような構造になっているのか」ではありません．むしろ，「メタデータを使って何をするのか？　写真のメタデータは変更可能か？　写真の露光時間は変えられるのか？　メタデータにユーザ固有のフィールドを追加することは可能か？　どのような並べ替えや検索が可能か？　写真を共有するとき，プライバシーを守るためにメタデータを消去できるか？」といったことは写真ライブラリーのデザインに影響を与える本質的な問いかけです．写真のメタデータが更新可能な静的構造であると仮定するのに比べて，メタデータのコンセプトをより豊かにすると思われます．

コンセプトの状態は多様　コンセプトの状態の構造は，動的な振舞いに対して２次的ですが，重要な役割を果たします．構造に特段の意味がない場合，コンセプトが縮退していて，本当の意味でのコンセプトでないという証拠になることがあります．

状態の構造を探し求めると，振舞いの場合と同じように，真のコンセプトに近づけます．パスワードというコンセプトが，簡単にパスワードそのものとは推測されない基準だけだとしたら，たいしたコンセプトではないでしょう．ところが，アカウントとパスワードやユーザ名との関連を含めると，認証という有用なコンセプトに近づけます．

時折，コンセプトの状態の構造から本質が見えてくることがあります．スタイルコンセプト（図4.4とノート45参照）では，要素とスタイルの間の関連を維持することが，スタイルの変更を要素に伝播する鍵となります．この関連が欠如すると，TextEditの「擬似スタイル」のように，各要素にスタイルを再適用しないと，スタイルを指定した後の要素に変更を加えることができなくなります．

これは，David Wheelerの格言のうまい応用になっています．David Wheelerは，ケンブリッジ大学の計算機科学のパイオニアで，EDSACコンピュータの開発に携わり，最初のメモリ格納計算機プログラムを書きました．「計算機科学では，もう一段階，間接参照を導入しても解決できない問題はない」と述べています．スタイルコンセプトは，書式を要素に対して直接的に関連付けるのではなく，スタイルを通して間接的に関連付けることで，複数の要素の書式を一度に更新する，という効果をもたらします．2001年にWheeler氏と交わした電子メールのやり取りで，彼は自らがこの格言の作者であることを認め，その後に「そして，大抵の場合，新しい問題が露わになる」という言葉が続くと指摘しました（「互換性とは，他人の失敗をあえて繰り返すことだ」というもう1つの格言もあります）．

状態の構造がデザインの本質的な疑問を明らかにする例を先に示しました．投票コンセプトは，素朴なユーザには，単に投票数を各項目に関連付けるだけに見えます．ところが，例えばフォーラム中の同じコメントに何度も投票するような二重投票を防ぐには，投票数だけでなく，誰が各項目に投票したかも追跡しなければなりません．この「誰が」を表現することは，デザイン上の，興味深いかつ難しい問題となります．ユーザ名で追跡しようとすると，投票前にユーザを認証する必要があります．IPアドレスで追跡すれば，認証を回避できますが，ユーザが別のネットワークに切り替えることで二重投票を許してしまいます．ブラウザの識別子を用いると，この問題を克服できますが，もう一つブラウザを持っていると，二重投票できてしまいます．

コンセプトはデータモデルを局所化　データベースの初期の頃から，ソフトウェア開発の重要な考え方に，構築するシステムの主題を反映したデータモデルやドメインモデルから開始する方法があります．例えば，図書館のソフトウェア開発では，カードカタログ，本棚の配置，借り手をモデル化します．

ドメインモデルの第一の利点は，すべてのプログラマーが共有する構造と語彙を提供することです．2人のプログラマーが同じものに対して異なる矛盾したモデルを開発するという，よくある状況を避けられます．第二の利点は，ドメインモデルが問題の本質的かつ安定した側面を反映することで，進化発展を支える基礎を提供することです．例えば，道路と交差点からなるドメインモデルに基づく行き先案内アプリでは，道路の配置パターンは何十年も（少なくとも米国では1950年代から）固定され，（例えば，1980年代と1990年代にカープール車線が導入されたくらいの）些細な点でしか変わらないので，ドメインモデルを頻繁に変更しなくても，アプリの進化発展が可能でしょう．

一方，ドメインモデルに，多数のデータを含めたくなることがあります．図書館モデルに，本の印刷紙の種類を含めるべきでしょうか？　表紙の色は？　もちろん，どのような機能を提供するのかによります．図書館が本の収集家向けであれば，紙の種類は重要でしょう．また，読者の多くは表紙の色で本を思い出すことが分かっているのですが，従来の図書館カタログにはこの情報がありません．図書館員の中には本を探すのに（色で画像を検索できるので）Google検索を使う人もいます．

コンセプトに基づいてデザインすることで，ドメインモデリングを適切に行えます．コンセプトでは，振舞いに必要なドメインモデルの構造は状態定義に含まれます．振舞いを定義する必要以上に構造が詳細すぎるかは明らかです．ドメインモデルの全体は，すべてのコンセプトの状態構造を合成したものにすぎません．ドメインモデルを，より小さく，より明らかな動機のある構造に分離することで，各構造が果たす役割が明らかになり，必要なコンセプトが何であるかによってデータモデルを調整できます．

さらに細かい点では，**第6章**で説明するように，複雑な振舞いのさまざまな側面をコンセプトによって分けることができます．例えば，ヘルプフォーラムの従来のデータモデルでは，投稿を内容と関連付け，また，投稿に関心を持つユーザと関連付けるでしょう．しかし，この2つの関連付けは異なるコンセプトに属します．内容の関連付けは投稿コンセプト自体に属し，ユーザの関連付けは通知コンセプトに属します．

コンセプトはジェネリック　**第4章**の3つのコンセプトを説明する際，コンセプトの紹介や動機付けと，図での定義に食い違いがあったことにお気づきでしょうか．ゴミ箱はファイルの管理方法，スタイルコンセプトは書式や段落の関連付け，予約コンセプトはレストランの席や図書館の本の予約と説明していました．ところが，図では，ゴミ箱は「アイテム」の削除と復元，スタイルは「書式」と「要素」の関連付け，予約は「リソース」の予約でした．コンセプトの名前の後に記載されている型は，実際の型ではなく，使用する際に，実際の型で置き換えられる代用（計算機科学者が「型変数」と呼ぶもの）です．

初めて，あるコンセプトに出会うとき，それは何らかの具体的な文脈にあり，（スタイルなどの）コンセプトによっては，具体的な用語の方が理解しやすいです（具体的なものから始めて抽象的なものに移行することは，「具体性のフェードアウト」[21]として知られる標準的な教育法です）．

ところが，ほとんどすべてのコンセプトはジェネリックで，状況に応じて異なる型のオブジェクトに適用できます．つまり，ゴミ箱コンセプトは，MacintoshのFinderではファイル削除を取り扱いますが，Gmailではメッセージ削除です．スタイルコンセプトは，書式と要素の両方の型がジェネリックです．InDesignのグラフィックオブジェクトに色付けするのに適用したり，Wordの段落にテキスト書式を適用したりするのに使えます．予約コンセプトは，その型パラメータからわかるように，リソースだけでなくユーザもジェネリックです．鉄道網では，複数の列車が線路区間の同時占有を防ぐのに，予約コンセプトを適用できます．この場合，リソースは区間で，ユーザは列車です．

（Macintoshのゴミ箱のデザインでは，フォルダ構造が実質的な役割を果たします．ところが，この構造はコンセプトの本質的な振舞いに影響を与えません．フォルダを削除できることよりも，ゴミ箱そのものをフォルダとして表現することの方が重要です．ですから，ゴミ箱コンセプトのジェネリックさを損なうのではなく，ゴミ箱とフォルダという2つの異なるコンセプトの非常に巧みな相乗効果であると捉えます．**第6章**参照）．

すべてのコンセプトがジェネリックとは限りません．スタイルコンセプトはジェネリックで，要素や書式は特定の性質を持たないものとして扱いますが，要素や書式自体はアプリごとに固有で，より具体的なコンセプトから提供されます．ですから，ワープロでは，段落と書式はワープロ処理に特化したものになります．また，ジェネリックなコンセプトとそうでないコンセプトを分離することで，プログラムコードをきれいにし，より柔軟にできます．

コンセプトをジェネリックな形で捉えることで，偶発的な詳細を取り除き，その本質を明確に把握できます．これは簡単にできることでもあります．ソーシャルメディアアプリで投票に慣れているユーザは，（例えば，新聞のコメント欄など）他でそのアイデアに出会ったときにも，ただちに理解できます．また，一般化が難しく，ジェネリックにすることが大きな価値になることがあります．例えば，Apple Keynoteが段落だけでなく図形にもスタイルを提供していることがわかると，新しい可能性が見えてきて，作業量を軽減し，プレゼンテーションを一貫したものにできるでしょう．

ここで，強力なデザインを練習しましょう．あるコンセプトで作業しているとき，そのコンセプトのジェネリックさに欠けると思われる点を見つけ，そのデザインを調整してジェネリックさを達成できるか自問してください．ワープロを例にとって，スタイルコンセプトを検討しているとしましょう．スタイルを定義するダイアログには多くのタイポグラフィの詳細が含まれているので，最初，このコンセプトにはジェネリックさがない，と感じるかもしれません．その後，これらの詳細は書式という別のコンセプトに属し，スタイルダイアログは書式機能が支配しているだけだと気づくでしょう．このように考えると，スタイルと書式が，たとえユーザインタフェースが重なっていても，コンセプト上，きれいに分離されていることを確認するきっかけになるでしょう．スタイルダイアログ内で利用可能なすべての書式設定は，それぞれ直接書式設定に利用できますか，またその逆も同様ですか？　書式をカットアンドペーストできる場合，書式設定ごとにカットアンドペーストできますか？

例えば，Adobe InDesignでは，段落に直接適用できる書式設定は，（メニューを共有する場合でもメニュー項目の順番が違い）異なるユーザインタフェースのダイアログではあるものの，段落スタイルで利用できる設定と同じです．InDesignの段落スタイルコンセプトにはジェネリックでない点が1つありました．次段落のスタイルのデフォルトを設定する「次スタイル」機能です．これは，段落が順番に現れることに依存しており，コンセプト間に巧妙な関わりが生じます．つまり，ある段落のスタイルを見つけるのに，スタイルコンセプトだけでは不十分です．その段落にスタイルが割り当てられていない場合，その前の段落にスタイルが割り当てられているかどうかを確認する必要があるのです．

これは必ずしも悪いことではありません．次スタイル機能は確かに便利です．ところが，コンセプトは可能な限りジェネリックであるべきという原則によると，この利点には代償があること，つまりプログラムコードに複雑さをもたらすような関わりがあることを浮き彫りにします．

コンセプトは独立　コンセプトの最も重要な性質で，ソフトウェアデザインの優れた基礎となるのは，相互独立性です．各コンセプトは独立しており，他のコンセプトを参照することなく，それ自体で定義されます．

したがって，スタイルコンセプトは，要素やその書式に言及するものの，その性質に一切依存しません．ゴミ箱コンセプトは，削除されるアイテムの性質に依存しません．また，予約コンセプトは，予約されるリソースに依存しません．

プログラミングの際に重要な原則は，コードモジュールをできるだけ互いに独立させることです．プログラムコードでこのようにする理由はすべて，同じようにコンセプトにも当てはまります．コンセプトが独立していれば，独立に作業できます．あるコンセプトを担当するデザイナーが，他のコンセプトを担当するデザイナーのミスや思い込みによって，自分の仕事を台無しにすることはありません．また，自分のコンセプトだけを考えればよく，他のコンセプトとの相互作用を考える必要がないので，デザイン作業そのものが楽になります．さらに，コンセプトが独立していれば，柔軟に，コンセプトの追加や削除をしたり，コンセプト群の部分集合を含むデザインのバリエーションを作成したりできます．

コンセプトの独立性は，段階的なデザインに不可欠です．アプリ全体をデザインすることになったとき，デサインの問題を部分に分割してから始める方法が必要です．良くない分割をしてしまうと，モグラたたきのように，1つを調整すると他を壊すことになり，一度に1つの問題を扱えないとわかります．コンセプトを明確にすることで，たとえ（やむを得ず）コンセプト全体の集合を修正したとしても，少しずつデザインを進めることができるのです．

コンセプトのデザインを進めていく中で，複雑な横道にそれてしまうことがあります．例えば，レストラン予約のコンセプトデザインで，予約受付後，顧客に通知するようにしたい場合があります．そうすると，どのように通知するのか，通知が失敗したらどうするのか，などといった出口のない疑問のトンネルに迷いこむ危険性があります．良いアプローチは，通知をコンセプトとして扱い，通知と予約のコンセプトを完全に独立させてデザインすることです．そして，この2つのコンセプトがあるとして，予約のどのアクションが通知を生成すべきか？と考えます．このようにすると，関心事をきちんと分離するだけでなく，より柔軟な実現が可能になります（コンセプトを組み合わせる方法は，**第6章**を参照）．

コンセプトからアプリケーションを構成する場合，あるコンセプトをデザインに含めると，他のコンセプトも含めて初めて意味があるという意味で，依存関係が生じます．例えば，ソーシャルメディアアプリでは，コメントする何かがあって初めてコメントが意味をなすので，コメントコンセプトは投稿コンセプトに依存します．ところが，このような依存関係は，**第7章**で説明するように，コンセプトの基本的な自立性と独立性を損ないません．というのは，依存関係は，コンセプトそのものではなく，使用の状況（つまりアプリ）から生じるのです．

コンセプトと抽象型やオブジェクトの違い　抽象型（または抽象データ型，ADT）は，関連する関数を持つオブジェクトを提供するソフトウェアモジュールです．抽象型の動機となったのは，関連する一方で異なる関心事2つです．1つは，プログラミング言語には，整数や文字列といった組み込みのデータ型は用意されているのに，新しいデータ型を追加する方法がないことでした．例えば，ベクトルを扱うプログラムでは，ベクトルの足し算や引き算が，整数の足し算や引き算と，大きく異なるのは不合理と思えます．もう1つは，複雑なデータ構造がプログラム変更の障害になることでした．プログラムの多くの部分が，データ構造の形に依存しているので，データ構造を変更するとプログラム全体に波及します．2つの問題への解決策が抽象型という考え方です．値の集まりと，その値に対して実行可能な操作を提供するモジュールで，値の具体的な表現方法を隠しています．

抽象型は，コンセプトとは，2つの重要な点で異なります．第1に，抽象型が最も威力を発揮するのは，写真編集アプリのピクセルやメールクライアントのメールアドレスのような，不変な値の集まりを表すときです．これらは，一般にコンセプトではありません．というのは，振舞いが対応するのは，それよりも大きな構造だからです．ピクセルは画像編集に適していますが，ピクセルで構成された画像やチャンネルが必要であり，メールアドレスは通信に適する一方，メッセージが必要です．

第2に，抽象型は，オブジェクト指向プログラミングのオブジェクトのように，プログラムコードレベルであって，デザインレベルの見方ではありません．例えば，コメントというコンセプトを考えます．このコンセプトは，コメントの作成，編集，削除といった振舞いを一体化し，その状態は，コメントを（ソーシャルメディアの投稿や新聞記事など）ターゲットに関連付けます．抽象型を使って構築されたプログラムコードでは，コメントの作成・編集といった操作を持つコメント型を導入できますが，コメントとそのターゲットを結びつけることは困難です．コメントの値そのものはターゲットを指すでしょうが，これでは与えられたターゲットに関連するコメントを見つけることができません．例えば，投稿などのターゲットの型はコメントデータ型への参照を含むことができますが，投稿がコメントに依存することになるので，好ましくありません．（投稿がコメントに依存するなら，投稿を含みコメントを含まない有用な部分集合はないはずという）Parnas基準（ノート81を参照）に反します．

このジレンマに対する従来の解決策は，ターゲットからコメントへのマッピングを設定することでした．コンセプトデザインの観点からは，このマッピングはコメントコンセプトに属します．抽象型で構成したプログラムでは，おそらくそれ自身の型として実現するでしょう．プログラマによっては，このようなマッピングをコメント型内に配置するかもしれませんが，その結果得られるモジュールはもはや抽象型とは言い難いものになります．また，オブジェクトにする場合，オブジェクト指向プログラミングでよく引用される原則，オブジェクトは静的な要素を持つべきではない，に反します．

コンセプトとフィーチャーの違い　「フィーチャー」は，機能の追加分のことです．可能な機能の集まりとして製品ファミリーを表現することがあり，ファミリーのメンバーを，持つ機能によって特徴付けます．このフィーチャーという用語は（Adobe Lightroomの「フォトカタログ機能」のように）機能の大きな集まりに対して使われることもありますが，（Microsoft Wordの「自動ページ番号付け機能」のように）小さなものを表すこともあります．

フィーチャーを用いたソフトウェア開発向けの，最もよく知られているフレームワークに，Don BatoryのGenVoca[8]があります．フィーチャーを，新しい要素を追加することでプログラムを拡張する変換とみなします．システムの構築は，空のプログラム（これは最も基本的なフィーチャーとみなせるでしょう！）から始まって，プログラムの最終バージョンで終わる変換列として理解できます．製品ファミリーは，フィーチャーの集合と，そこから得られるすべてのプログラムと見ることができます．このフレームワークにより，製品ファミリーの管理が容易になり，異なる機能の組み合わせに対するプログラムコードを自動的に生成することもできます．

コンセプトは，アプリに機能を追加するという意味で，一種のフィーチャーとみなせるかもしれません．ところが，その逆はなく，フィーチャーすべてがコンセプトではありません．フィーチャーは独立していることが少なく，コンセプトとは異なり，異なる製品ファミリーやドメインで使用しようとして定義されてはいません．むしろフィーチャーは，その製品ファミリー向けにデザインされたドメイン固有言語に近いです．フィーチャーは一般にそれ自身の目的を持ちません．フィーチャーの上層に別のフィーチャーを重ね，他のフィーチャーの機能を拡張する方法で特徴付けます．

Batoryのいうフィーチャーは，コンセプトとは異なり，ユーザに向き合わないので，ユーザはフィーチャーの境界を意識する必要がありません．例えば，ある機能を1つあるいは2つのフィーチャーに追加するかは，構築可能なプログラムにのみ影響するのに対し，コンセプトの場合は，ユーザの頭の中にあるコンセプトとの同一性が重要です．また，あるフィーチャーは他のフィーチャーの動作を置き換えたり変更したりできますが，コンセプトは合成しても振舞いを保持します（第11章）．

「フィーチャー」という用語は，電信電話の分野では，自動コールバック，電話転送，コールウェイティングなどのサービスを指します．これらは，個別の商品として販売され，顧客向けに設定したシステムが提供するものです．このフィーチャーは，Batoryのフィーチャーと違って，ユーザ向けで，プログラムコードの変換ではなく，個別のモジュールとして実現されます．

このようなフィーチャーでは「フィーチャーの相互作用」が大きな問題となります．フィーチャーを組み合わせたときに予期せぬ振舞いを示す可能性があるという問題です．その対策としては，特定の組み合わせを禁止するか，（あるフィーチャーを他のフィーチャーより優先する順序規則のように）振舞いの修正を導入するかです．Glenn Brunsは，簡単な形式体系を用いて，主な違いを明確にし，フィーチャーの相互作用を分類しています[22]．フィーチャーの相互作用については，コンセプトに関して類似した性質，完全性（ノート110）を論じる時に再考します．

（このノートの執筆に協力して下さったDon Batoryに感謝します）．

コンセプトと心的な概念の違い　心的な概念は，心の中にだけ存在します．ユーザインタフェースのデザイナーがユーザのメンタルモデルについて語るとき，まさにこの問題を提起します．というのは，メンタルモデルがデザイナーの意図と異なることが多いからです．深く考えないでサーモスタットを使うユーザは，サーモスタットの設定を上げ下げすればするほど，暖房や冷房の効きが早くなる，というメンタルモデルを持つでしょう．また，エレベーターのボタンを何度も押せば早く来ると思っている人も多いようです．現実からかけ離れたメンタルイメージに「概念」という用語を使う人がいます．一方本書では，コンセプトは非常に現実的なもので，うまくデザインすれば，うまく現実と一致するメンタルイメージを生み出せるものです．

コンセプトと概念モデリングの分野の関係については，ノート14で詳しく説明しています．

第5章　コンセプトの目的

49　**デザイン思考における目的：ニーズの発見**　ソフトウェアデザインでは，システムやアプリ全体が何なのか，という大きな問いからコンセプトを検討する前に，目的とは何かという疑問が生じます．この問いは，さまざまな分野の研究者が，いろいろな観点から広範囲に検討してきました．

デザインの分野では「ニーズの掘り起こし」と呼ぶのですが，インタビュー、観察，文化人類学的な方法を用いて，潜在的なユーザを掘り起こす経験的な調査を実施します．この言葉は，おそらく1960年代にRobert McKimが作ったもので，デザイナーが大きな影響力を持とうとすると，デザインプロセスの早い段階から関与する必要があると主張しました（ちなみにMcKimは，デザイン会社IDEOやスタンフォード大学d.schoolの創設者で，デザイン思考の主な提唱者であるDavid Kelleyのメンターを務めました）．

1984年，Rolf Fasteはスタンフォード大学の機械工学の教授陣に加わり，McKimからデザインプログラムのディレクターを引き継ぎ，ニーズ掘り起こしの研究を続けました．楽しく洞察に富んだ論文[39]で，学生に教えていたニーズ発見の技法や「ニーズを知覚するブロック」のリストの概要を述べました．ニーズの掘り起こしが重要で創造的な行為でありながら過小評価されていることが多いという認識を含みます．Fasteは，哲学的な観点から，次のように述べました，「ニーズそのものは，何かが欠けていること，認識された欠落です．したがって，ニーズ掘り起こしは逆説的な活動で，何かが欠けている状況こそが，探し求めていることです．ニーズを見つけ，明確にするには，この欠けている何かを知覚し，認識しなければならないのです」.

ソフトウェア工学における目的：要求　ソフトウェア開発の分野では，「要求工学」という言葉が使われ，また主要な国際会議の名称にもなっています．要求工学は，個々のユーザ経験にそれほど重きを置きません．というのは，多くのシステムでは，重要な要求には必ずしもユーザではないステークホルダーが関わると考えるからです．実際，多くのシステムでは，ユーザやオペレータを，要求を満たすようにデザインされたシステムで，ソフトウェアやハードウェアと協調する構成要素と考える方が良いのです．例えば，交通信号システムの要求は，安全かつ効率的な交通の流れを実現することであり，デザインが要求を満たすことを確認する際に，運転者の振舞いの説明が必要な範囲に限って個々の運転者が関係します．

ソフトウェア要求の理論は，1990年代にMichael JacksonとPamela Zaveが共同で進め，交換機（特に5ESS）に焦点を当てた研究から始まりましたが，すぐにソフトウェアシステム一般に拡大されました[155]．彼らのアイデアはJacksonの著書『ソフトウェア要求と仕様』[69]で拡張され，Carl GunterとElsa Gunterが開発した参照モデルにまとめられました[49]．この研究の中心的な考え方は，要求は単なる「高レベルの仕様」ではなく，構築されるシステムの入出力で表現できないことが多い，ということです．（特に要求工学の）研究者の間では，この考え方は現在広く理解されていますが，産業界ではまだ，要求について原始的な見解がとられている場合があります．「何千もの要求がある」という話をよく聞きます．実は，要求ではなく，インタフェース動作の断片なのです．「非常停止ボタンが押されたら，システムは直ちに終了すること」は，「要求」であるかのように見えますが，実際にはシステム機能の部分仕様に過ぎません．このような方法では，停止ボタンを押すことが実行中のプロセスや物理的な周辺機器にどのような影響を与えるか，といった要求の真の問題を議論することができません．

要求工学のもう1人の主要な思想家Axel van Lamsweerde[89]は，ゴール[87]に基づく手法を開発しました．ゴールを時制論理の性質として定式化でき，（システムコンポーネント，ユーザ，オペレータなどを含む）エージェントの振舞いを系統的に検査できます．ゴール指向アプローチの面白い点は，ゴール達成を妨げる予期しない振舞いの「障害」を明示したことです[127, 88]（典型的には，エージェントの変更やゴールの絞り込みよって解決されます）．

コンセプトデザインは，要求ならびにニーズの掘り起こしに関して開発されたアイデアの恩恵を受けることができますが，2つの点で見方の転換が必要です．第一に，要求は一枚岩ではなく，(Lamsweerdeのアプローチでゴールがエージェントに割り当てられるのと同じように)個々のコンセプトの目的に分解されます．第二に，目的を探る前に，コンセプトデザイナーは，その目的にかなうコンセプトが既に存在するかを調べます．既存のコンセプトが，デザインだけでなく要求に関して蓄積された知識を表すことを期待するのです．

50　**恩恵ある困難さ**　Michael Jacksonは，物事を簡単化しすぎる設計手法は疑わしいとする洞察から，恩恵ある困難さという言葉を作りました[69]．困難に遭遇することは，問題に取り組み，真に前進していることを示す肯定的な兆候になり得ます．

51　**コンセプトの比喩は役に立たない**　コンセプトを説明する一般的な方法の1つは，比喩に訴えることです．ところが，比喩は誤解を招くことが少なくありません．例えば，Adobe Photoshopのレイヤーコンセプトの説明で，レイヤーを，グラフィックデザイナーが画像を1枚1枚積み重ねるのに使っていたアセテートシートに例えることがあります．ところが，この比喩は的外れです．アセテートシートは，(Photoshopではレイヤーではなくチャンネルで行う)色の塗り分けや，アニメーションに使われるものです．Photoshopのレイヤーコンセプトの目的は全く異なり，非破壊的な編集を可能にすることです．例えば，画像を暗くするレイヤーを作成し，後でその効果を増やしたり減らしたり，あるいはなくしたりしても，画像自体のピクセルには手を加えず（もし間違ったら，古いバージョンに戻したり，取り消したりするように），変更できるのです．このことがわからないと，レイヤーを理解できませんし，効果的に使うこともできません（Appleのゴミ箱が台所のゴミ箱と違う理由については，ノート40も参照してください）．

ところで，ソフトウェアのコンセプトを，現実のコンセプトで説明すべきでないということではありません．通常は同じコンセプトなのです．OpenTableのレストラン予約アプリの予約は，電話連絡し誰かが予約帳に名前を書くようなレストラン予約と同じコンセプトなのに，似ていません．コンセプトが実行されるハードウェア（一方はコンピュータ，もう一方は予約帳）が違うのです．

52　**通話転送の秘密**　通話転送問題の分析はPamela Zaveによります[154]．この研究は，通信システムのデザインについて，多くの基本的な問題を明らかにするのに役立ち，また，珍しく，コンセプト上の問題に深い関心を持ち，形式手法の強力な使い方を組み合わせました．

53　**Facebookの謎のポーク**　ポークコンセプトは，説得力のある目的がないことが，その魅力でした．Slate誌の記事[148]によると，Facebookのヘルプページには，もともと「ポークを作ったとき，特定の目的のない機能を持つことが格好いいと考えました」とありました．

Urban Dictionaryによると，ポークは「ちゃんとした文を作るという面倒な作業をすることなく，友達に挨拶したり，興味を示したりすることができます」．

同じSlate誌の記事で，ユーザがポークを使って何をしたかを調べるべく，ポークの目的をインタビューしました．著者は明らかに納得がいかなかったようで，こう結論付けています．「今となっては，ポークの時代が終わったのは明らかだ」と．Facebookは自信をなくしたようで，ポークボタンをメニューの奥深くに埋めました．

ところが，それから数年後（2017年），スリリングなことに，ポークボタンが目立つ位置に堂々と戻ってきました．現在（2021年），ポークは再び追放され，私の知る限りでは，どのメニューからも見つからない状態になっています．一方で，「おすすめポーク」を提供する独自のページを持つ特別なURLで復活し，ポークする相手を検索できるようになりました．ありがたいことです．

54　**Normanの冷蔵庫**　目的のないコンセプトというと，説得力のある複雑な物理的な例をDon Normanが挙げています[110]．多くの冷蔵庫には，「生鮮食品」と「冷凍庫」と書かれた2つの独立したコントロールがあります．ラベルは，コントロールが2つのコンパートメントの温度を設定し，独立して調整できるような印象を与えます．実は，一方がコンプレッサーを制御し，もう一方は庫内の冷気比率を調整するのです！

旧い型の蛇口と同様，ユーザの目的と提供されるコンセプトの間に整合性がありません．生鮮食品庫を冷やしたければ，その設定を下げればいいのですが，冷凍庫の温度にも影響が出ます．しかも，蛇口と同じように，望ましい状態に収束させようとすると，両方のコントロールを何度も調整する必要があります．ところが，冷蔵庫の場合は，温度の変化が遅く，数日間かけて調整しなければならないので，さらに悪いことになります．

困難さの出所　冷蔵庫のデザイン上の問題について，Normanの診断によると，冷蔵庫がコンセプトモデルを効果的に伝えていないので，ユーザのメンタルモデルと実際のモデルが矛盾していることが主要な懸念であるとしています．これに対し，コンセプトモデルそのものが問題であり，たとえコントロールが正確に表示されていても，デザインは悪いまま，とも考えられます．

Normanにとって，冷蔵庫の操作は「驚くほど多くある日常的な仕事」の1例で，「心の中の意図や解釈と物理的な動作や状態との関係を導き出すことが困難なの」です．彼の言葉から，心理学者としての彼の出自がわかります．実際，Normanの著書[110]の原題は『The Psychology of Everyday Things』で，後になって『The Design of Everyday Things』に改題されました．彼が見ているのは，（彼の記述方法では不変に見える）物理的な世界と，より柔軟な「心の意図と解釈」の世界とが相入れないことで，具体的にはユーザインタフェースとして見えます．

本書の考え方では，ユーザの困難さはメンタルモデルと物理的な機構の間の心理的な溝にあるので，その解決策は別のところに存在します．冷蔵庫のコンセプトのデザインが目的に合っていないのです．生鮮食品庫と冷凍庫の温度調節というユーザの目的は，心的な意図と無関係に存在しており，目的とコンセプトの根本的なズレがデザインを悪くしています．もちろん，Normanが冷蔵庫のデザインの問題点を認識していないとか，より良いコンセプトのデザインを望んでいないということではありません．彼の仕事は，使いやすさを阻害する心理的な障害を特定することに重点を置いているのです．

実行の溝と評価の溝　Edwin Hutchins, James Hollan, Donald Normanの影響力が大きい論文[60]では，ユーザのメンタルモデルと実際のコンセプトモデルとの間の距離を，2つの「溝」という言葉で表現しました．実行の溝は，ユーザの意図をシステムが提供する動作から切り離し，評価の溝は，ユーザがシステムの状態を解釈し，意図がどの程度達成されたかを判断するのに費やされる労力を反映します．

冷蔵庫の例では，2つの溝は明らかです．生鮮食品庫の温度を下げるが冷凍室は下げないという意図に直接対応するアクションがなく，何時間も経って温度が安定しないと調整の効果を確認することもできません．

このような溝は，ユーザが直面する困難さを見つけるのに役立ち，解決策を直ちに示唆します．例えば，ユーザの意図にうまく対応する直感的な操作を提供することで，「実行の溝」を取り除けるでしょう．以前のOSでは，ディレクトリ間のファイル移動は，moveコマンドの構文を理解し，絶対パスと相対パスを気にする必要がありました．WIMP（windows-icon-menus-pointer）インタフェースでは，フォルダ間のファイル移動は，ファイルのアイコンをウィンドウから別のウィンドウにドラッグして，文字通りの移動です．

ところが，効果的なデザインでは，最初は直感的でないように思えるアクションをユーザに教えることが必要なこともあります．初期のカーラジオでは，プリセットボタンにラジオ局を割り当てるのに，一連のステップを踏まなければなりませんでした．優れたデザインの機器では，液晶ディスプレイに操作方法が表示され，一見すると「実行の溝」と「評価の溝」が狭まっているように思えます．ところが，実際にはひどいデザインでした．プリセットの変更が不便で面倒で，さらに自動車の運転中に変更したくなるようなデザインだったのです．そこで，よりよい解決策が取られました．再生中の局をプリセット登録するのに，「ピッ」と音がするまでプリセットボタンを押し続けるだけ，という自然な操作です．

より良いデザインでは，一連の期待されるアクションに変更が及ぶ可能性があります．文書内の多くの段落の書式を更新したいとします．例えば，すべてのセクションヘッダーを太字に変更する場合です．段落を選択し書式変更を適用すればよいでしょう．この方法は面倒なので，段落を全部選択してから，新しい書式を適用する簡単な方法がないかと不満に感じるでしょう．別の言い方では，（段落の集まりを選択するという）心の中の意図と（一度に1つしか選択できないという）アプリケーションが提供することの間に実行の溝を経験しているのです．

この問題に対する良い解決策は，**第４章**で見たように，特定の意図に対して存在する溝を埋めるのではなく，新しい振舞いと（スタイルを定義し段落に事前割り当てるという）心の中の意図を必要とするような，ユーザの目的を満たすコンセプト（スタイル）を導入することです．

まとめると，ユーザビリティの問題を発見するのに，溝という見方は非常に重要です．ユーザの意図とシステムの動作の間に溝を発見しても，意図と動作のどちらか一方を所与と見なすべきではありません．両方を変更することが，最適なデザインの解決になるかもしれません．

55　**Gitの目的のないコンセプト**　エディタバッファは，（たとえ実現に際して合理的な理由があっても）説得力ある目的を持たないコンセプトの良い例です．ところが，目的がないことの代償は，単に不必要な複雑さ（と，バッファがファイルに保存される前にデータが失われる危険）だけでした．

より説得力のある例にGitがあります．これは，広く使われているバージョン管理システムで，強力さとデザインの複雑さの両方が知られています．Gitの基本的なコンセプトの多くは，理解しやすい目的を持たないようです．いくつかは，デザイン上の欠陥に対する回避策としてのみ存在しているように見えます．例えば，stashは分岐から生じる問題を補うものです．

その他は，基本となるメカニズムが外部に見えるようになっていて，様々な使い方ができるとしても，重要な目的を果たすことはありません．特に，（ステージングエリアとも呼ばれる）インデックスは，作業領域とリポジトリの間に位置し，ファイルの追跡，選択的コミット，古いファイル状態への復帰を実現します．しかし，これらは完全でもなく一貫してもいないので，初心者にとっては足かせとなります．その理由の大部分は，どの入門的な資料もこのコンセプトの目的が何なのかを説明していないことです．

実は，Gitを研究しているときに，コンセプトを理解しデザインするのに目的が重要なことに気づきました．私の学生のSantiago Perez De Rossoは，当時考えていたコンセプトの理論を用いてGitのデザインを分析しました．ユーザの目的と整合するコンセプトを再構成し，Gitの使用性に関わる問題を取り除いたGitlessと呼ぶコンセプトを再設計しました[118]．インデックスコンセプトを理解しようとしたとき，多くのオンライン上の説明を読みましたが，どのような目的なのかを誰も正確には知らないという事実に驚かされました．そして，わかっていたとしても，説明ごとに異なる目的を示し，他の説明と相容れないものもありました！ このことは，目的が重要なばかりでなく，（**第9章**で説明するように）1つのコンセプトに複数の目的を割り当てることが問題であるという考え方につながりました．

プログラミング言語に見る目的のないコンセプト　回避策として導入された目的のないコンセプトの例は，プログラミング言語でも見られます．例えば，プログラミング言語Javaのボックス化コンセプトは，（1977年CLUのデザインで取り除かれた）基本値とオブジェクトの見かけ上の違いを補うものです．

同様に，JavaScriptオブジェクトに関するコンセプトが複雑で混乱しているのは，他の変数が静的スコープであるのに，奇妙な形式の動的スコープを導入してからです．これは，オブジェクトの動的スコープがオブジェクト指向プログラミングと無関係（これで，さらに動的スコープ自体が新しい問題を引き起こす）にもかかわらず，オブジェクト指向プログラミングスタイルをサポートしたいという欲求が動機になったのでした．

56　**昔の「名前を付けて保存」コマンドをAppleファイルメニューから見つける方法**　多くのユーザはこの変更に不満を持ちました．バッファがなくなったからではなく，「複製」や「名前の変更」よりも「名前を付けて保存」する方が好きだったからです．そこでAppleは，「名前を付けて保存」を（OS X Mountain Lionで）オプションコマンドとして復活させ，optionキーを押しながらメニューを開くとアクセスできるようにしました．

57　**星，ハート，Twitterゲーム**　Twitterは2015年のオンライン発表でこう説明しています．「お気に入りの星のアイコンをハートに変更し，『いいね！』と呼ぶことにしました．Twitterをより使いやすく，より役立つものにしたいと考えています．特に初めての方にとって，星マークが分かりにくい場合があったことを承知しています．好きなことが多くても，すべてがお気に入りではありません」．

これでは，お気に入りというコンセプトの目的が実際に何なのか，という問いに全く答えていません．Twitterは言語レベルでデザインを調整しましたが（**第2章**），問題はコンセプトレベルにありました．

実は，Twitterの慣れたユーザ中には，このコンセプトの目的が不明確であると指摘し，自分なりの目的を見つけた人がいました．Matthew Ingram氏はこう説明しています．「Twitterの問題は，お気に入り機能が，時を経て様々な使い方に発展したことです．多くの機能は，このサービスにほとんどの時間を費やしているジャーナリストやソーシャルメディアの専門家だけが知っているのです」．Ingramは続けて，このコンセプトをMelania Trumpの意図と同じように使い，公開された結果に無頓着だったと述べています．「一部の人にとって，星のアイコンをクリックすることは，ツイートを後で保存したり，共有されているリンクをInstapaperやPocketなどのサービスに送信したりする方法でした」．

また，別のブロガー，Casey Newtonは，情報が公になることを利用した全く別の目的を報告しています．「何年もの間，6万件以上のツイートをお気に入り登録してきましたが，その間に，この小さなボタンがいかに多機能であるかということを理解するようになりました．返信確認として既読を知らせるように使っていて，大笑いさせてくれたツイートに，また，誰かが私を名指しで批判したとき，「お気に入り」ツイートに入っているとわかれば，相手を混乱させたり動揺させたりできるだろうと期待して使うのです」．

星マークからハートマークへの変更についての本音は，Twitterの取締役であるChris Saca氏のコメントにあると思われます．「Twitterがツイートに簡単なハートの形を取り入れたら，サービス全体の利用が爆発的に増えるでしょう．自分の投稿へのハート一杯のフィードバックを得ることができ，投稿やTwitterへの訪問回数の増加を直接促すでしょう」．

58 **画像サイズ決めの新しいコンセプト** 写真の画像サイズと関連するコンセプトの再設計に，目的の考え方を適用する方法を説明します．まず，最も緊急度の高い目的を特定することから始めます．画質とスペース制約を満たすように写真を縮小することです．

操作の原則を考えることから始めれば良いでしょう．画像を表示する物理的なサイズ（携帯電話なら3インチ，ギャラリーの壁なら3フィートなど）をユーザに尋ね，そのサイズの画像サンプルを表示して，画質が十分か，不十分か，あるいは過剰かを探ります．また，ファイルサイズを示し，さまざまな用途（メールで送る，Webページに表示する，など）に適しているかどうかも考えます．用途や目標のファイルサイズ（メガバイト単位）を選択すると，表示が更新され，新しい画質が表示されます．画質とファイルサイズのバランスに満足したら，画像をファイルに書き出します．

この考察では，1つの目的に焦点を合わせています．例えば，画像の（大きなサイズで印刷できるように新しいピクセルを補間する）アップサンプルやデフォルトの印刷サイズや表示サイズの設定など，他の目的も，ユーザにとっては価値があるかもしれません．これらの目的をすべて取り入れるとPhotoshopのデザインを複雑にする原因になり，（ダウンサイジングという）基本的な目的ひとつに絞ることで，より堅牢で使いやすいコンセプトになり，他の目的にはエキスパートモードや独自のコンセプトで対応できるのです．

CSSでのサイズ：複雑なお話 画像サイズのコンセプトは，一見わかりにくいかもしれませんが，目的（物理的な印刷やレイアウトのデフォルトサイズの設定）を理解すれば，納得がいきます．また，操作の原則は当たり前で，写真の画像サイズを4×6インチに設定し，（拡大縮小やサイズ変更をせずに）印刷すると，写真の物理的なサイズも4×6インチになります．目的よりも操作の原則がわかりやすい良い例です．

それに比べてCSS（Cascading Style Sheets，Webページのレイアウト言語）のサイズコンセプトは不可解です．以下の説明は，ある匿名ブログ[113]から引用したものです．

このコンセプトの複雑さは，全く現実的な2つの問題から生じています．1つ目は，スライドプレゼンテーションを行う際に，「18 ptより小さいフォントは使わないでください」と言われて考えるようなことです．一体どういう意味でしょうか．印刷されたページで18ポイントが何を意味するかは明らかで，4分の1インチほどです．ところが，スクリーン上のサイズを想定したものではないだろうし，スライド自体には物理的な大きさはありません．もちろん実際には，「スライドプレゼンテーションアプリで18 ptの文字サイズを選ぶ」ことですが，それでは他人事です（別のアプリを使っている場合はうまくいかないかもしれません）．このことから，「18 pt」の意味はディスプレイに依存し，大きなディスプレイでは大きなサイズに対応すべきことを意味するとわかります．

2つ目の問題は，ピクセルの大きさを計算する方法に起因するものです．「18ピクセル」はディスプレイ上で，文字通り18ピクセルの距離を意味しません．というのは，画面解像度が2倍の新しい携帯電話を買ったら，ブラウザのテキストは半分のサイズになるからです．一方，ピクセルを（例えば）インチに変換できません．1ピクセルの境界線が，ピクセルの整数倍でない幅を持つと（ぼやけた線になり）困るからです．

CSS規格は，この問題を次のように解決しています．「参照ピクセル」を定義し，これは，ユーザの視点から手の届く距離に置かれた（1990年代からの典型的なWeb表示設定の）1インチあたり96ドットのモニター上のピクセルです．想定する距離から見たとき，デバイス上で参照ピクセルの場合と同じ大きさになるピクセルの数が整数になるように，1ピクセルの大きさを（ブラウザなどのアプリケーションで，計測値を物理的なディスプレイのコマンドに変換する）「ユーザエージェント」の開発者が選ぶことを推奨しています．

ユーザエージェントに組み込まれた1ピクセルの尺度は，他のすべての計測単位がこれを元に定義されるので，「アンカーユニット」と呼ばれます．タイポグラフィの尺度に詳しい人なら，1ピカが12ポイントであることや，1インチが6ピカまたは72ポイントであることをご存じでしょう．でも，CSSのアンカー指定で，1ピクセルが0.75ポイントに相当することはご存じないように思います．

この複雑な話の結末は，CSSの尺度がそれなりにうまくいくということです．しかし，（先ほど簡単に説明した）操作の原則は厄介で，意外な意味を持ちます．特に，画面上の12 ptのテキストは，書籍の12 ptのテキストと同じサイズではありません（画面上の1インチは定規の1インチとは一致しません）．また，携帯電話とモニターでは12 ptのテキストが異なる物理的な大きさになり，1ピクセルの境界は，デバイスの1ピクセル以上にわたることもあります．

以上から，明らかに有用な助言が得られます．ピクセル単位で境界線を指定し，ディスプレイサイズを無視して活字サイズを決めます．（比率は一定ですから）

フォントサイズがポイントかピクセルかで悩む必要はありません．実際には，(emやremで表される）相対的なサイズをいつ使うかが重要な問題ですが，それは別の（操作の原則の）話になります．

59 **ICチップとPIN**　ICチップとPINの弱点は[104]で報告されています．

60 **形の合成についての注釈**　本文のミスフィットの考え方は，「デザインパターン」(ノート104参照）のアイデアの影響が大きいことから，「プログラマー好みの建築家」と評されるChristopher Alexanderの作品から引用しています．

彼は，著書『形の合成についてのノート』[3]の中で，「完全な」要求という考え方が無意味な理由，そしてミスフィットが役立つ理由を説明しています．「そのような要求リストは無限にあります．しかし，要求を否定的な観点から，つまり潜在的なミスフィットとして考えると，有限の集合を選び出す簡単な方法があります．というのも，問題点に注意がいくのは，そもそもミスフィットを通してわかるからです．形と文脈の関係の中で，最も強く目立ち，最も明確に注意を引き，最もうまくいきそうにないものだけを取り上げます．それ以上のことはできません」．

Alexanderの「フィット」(と「ミスフィット」）という考え方は，非常に説得力があり，参考になりました．特に，セキュリティ問題やセーフティクリティカルシステムの問題に取り組む際に，デザインを難しくする重要な側面が浮き彫りになります．いずれの場合も，曖昧で稀にしか起こらないミスフィットが中心です．セキュリティの場合は，攻撃者がミスフィットを探し出し，稀なことが避けられなくなるからです．また，安全さ（セーフティ）の場合は，稀にしか起こらないことが致命的であれば無視できないからです．

Alexanderの構造発見法　Alexanderの本の大部分は，要求の構造を発見する体系的な方法に関します．まず，既知の潜在的なミスフィットをすべて列挙し，満たすべき正の要求の形式で表します．次に，2つのミスフィットが相互作用する場合（つまり，一方のミスフィットを軽減すると，もう一方のミスフィットを軽減する効果が変化する場合)，ミスフィットをつなげるグラフを作成します．そうすると，1つのグループ内のすべてのミスフィットが相互作用し，グループ間の相互作用がない（または少ない）ように，ミスフィットをグループ化ができます．次に，これらのグループは，ミスフィットを大まかな領域に分類することで，階層的に配置できます．この構造をもとに，デザイナーは，グループごとに独立に，デザイン上の決定事項を検討できます．特定の決定事項に関連する要因がすべて考慮されていると確信できます．

この考えは，Herb Simonの「ほぼ分割可能なシステム」[135]に関連します．Alexanderはこれ以上追求しませんでしたが，他の人，特にLarry Constantineに影響を与えました．彼は構造化設計に関する仕事（1975年）で，結合を重要な指標としました．さらに設計構造マトリックス（1981年）を考案したDon Stewardにも影響を与えたと思われます．その後，要求間の結合を見つけるという考え方がEric Yuのi*フレームワークの中心になりました[152]．このフレームワークでは，要求間のリンクがプラスまたはマイナスにマークされ，ある要求を満たすと別の要求を満たすことが容易になるか困難になるかを示します．

Alexanderの分割法をコンセプトデザインに適用し，見えてきた要求のクラスタがコンセプトに対応しているか（あるいはコンセプト間の必要な同期を反映しているか）を確認するのは興味深いでしょう．

61　**検証でミスフィットを防げない理由**　検証は，プログラムコードが仕様を満たしていることを示すのに，数学的な証明を構築するものですが，ミスフィットを除去しようとする際には，テストと変わりがないか，テストより悪いこともあります．というのは，ミスフィットは，仕様自身の欠陥に対応するからです．

検証対象の範囲を広げて，検査すべき特性を仕様（世界とのインタフェースでのシステムの振舞い）ではなく，環境への望ましい出力結果とすることで，少なくとも環境に対する配慮が不十分なことから生じるミスフィット（Donald Rumsfeldなら「known unknowns」と分類したもの）を検出できます．この出力結果は環境に関する仮定に依存し，そのような仮定を明確にするだけで，ミスフィットを明らかにできます．

例えば，交差点に設置する信号機に期待する結果は，車が衝突しないことでしょう．その前提は，運転者が信号を守り，車が一定の最低速度で交差点を横切ることです．アーミッシュの村向けに信号機をデザインするとしたら，最低速度の仮定を検討することで，馬車にとっては信号が早く変わりすぎるというミスマッチが明らかになるかもしれません．

このような論証の構造は，Michael Jacksonの研究[69, 49, 71]の焦点で，ディペンダビリティ（またはアシュアランス）ケース[65, 64]の中心です．

62　**事故の責めを受けるユーザ**　アフガニスタンのPLUGR事故の全容は，当時の『ワシントン・ポスト』紙の記事で紹介されています[97]．事故当初，この戦争で最も致命的な「味方による攻撃」事件でした．

デザイン不良が致命的な事故の真犯人である時，必然的に起こるのですが，調査官の目は他に向けられました．インタビューに応じた空軍の幹部は，懲戒処分が下されるかどうかはわからないとし，この事故は「作戦中のストレスで起きた理解可能なミス」と考えていると述べました．この事故は訓練上の問題にあったとしました．

短期的には，ちゃんと訓練することが正しい対処法だったのでしょう．ところが，オペレータに責任を負わせ，デザイナーや製造者を免責しようとする一般的な傾向は，真の進歩を妨げます．この問題は医療機器で特に深刻で，デザインの悪さから，過剰投与やその他の予防可能なエラーによって日常的に多くの患者が死亡しています[142]．

63 **コンセプトの致命的な相互作用**　PLGRの例は，1つのコンセプトに閉じたものでなく，コンセプト間の相互作用にデザイン上の欠陥があることを示しています．第6章では，コンセプトがどのように合成されるかを説明し，その際に発生しうる問題の例を数多く挙げています．

バッテリーのコンセプトは，他のコンセプトとの相互作用が潜在的な故障につながるので，興味深い事例です．理想的には，相互作用を最小化し，例えば，持続的ストレージを使用して，電源喪失時でも，状態に依存するコンセプトが中断されないようにすることです．少なくとも，特に重要なデバイスの場合は，すべてのコンセプトに対して，バッテリー交換時に動作がどのように影響されるかを検討しておくことが賢明でしょう．

コンセプト合成は，バッテリーのような厄介（だけど必要）なコンセプトが存在する場合の頑健性を確保する優れたフレームワークを提供します．というのは，対として合成するコンセプトに分けて分析できるからです．

第6章　コンセプト合成

64 **合成の意味論**　コンセプトの意味論を導入したノート44の精神にしたがって，本章の合成機構を正確に定義する際の注意点を紹介します．

合成したコンセプトは並列実行されるので，そのトレースは個々のコンセプトのトレースの可能なインターリーブの全体です．合成トレースの後の状態は，個々のコンセプトの状態の積です．同期の効果は，考え得るトレースに制限を加えます．同期の式，

sync action1 (x)
　action2 (e)

は，すべての合成トレースに対して，トリガーとなる*action1*の後に，応答の*action2*が直ちに生じるという制約を追加します．制約の効果は，この規則に従わないインターリーブを除外することです（専門家向けメモ：この合成規則の定式化では，トレース集合はプレフィックスクローズではありません）．

トリガーアクションの引数*x*は量化変数（または関数引数）のようなものです．アクションの実引数が何であってもその値をとり，式*e*で与えられる引数を持つ応答アクションに限定します．同期のほとんどの例で，*e*は単に*x*なので，アクションが同じ引数を持つような制限を課すことになります．

より一般には，同期はトリガーアクションの引数（および1つ以上のコンセプトの状態）の条件を前提にとることがあります．したがって，同期

sync label.detach (t, 'pending')

　todo.complete (t)

は，切り離（detach）されるラベルの値が*'pending'*の場合にのみトリガーされます．応答アクションの引数は，トリガーアクションの引数だけでなく，状態によって定義することもできます．例えば

sync email.receive (todo-user, m)

　todo.add (m.content)

は，応答アクションの引数を，電子メールコンセプトのコンテンツ関係で*m*を検索して得られるメールメッセージ*m*の内容に設定しています（メッセージ*m*は*content*フィールドを持つ複合オブジェクトだと思えるかもしれませんが，すべての状態と構造は関連するコンセプト内に局所化されています．ノート44のオブジェクトの可変性を参照してください）．

同期のセマンティクスは，単一の応答アクションから複数アクションの列に容易に拡張されます．

コンセプトの振舞いを保存する合成　コンセプトの合成からなるアプリで，構成コンセプト1つの振舞いだけを観測するとしましょう．合成トレースは，その定義から，個々のコンセプトのトレースのインターリーブなので，観測するトレースは元のコンセプトのトレースの1つでなければなりません．

つまり，コンセプトを合成しても，構成コンセプトの振舞いを変えません．これは，コンセプト合成の本質的な性質です．コンセプトが文脈によらずに同じように振る舞うので，コンセプトの理解は容易です．コンセプトが適切に合成されていなかったり，個々の仕様を損なう動作をするように変更されていたら，コン

セプトの完全性が侵害されます．これは第11章に説明があります．

合成が正当でも構成コンセプトの振舞いを変えるように見える点が1つあります．コンセプト仕様が，あるトレースが不可能なことを示すだけでなく，あるトレースが可能なことを示すと解釈することもできるでしょう．計算機科学の用語で，コンセプト仕様は安全性だけでなく，活性も保証していると考えられるのですが，この解釈を避けています．というのは，同期によって活性を制限可能なことが大切だからです．例えば，アクセス制御コンセプトは，他コンセプトのアクションが許可されていない場合，そのアクションを抑止することが目的です．

あるアクションが起こることに言及する操作の原則を定義すると，合成が仕様を保存することが無効になるのではないか, と思われるかもしれません．例えば，ゴミ箱コンセプト（図4.2）では，次のような原則がありました．

after delete (x), can restore (x)

これは，削除された項目は必ず復元できることを主張しているように思えます．ところが，上で説明したように（ノート44の操作の原則のロジックを参照），これはゴミ箱コンセプトの状態として，復元アクションの前提条件が成り立つことを述べているのに過ぎません．つまり，この操作の原則が述べていることは，ゴミ箱コンセプトがそのアクションを可能にする一方で，別のコンセプトがそのアクションを阻害することと矛盾しません（とはいえ，アクションが阻害されることは想定外なので，分析ツールが警告するでしょう）．

生成された入力　プログラミング言語に慣れた読者は，*todo* コンセプトの *add* アクション（図6.2）の task 引数がアクションの出力として扱われると考えたかもしれません．todo リストへのタスクの追加は，新しいタスクを作成するので，入力引数として扱うのは間違っていると思うかもしれません．

最も一般的な形では，コンセプトアクションは入力とコンセプトの現在の状態を取り，新しい状態と出力（または複数の出力）を生成します．出力と後状態は，入力と前状態によって決まります．入力には，他のコンセプトから来るものもあります．例えば，*label.affix (i, l)* アクションが発生したとき，アイテム *i* は他のコンセプトが以前に生成したと仮定されます．ところが，入力によっては，そのコンセプト自身が生成することもあります．*label.affix (i, l)* アクションでは，ラベル *l* は（アイテム *i* と違って）必ずしも以前から存在していたわけではありません．ラベルはラベルコンセプトによって，ユーザの指示で選択あるいは作成されると考えられます．

これを機械的に考えるとわかりやすいと思います．実現に際して，コンセプトはユーザインタフェースのウィジェットと各入力を指定するプログラムコードを含みます．入力は，簡単なチェックボックスで定義されるブール値，テキストフィールドに入力される短い文字列（例えばラベル入力），テキスト編集プラグインで作成される長い文字列，カレンダーウィジェットで選択される日付などです．これらの入力は，その複雑さに関係なく，何らかのコンセプトで作成されます．

このとき，*todo*コンセプトの*add(t)*アクションでは，タスクの引数*t*は入力です．抽象的な説明では，タスクが実際にどのようなものかを明らかにしません．最も簡単なケースでは，単なる文字列です．いずれにせよ，タスクは資産の役割を果たします（ノート44のオブジェクトの役割を参照）．別の*todo*のコンセプトでは，タスクの名前（例えば*t1*）とその内容（*"file taxes"*）を分離するかもしれません．この場合，*add*アクションで示されるタスクは資産というより名前になりますが，コンセプトで作成された入力であることに変わりません．

要約すると，コンセプトへの入力は2種類あります．コンセプト自体が生成するもの，（合成された）他コンセプトが提供するものです．これらを区別するのに，生成された入力を特別なkeywordで印付けできます．したがって，*add*アクション（図6.2）は，全体としては，次のような宣言です．

add (gen t:Task)

となり，同様にラベルコンセプトの*affix*アクション（図6.3）は次のようになります．

affix (i: Item, gen l: Label)

電子メールコンセプト（図6.5）では，メッセージとコンテンツは，送信するアクションが生成します．

send (by, for: User, gen m: Message, gen c: Content)

最後に，第4章の例では，スタイルコンセプトのスタイルを定義するアクションのstyle引数に印付けします（図4.4）．

define (gen s: Style, f: Format)

また，予約コンセプトに新しいリソースを登録するアクションのresource引数に印付けします（図4.7）．

provide (gen r: Resource)

入力に対するトレースの制約　合成の定義では，合成トレースは，同期が課す制約を満たす限り，個々のコンセプトのトレースの任意のインターリーブであると述べました．

タスクが作成される前にタスク*t*にラベルを貼ると，アクション*label.affix (t, l)*に続く*todo.add (t)*で始まるトレースは何が禁止されているのだろうと，鋭い読者は思うかもしれません．

このジレンマは，前のノートで説明した生成された入力という考え方で解決されます．あるアクションへの入力はすべて，そのアクションによって生成されるか，あるいはトレース内のそれまでのアクションによって生成または出力されなければならないという制約をすべてのトレースに追加します．先の例の場合，*t*は*label.affix (t, l)*では生成されず，これを生成するアクションもそれまでに存在しないので使用できません．もしアクションの順番が逆だったら，*t*は*todo.add (t)*で既に生成されているので，可能なトレースになります．

CSPの合成の意味の起源　合成が個々の構成要素の振舞いを保存するという考え方は，Tony HoareのCSP（Communicating Sequential Processes）[58]から得たものですが，ここで説明するコンセプトの理論は，いくつかの点でCSPと異なります．第一に，コンセプトは決定論的で，CSPの「拒否」（プロセスがイベントへの参加を任意に拒否する可能性をモデル化したもの）は不要です．第二に，状態はコンセプトから観測可能で，同期を制約できますが，CSPでは特に役割がありません．第三に，コンセプト合成はインターリーブとして定義され，同期はトリガー / レスポンスの組でインターリーブを制限します．CSPではプロセスは共有アクションで同期されます．

コンセプト合成をCSPの用語で表すと，同期そのものを表現したプロセスを適切なコンセプトを表すプロセスと結合すると言えるでしょう．例えば，アクション*a1*がアクション*a2*をトリガーする同期は，次のようなプロセスとして表現されます．

SYNC = a1 → a2 → SYNC ｜ a2 → SYNC

これは，*a1*の後に*a2*が続くか，*a2*だけかのいずれかが繰り返されることを表します．

65　**Bruno Latourのインスクリプション理論**　哲学者で社会学者でもあるBruno Latourは，以前は行われていた手作業を機械が行う方法に「置換」（「翻訳」や「シフト」とも）という用語を用いています．Latourは，これを機械のデザインの一側面ではなく，機械の本質が，そのメカニズムに使用者と製作者が「刻み込まれる」ことにあると見ています[90]．

Latourの技術に対しての理解は，コンセプトに適しています．コンセプトの多く（例えばレストランの予約）は人間のプロトコルやポリシーの世界で生まれ，後になってソフトウェアに埋め込まれたものです．ソフトウェアで実現された人間のコンセプトは比喩ではなく，社会的なプロトコルの文字通りのプログラムコードでの「銘刻」です．Macintoshのゴミ箱が比喩であるとする誤解を招く主張は，皮肉にも，仮想世界の物理世界への関連づけが行き過ぎたのではなく，十分ではなく，全く同じコンセプトが動いているという誤った認識から生じています（ノート40参照）．

Dijkstraと擬人化　Dijkstraにとって，計算機を人間の行為者であるかのように語ることは許し難いことでした[35]．プログラムコードを振舞いによってではなく，不変量によって特徴付けるという，彼が好んだ抽象的で公理的なソフトウェアの見方を損なうように思えたからです．彼の弁によれば，不変量に基づく推論はプログラミング理論の大きな進歩の1つであり，惑星力学の軌道という考え方と同じように強力で抽象的な見方をプログラマーに与えたということです．一方，操作的な思考を否定したことは，「赤ん坊を風呂湯と一緒に捨てる」もので，ソフトウェアを考える強力な道具を否定しただけでなく，ソフトウェアが何であるかの重要なポイントも見失いました．コンセプトの用語では，コンセプトの状態と不変量は重要ですが，操作の原則は本質に近いのです．

66 **それまでのアクションに基づく許可**　同期のもう1つの一般的な使用法は，他コンセプトのアクションが実行されるまで，あるコンセプトのアクションを禁止することです．レストラン予約システムOpenTableでは，着席（予約コンセプトのアクション）していなければ，レビューを投稿（レビューコンセプトのアクション）できません．

このような同期では，あるコンセプトにアクションを追加し，他のコンセプトと連動させることが必要なことが多いです．例えば，予約コンセプトに，実際に使用される予約に対応するアクション（レストランだと予約をした人が着席）がないかもしれません．たとえ予約コンセプトの目的の達成に厳密には必要でなくても，合成対象になる可能性のある他コンセプトにとっては価値あるので，含めるべきでしょう（図4.7参照）．同じ理由で，（第4章で述べたように）no-showアクションを含めることもできます．予約しておきながら現れないことが多いユーザを罰することができるようになります．

67 **分離した関心事の橋渡し：ページと段落**　機能が豊富で興味深い一方で危険

な協調合成の例です．異なるコンセプトに分かれた関心事の橋渡しに使われます．

Adobe InDesignでは，ページの組版と段落の組版は明確に分離されています．マスターページでは，テキスト領域の大きさを設定し，欄外表題やページ番号などの共通の要素を含めることができます．マスターを複数作成することで，各ページのレイアウトをカスタマイズできます．例えば，本書（の原書）では，章ごとに欄外表題を設定したマスターと，ヘッダーもページ番号もない章冒頭を設定したマスターを用意しました．また，段落スタイルを使えば，共通の組版形式を定義し，一貫して適用できます．

マスターページと（第４章で詳しく説明した）スタイルという2つのコンセプトは，ほとんど独立していて，デザインに明快さと簡明さをもたらします．ところが，独立していることから，ユーザにとって余分な手作業につながる不便さが生じます．本書（の原書）で，ある章にテキストを追加するたびに，その章が新しいページに，はみ出る危険性があります．はみ出すと，その章の最後のページには「章の始まり」のマスターで，次の章の最初のページには「章の途中」のマスターでレイアウトされるのです．

これを修正するのは難しくはありません．章の途中で新しいページを追加することもできますし，マスターをページに割り当て直すこともできます．ところが，どちらも手作業を要します．ところで，（InDesignの多くのユーザに共通して）好ましいのは，文書のテキストを外部で編集することです．InDesignは，（自分で書いたプリプロセッサを用いると，テキストエディタでテキストを準備することができますが）Microsoft Wordやサードパーティ編集ツールとの連携をサポートしています．つまり，外部でテキストを編集すれば，InDesignがリンク先のテキストが変更されたことを検知して再インポートします．この自動化があるのに，手作業でページ調整しなければならないのは，大きな悩みの種です．

Mastermaticは，まさにこの問題に対処するInDesignアドオンです．どの段落スタイルにどのマスターを使用するかを指定することができます．例えば，「章扉マスターは，章扉スタイルの段落がページに含まれる場合に適用される」と指定します．

この自動化は歓迎すべきですが，コストがないわけではありません．マスターコンセプトとスタイルコンセプトの結合は，かなり複雑になります．異なるマスターページに割り当てられた異なる2つのスタイルの段落を1つのページが含む場合，どうなるのでしょうか．この場合，Mastermaticは，スタイルとマスターの関係を1つのリストにし，暗黙のうちに優先順位を与えて，衝突を解消します．また，テキストボックスを小さくしたマスターに切り替えて，その段落がページからこぼれてしまうとしたら何が起こるのでしょうか．このような理由から，AdobeはInDesign本体に，この同期を入れなかったのではないでしょうか．

68 **ゴミ箱とラベルの相乗効果のある合成のGmailの微妙さ**　Gmailのデザイナーは，削除済みメッセージの表示を抑止したいと考え，ラベル問い合わせへの表示メッセージに影響するアドホックな規則をいくつか導入しました．削除したラベルに明示的に言及しなければ，削除されたメッセージは結果から除外されるように思えます．逆に，そのラベルを参照すると，削除されたメッセージは抑止されません．

これは理にかなっているように見えますが，厳密にはラベルコンセプトがその仕様に従わないので，完全性の原則（**第11章**）に違反します．Gmailでは，「ゴミ箱かスパムのメッセージが探索条件を満たした」という警告とリンクが表示され，この問題を軽減しています．残念ながら，この警告は，メッセージが除外されたときでも一貫して表示されるわけではありません．深孔（**ノート89**）の例と思われます．

69 **MITのMoiraアプリにおける相乗効果のトレードオフ**　Moiraで管理グループをメーリングリストとして表現するのはデザインをスマートにする一歩ですが，完璧ではありません．メーリングリストには，2種類のユーザを追加できます．MITアカウント（したがってMoiraアプリ自体へのアクセス権）を持ちユーザ名によって特定されるMITユーザと，MITアカウントを持たず電子メールアドレスによって特定される外部ユーザです．外部ユーザを管理者グループに含めることもできますが，システムにログインができないので，何の効果もありません！相乗効果で考えるべきトレードオフの例です．

70 **Teabox，相乗効果，愉快なミスマッチ**　Teabox社は，インドの紅茶を海外の顧客に直接販売している素晴らしい会社です．彼らのWebアプリでは，ここで説明した相乗効果のある合成を採用していて，無料サンプルを価格ゼロの商品としてショッピングカートに追加します．

これがおかしことになったのです．ある時，お気に入りのお茶を購入しようと，以前Teaboxから送られてきたクーポンコードを入力しました．ところが，期待したような割引が受けられません．そこで，何が起こっているのか想像しました．

クーポンコンセプトは，何パーセントかの割引を適用するという単純なものではなく，ショッピングカートの中の最大3つのアイテムに適用するという巧妙な規則を使っていました．単なる3つではなく，価格の低い3つです．わかったのは，このうち2つが無料サンプルだったということです．善後策は，カートから無料サンプルを取り除くことです．それだけで，カートの合計金額が直ちに減りました．というのは，価格がゼロでないアイテムが2つも割り引かれたからです．

これはミスフィット（**第5章**）の好例で，あるコンセプトそのもの，この場合はクーポンコンセプト，は完全に妥当なのですが，予期しない状況に置かれると好ましくない振る舞いをする，ということです．

71 **Photoshopの驚くべき相乗効果**　Photoshopは，コンセプトデザインの相乗効果の魅力的な事例を示しています．その仕組みは大変複雑ですが，デザインの観点からは非常に勉強になります．このノートは，Photoshopの効果的な使い方を理解したい読者にも参考になると思います．

Adobe Photoshopでは，「ピクセル配列」とでも呼ぶべき，調整を適用して編集可能なピクセルの配列が中心的なコンセプトになっています．この形式で画像は，色のついたピクセルの2次元配列としてだけでなく，（赤，緑，青といった）3原色ごとのチャンネルと呼ばれる3つの配列と見ることができます．

チャンネルコンセプトで，これらの色ごとに画像編集ができます．例えば，青チャンネルを使って青空に対応するピクセルを選択したり，赤チャンネルが暗いピクセルを強めて，影が冷たくなりすぎないようにしたりできます．また，「Lab」カラー空間の明度（L），赤緑（a），青黄（b）のチャンネルに画像を分割し，明度チャンネルだけに鮮明さ処理を施すことがよくあります（元のカラー画像に鮮明さ処理を施すよりも優れた結果が得られると考える人が多いです）．チャンネルを編集すると，チャンネルは1つの色に対応するだけなので，画像には色がないように見えます．つまり，チャンネルはグレースケールの画像なのです．

Photoshop のもう1つのコンセプトは「選択」で，ピクセルの集まりを選択し，そのピクセルにのみ調整を適用できます．このコンセプトの特徴は，他の類似した選択コンセプト（例えば，ファイルや電子メールメッセージの一部を選択して，移動または削除するのに使用）と異なり，二値選択でなく，部分的にピクセルを選択できることです．調整が適用されると，選択の強さに比例して減衰します．完全に選択したピクセルには完全に適用され，選択していないピクセルには全く適用されず，その中間のピクセルには部分的に適用されます．部分選択を行うには，ブラシを適用して，ブラシを掃いて選択を強めることができます（「フロー」と呼ばれる機能を使用）．また，境界線を描く方法によって選択を定義すると，その後の調整がなじむようにエッジを柔らかくする「フェザリング」オプションと一緒にすることで，自然に部分選択できます．要は，各ピクセルに 0 から 100 までの値を割り当て，これを明度の値として扱えるということです．つまり，選択はグレースケール画像なのです．

第3章でPhotoshopを成功に導いたコンセプトとして取り上げたレイヤーコンセプトは，画像に調整を非破壊的に適用するものです．調整の集まりはレイヤーの積み重ねで構築でき，各レイヤーはオン/オフ，調整の有効/無効を切り替えることができます．各レイヤーには，調整を適用したいピクセルを指定するマスクを設定できます（図E.5参照）．選択は部分的で，マスクはそれ自体，またも，グレースケール画像です．

これらのコンセプトの相乗効果，チャンネル，マスク，選択がすべてグレースケール画像であるという事実は，Photoshopユーザに大きい力を与えます．例えば，目，髪，唇などの詳細な部分に影響を与えずに，肖像画の肌を明るくしたいと考えたとします．チャンネルを開き，「エッジを見つける」フィルタを適用すると，詳細部分のピクセルが暗いグレースケール画像になります．この画像をコピーバッファに保存し，明るさ調整レイヤーのマスクに貼り付けることができます．複雑そうですが気にしないでください．複雑なのですが，Photoshopの達人になるのに理解する必要があることです．

図E.5　Phtoshopのレイヤーコンセプトとマスクコンセプト．リンゴの画像を白く塗るレイヤーを作り，関連するマスクで，その周囲ではなく，リンゴだけが調整対象になるようにした（マスクの白い点がリンゴに対応することに注意）

相乗効果のある合成，同期された状態とビュー　これまでに説明した合成は，アクションの同期から理解できます．例えば，Photoshopのチャンネルとピクセル配列の合成は，チャンネルの編集をピクセル配列の対応する編集に同期させ，その逆も同様です．

しかし，これらの例のいくつかは，同期の全体効果を，より簡単に，状態の同期として理解できます．Photoshopには，チャンネルの対応するグレースケールのピクセルに色ピクセルを関連付ける不変量があります．例えばRGBの場合，赤チャンネルのピクセルの明度の値は，カラー画像ピクセルの赤色の値と完全に一致します．

このことは，もう1つ別の，補足的な同期形式があることを示唆します．コンセプトを，アクションではなく，状態に対する制約によって組み合わすことです．このアプローチでは，アプリの全状態をコンポーネントに射影し，その要素を関係付ける不変量を定式化することで，コンセプトを発見できます．例えば，ワープロの場合，文書の状態は，文字から構成されるテキストコンポーネントと，各文字に独立して書式を割り当てる書式コンポーネントに分けられるでしょう．さらに興味深いことに，段落の列としての文書という見方，文字列としての文書という見方にも分けられます．段落区切りを挿入すると，前者では新しい段落が追加されますが，後者では単に文字が追加されるだけです．アクション同期の観点からは，一方での段落追加アクションと，他方での文字挿入アクションとをピン留めしていることになります．

この種の同期化は，過去，活発に研究された領域，ビュー構造化に関連します．これらの研究では，仕様[2, 153]やプログラム[109]の1つの状態を重なりのあるビューとしてシステムをモジュール化する方法を探りました．このコンセプト合成に関するアイデアを先取りした初期の論文は，テキスト編集を例とし，仕様全体を不変量で結ばれた2つのビューに分割することで，文字の挿入やカーソルの上下移動など，1つのビューでは簡単に記述できないアクションの簡明な仕様が記述可能なことを示しました[61]．

72　**Windowsにおけるゴミ箱の初期デザイン**　マイクロソフトはWindows 95で「Recycle Bin」を導入しましたが，Appleのゴミ箱とは異なり，フォルダ全体を格納することはできず，フォルダを削除すると個々のファイルに分解されました．ただし，ユーザがフォルダに属していたファイル全部の復元を選択すると，フォルダの内容も含めて復元されました（参照：https://en.wiki.pedia.org/wiki/

Trash_（computing））.

73　**合成の他の不具合：空にしてもゴミ箱のアイテムが削除されない時**　macOSのゴミ箱とフォルダの相乗効果に問題のある例をもう1つ紹介します．Unixのフォルダコンセプトを説明したとき（**ノート15**），1つのアイテムが複数の親フォルダを持てたことを思い出してください．これはMacintoshで使われたフォルダコンセプトで，ゴミ箱に入れたファイルが別のフォルダに残ることを意味します．ゴミ箱を空にすると，ゴミ箱フォルダからファイルが削除されますが，永久に削除されたわけではなく，そのスペースは再利用されません．

これは完全性違反の例ですが（**第11章**），（macOSでは）グラフィカルユーザインタフェースを介して2つのフォルダにファイルを置くことができないので，特に厄介な問題ではありません．実際，コンソール画面でUnixのlnコマンドを発行する必要があるのです．とはいえ，インストールしたソフトウェアがファイルを2つの場所にリンクしている可能性は残り，ファイルを完全に除去するには両方の場所で追跡する必要があります．

Outlookで見られる愚かな相乗効果　相乗効果を得ようとする試みが，的外れなことがあります．Microsoftの電子メールシステムOutlookでは，電子メールクライアントとメッセージサーバ間の同期に失敗すると，エラーメッセージがログに書き込まれます．このログとメッセージを保存するのに，Outlookのデザイナーは，既存の電子メールフォルダとメッセージの構造を用いることを選びました．

電子メールメッセージに対する既存ツールを用いてログ操作ができるので，ログコンセプトとフォルダコンセプトの良い相乗効果と思えたかもしれません．ところが，このように決めたことで，多くの新しい問題が起きました．新しいメールフォルダが突然現れるのを見て驚き，生成される大量のメッセージに混乱し，削除できないことに苛立ちました．メールクライアントがこれらのエラーログフォルダをサーバと同期させる状況に陥り，同期が正しく行われなかった結果，このフォルダ作成のせいで失敗したと不満を漏らすユーザも出てきました．システム管理者は，一般にエラーログはクライアントのみに保存されていることから，クライアントとサーバ間の問題を診断するのに，エラーログにアクセスすることができず，不満を感じています（参照：https://thoughtsofanidle.mind.com/2012/08/29/outlook-sync-issue）.

相乗効果に乏しいのは，特異性の原則（**第9章**）に違反する例が多く，1つのコンセプトに複数の目的を持たせていることが原因です．Outlookの例では，メッセージフォルダに，メッセージを分類する目的とは異なる（同期ログを保存するという）新しい目的が与えられているのです．

74　**過剰同期によるGoogleのミステリー**　この奇妙な同期欠陥の不運な犠牲者になったことがありました．本書を執筆している間，Gmailを使ってデザインの問題を探ってみたくなりました．そこで，Alice, Bob, Carolという架空の人物のGmailアカウントをいくつか作りました．しばらくして，（Google DriveやGoogle Groupsなど）すべてのGoogleアプリでの表示名が本名のDanielからAliceに切り替わっていることに気づきました．

そのうち，何が起きたのかがわかりました．うっかりして，自分のGoogleアカウントの作業中に，架空のGmailアカウントを一つ作成してしまったのです．ユーザネームがリセットされて「Alice Abalone」に変更されていました．この名前は，愉快に思えたこともあったのですが，Googleアカウントを使用するあらゆるところで公式の名になってからは，不愉快に感じるようになりました．

驚いたことに，この変更は元に戻せませんでした．取り消しできず，新しいGoogleアカウントを作成し，すべてをそちらに切り替えることを余儀なくされました．これは2018年に起きたことです．その後修正されていることを祈ります．

75　**Adobeによるアップデートの取り消し**　この話は，Lightroomチームが直面したデザイン上の難しいトレードオフを浮き彫りにしています．熟練したユーザは同期がなくなることに憤慨したのですが，開発者は使い慣れていないユーザにとって，同期を制御する環境設定が過度に複雑なことを懸念していました．

Lightroom開発チームの責任者であるTom Hogartyは，注目すべき謙虚なブログ記事で，次のように書きました．「次のアップデートで古いインポートエクスペリエンスを復活させる予定です…月曜日に出荷したLightroom リリース6.2の品質について個人的にお詫びしたいと思います．インポートエクスペリエンスの簡略化も，お粗末な対応でした．私たちのお客様，教育関係者，研究チームは，このトピックスについて明確な意見をお持ちです．Lightroomのインポートエクスペリエンスは気が遠くなります．製品を使用するのにすべてのお客様がこなすべきステップです．1つの画面ですべてのオプションを提供してお客様を圧倒することは，耐えうる道ではありませんでした．そこで，デフォルト設定を変更し，多くの機能を設定パネルから隠しました．同時に，使用頻度の非常に低い機能のいくつかを取りやめ，複雑さを減らして品質を向上させました」．

意外なことに，最も多い苦情の1つが，画像の取り込みが完了すると元画像の入ったフラッシュカードや外付けドライブが自動的に排出される同期機能をAdobeが廃止したことについてでした.

これはデザイン上の大きな問題ではないと思ったかもしれません．というのも，ユーザはいつでもカードを数回クリックすれば，手動で取り出すことができたからです．ところが，多くの専門家ユーザにとって，このひと手間は，大量のカードから写真をアップロードする作業が大きな負担になると感じさせたようです．また，カードが自動的に排出されることで，カードから誤って削除してしまうのを防げる，という指摘もありました．この話は大変興味を引きました．企業が変更を取り止める非常に珍しいケースであり，一見ちょっとしたデザイン上の決定に対して,ユーザがいかに敏感に反応するかを示すからです．なお,Lightroomは,最高のアプリケーションの1つと思われます.

なお，このアップデートにはリリース前に解決されていないバグがあり，このバグの存在も間違いなく変更を取り止める理由の1つでした（参照：https://blogs.adobe.com/lightroomjour.nal/2015/10/lightroom-6-2-release-update-and-apology.html）.

76　**Google Formsの同期不足**　Googleフォームの視覚的な表示とスプレッドシートの間で同期がとれていないことで，困ったことが何度かあります．匿名のアンケートを作成することが多いのですが，回答者が最後にコメントと返信用の電子メールアドレスを追加する機会を設けていました．入力した電子メールアドレスが視覚的な要約情報に現れて匿名性を損なうのですが，スプレッドシートから手動で削除しても効果はありません．データを投稿したコミュニティと，匿名になっている要約情報を共有してはならないことになります.

77　**Zoomのもう1つの同期の問題**　Zoomのセッションコンセプトでは，1つの識別子を複数の会話で自由に使用できます．Zoom Webポータルは，このコンセプトを従来のカレンダーイベントと同期させるので,セッション作成時に,セッションの日時，または繰り返し開催する日時を指定するように促されます．ところが，この同期は，見た目以上に複雑です．Zoomセッションには繰り返し回数の制限があり，繰り返しが上限を超えると失効します．紛らわしいことに，1つのイベントとしてスケジュールされたセッションは，繰り返しイベントとしてスケジュールされるセッションと同じように繰り返されますが，有効期限は（365日ではなく30日と）短くなります．1回限りまたは繰り返しイベントとしてスケジュールされたセッションは,「固定回数なしの繰り返しイベント」としてスケジュールされていない限り,最大50回まで繰り返すことができます.たぶん,この同期は,セッション識別子を保存するリソースのコストと,ユーザに柔軟性を与えたいという願望のバランスからデザインされたように思われますが,(例えば,ユーザのプロフィールに,所有の有効期限が切れていないセッションをリストし,二度と使うつもりのないセッションを削除するよう促すなど)もっと簡明な方法でも達成できるようです.

78 **Therac-25の教訓** Nancy LevesonとClark TurnerはTherac-25の事故について徹底的な説明と分析を行いました[92].衝撃的なことに,ここで説明した(より詳細に論文で説明した)同期の欠陥は,最初の事故後には発見されず,その代わりにハードウェアの不具合に起因するとされました.最初の事故を適切に調査しなかったので,最終的に正しい診断が得られるまでに,何度も事故が起こりました.

LevesonとTurnerは,このような事故は複雑な蜘蛛の巣のような不手際の連鎖によって起こるし,ソフトウェアにバグがないと考えることは甘いと指摘しています.とはいえ,同期の欠陥が,事故の原因であろうことは確かです.ソフトウェア中心システムの安全性(あるいはセキュリティ)を確保する唯一の方法は,デザインを単純化すること,つまり,ミスフィットが理解されている堅牢なコンセプトを用いることです(**第3章**「安全・安心を確保するコンセプト」,**第5章**「ミスフィット:目的が達成されないとき」,**ノート60**,**ノート61**を参照).

第7章 コンセプト依存性

79 **現実の問題への新しいコンセプト** 不必要なコンセプトでデザインが複雑化する傾向に対抗して,新しいコンセプトを追加したくなったら,その都度,この新しいコンセプトは,既存のデザインのどんな問題を解決するのだろうか,と問い直すのが良いです.

ここでは2つの例を紹介します.Netflixは,オンラインストリーミングを開始して6年後の2013年に,映画鑑賞アプリにプロフィールコンセプトを追加しました.問題は単純明快でした.家族それぞれが同じアカウントで異なる映画を観ていたので,レコメンデーション(私へのおすすめがあなたの過去の選択に基づきます)とプレースマーク(私が映画を観ると,あなたが半分だけ観たという記録が消えます)の両方が台無しになっていました.プロフィールコンセプトは,この問題をうまく解決しました．家族それぞれが自分専用に持つアカウントが，1つの課金用アカウントに含まれるというものです．

Netflixのプロフィールコンセプトは，同じアプリにユーザコンセプトを2つ取り入れるので，相乗効果の例といえます．プロフィールには初歩的な認証機能があり，アカウントの所有者はプロフィールへのアクセスを制御するPINを追加できます．あるプロフィールを特定の評価を持つ映画に限定することで，子供が視聴することを保護者がコントロールする方法として利用できます．これは明らかなことですが，プロフィールをロールとしても使えます．例えば，「ドキュメンタリー」プロフィールと「夜デート」プロフィールを定義して，別々に映画リストとお薦めを管理できます．

AppleのスライドプレゼンテーションアプリKeynoteは，最初のリリースから約10年後にスタイルコンセプトを追加しました．Keynoteにはすでにマスターコンセプトがあり，スライドの見出しやテキストレベルなどのスタイルを定義するマスタースライドを作成できました．ですから，スタイルコンセプトは不要と思われるかもしれません．このことが，Microsoft PowerPointにスタイルコンセプトがない理由と思えます．ところが実際には，マスターコンセプトは不十分です．（マスタースライドで決められたレベルに対応しない）引用やマスタースライドのテキスト本体の外側に表示されるテキストなどのスタイルを定義できませんし，（例えば，単一の見出しスタイルなど）マスター間で一貫性を保つこともできません．

80 **差別化としてのコンセプトの例**　識別コンセプトは，**第3章**で差別化要因と呼んだものです．製品の要となるだけでなく，デザイナーが競合他社との差別化を図ることを期待する新規のコンセプトです．技術的な離れ業と言ってよく，良い例として，Adobe Photoshopの（画像の非破壊編集を可能にする）レイヤーコンセプト，Google Slidesの（驚くほど正確なキャプションをその場で生成する）オートキャプション，WhatsAppの（携帯電話ネットワーク上で実行できるほど少ない帯域でユーザに無料電話を提供する）コールなどがあります．一方，識別コンセプトのように，特に精緻でも技術的に複雑でもない差別化機能もあり得ます．例えば，Tiktokというアプリは，簡単な共有楽曲コンセプトが大成功したことが差別化要因です．他ユーザの動画のサウンドトラックをもとにして動画を作成できます．

81 **Parnasの依存関係図**　本書の依存関係図は，David Parnasの仕事に触発されていますが，いくつかの重要な点で違いがあります．依存関係の原型は，Parnasが代表的な論文「Designing software for ease of extension and contraction」[116]で紹介したもので，依存関係を「uses関係」と呼んでいます．

依存関係はプログラムコードから定義されるので，AがBに依存するかどうかは，Aがどのように記述されているか（例えば，Bへの呼び出しを含むかどうか）で決まります．大雑把に言うと，AがBに依存するのは，Aの正しい実行がBの正しい実行に依存する場合です．正当な製品系列に対応する部分集合は，この定義にしたがいます．というのは，AがBに依存すると，Aを含むがBを含まない部分集合は正しく実行されないからです．

Parnasが提案した戦略は，製品系列に望ましい影響を与えるようにプログラムコードをデザインすることです．彼の方法論は，次のようなものです．Aを含むがBを含まない部分集合は考えられなくて，さらに，Bを利用するとAの構築が容易になるときに限ってBを使うように，Aをデザインすることです．

Parnasの依存関係の洗練　私の初期の論文で，従来の依存関係の見方が十分ではなく，意味をなさないことがある理由を説明しました[63]．Parnas自身は，これらの問題を予見し，原論文で，例えば，AがBを呼び出すことは，AのBへの依存性に必要でも十分でもないことを述べています．依存関係の考え方が広く使われているにもかかわらず，これらの問題は完全には解決されていません．最近になって，Jimmy Koppelと共に，反実仮想因果関係の考え方を基本として，ここで提起した（のと他の）問題を克服する新しい依存関係のモデルを提案しました[84]．

コンセプト依存関係 vs. プログラムコード依存関係　コンセプト依存関係は，可能な部分集合を定義するという点で，Parnasの依存関係と似ています．ですから，コンセプト依存関係図は（Parnasのuses関係のように）1つのアプリケーションではなく，製品ファミリー全体を特徴づけることができます．

ところが，コンセプト依存関係には重要な点で違いがあります．コンセプトは常に自立型で，正しい操作を構成するのに，他のコンセプトに依存することはありません．プログラムコードモジュールの依存性が，そのモジュール内のプログラムコードと他モジュールへの呼び出しというプログラム固有の性質から生じるのに対し，コンセプトの依存性は使用する状況のみに関わる結果です．

したがって，コンセプト依存関係は主観的で，アプリが一貫性を示すようにデザイナーが設けた仮定を表します．鳥の鳴き声アプリの場合，質問と回答がありながら，ユーザ認証がないアプリを考えるのは不合理と思えたかもしれません．この例では，依存関係図に，q&aに対するユーザの依存関係だけでなく，ユーザに対するq&aの依存関係も含まれます．そして，一貫性のあるアプリに，両方のコンセプトが含まれることを確認します．

このように依存関係をデザインオプションの表現方法として自由に使えるのは，コンセプト間の接続関係が，コンセプトそのものではなく，コンセプトが合成される際の同期で表されることに由来します．また，整合性に必要ないコンセプトを取り除くと，同期の調整が必要な場合があります．これに対してParnasの依存関係では，部分集合が依存しないモジュールは（理論的には）単に削除し，取り除いた残りの部分集合を再コンパイルできます．

要約すると，Parnasの場合，部分集合は基本的な依存関係から導かれ，コンセプトの場合，部分集合が依存関係を定義するのです．

オブジェクト指向の考え方と依存関係の原則違反　Parnasの方法論の原則（上述）は，しばしば破られます．さらに悪いことに，このような違反が，プログラミングの仕方から生じることがあります．特にオブジェクト指向プログラムコードでは，最も一般的で馴染みのあるイディオムでさえ，Parnasの原則に反するように思えます．

Javaのような言語で，投稿コンセプトとコメントコンセプトからなるフォーラムを構築するとします．これらのコンセプトを実現する標準的なオブジェクト指向の方法は何でしょうか？　PostクラスとCommentクラスがあり，PostクラスはaddCommentやgetCommentsなどのメソッドを提供するでしょう．これによって，PostクラスはCommentクラスに（Parnasの意味で）依存することになります．

次に，実現できそうな部分機能を考えましょう．明らかに，コメントなしの投稿は意味がありますが，投稿なしのコメントは意味がありません．ですから，依存関係図には，コメントと投稿の依存関係が示されているはずです．ちょうど，コンセプト依存関係図で，コメントコンセプトが投稿コンセプトに依存する関係を示すように，です．つまり，依存関係が逆になり，オブジェクト指向プログラミングは，逆さまの構造を導いたようです．

どのようにして，逆さまになったのでしょうか．この問題の根源は，オブジェクト指向プログラムの構造が，通常，制御フロー中心だからです．ユーザインタフェースは，投稿が表示されたときに，その投稿に結びつけられたコメントを見つける必要があり，コメントを追加するボタンを投稿の隣に提供する必要があるので，Postクラスにコメント追加機能を入れたくなるのが自然です．

実際，オブジェクト指向プログラミングの原則によると，それ以外は難しいです．Commentクラスに，投稿をコメントに対応させる内部テーブルを設けて，getComments のようなメソッドを提供できますが，この内部テーブルはPostではなくCommentの内部なので，Postのオブジェクトを引数として受け取ります．このようなテーブルは，静的な状態はオブジェクト指向には不都合であり，クラスは静的なコンポーネントを持つべきではない，というよく言われるルールに違反します．もう1つの方法は，例えばForumという別のクラスを作り，そこに投稿からコメントへ，あるいはその逆の対応付けを行うテーブルを持たせることです．ところが，このようなクラスを使用すると，オブジェクト指向の別の原則に違反します．例えば，Forumのメソッドを呼び出して，ある投稿に関わるコメントのリストを取得し，自身のメソッドを用いて，コメントを表示するということは，Demeterの法則[94]に違反します．

以上のことは，コンセプトを直接的かつモジュラーなプログラムコードで提供するような，プログラミングの新しいイディオムが必要なことを示唆します．依存関係についてだけでなく，プログラムコードがどのように構成されているかということです．先に述べた最初のオブジェクト指向イディオムは，初心者が使うような素朴なもので，PostクラスがaddCommentメソッドを持つ方法によると，残念ながらコメントコンセプトの実現がクラス間で分断されます．というのは，Postクラスに，投稿とコメントの間の対応関係が含まれるからで，この対応関係の構造はコメントコンセプトに属する一方で投稿コンセプトに属さないからです.コンセプトデザインに忠実な構造のプログラムコードであれば,そのモジュールからコンセプトを分離できるでしょう．

82　**詳細なデザインから生じる依存関係**　依存関係は，デザインの深い知識に依存します．BirdSong 0.1では，個々の識別情報に賛成票を投じることができます．「それはアメリカゴールドフィンチかレッサーゴールドフィンチだ」という回答があると，ユーザは2つの識別タグ個別に賛成票を投じることができるかもしれません．また，録音に賛成票を投じて，その録音が好きということを表明できます．もしそうなら，（録音と識別情報にも賛成票を投じるという）さらなる依存関係が生じるでしょう．

83　**一次依存と二次依存についての注意**　二次依存関係（点線のエッジ）が部分集合から外向きのとき，あるいは，一次依存関係（実線のエッジ）が外向きでかつ二次依存関係を1つ含む場合，部分集合は一貫したアプリを形作る可能性があります．

これは，以下に述べるような依存関係の解釈を反映しています．つまり，コンセプトは，一次依存先のすべて，または二次依存先のいずれか1つに依存します．ここで，詳しい表記法を用いると，一般的な依存関係をうまく表現できます．あるコンセプトがコンセプトC_iからなる集合の集合Cに依存し，そのコンセプトが含まれるときは常に，C_iのいずれかをカバーするコンセプト集合が少なくとも存在する場合に，依存関係が満たされる，というものです（これは論理和標準形に相当し，任意の従属関係の論理的な組み合わせを表現できます）．

フィーチャーダイアグラム　フィーチャーダイアグラム[76]は，通常，製品ファミリーのフィーチャーをand/or木で示し，整合性のある組み合わせを表します．組み合わせを指定するという点で，上に述べた詳しい表記法と同等です（したがって，依存関係の基本的な図よりも表現力が豊かです）．ところが，フィーチャーダイアグラムは，依存関係を直接表現するものではないので，デザインの観点からは，あまり有用ではありません．

84　**Facebookのコンセプト**　依存関係図は，Facebookのコンセプト間の関係をわかりやすくします．友達コンセプトは，ユーザが見る投稿をフィルタリングするという第二の目的を持ちます．これは技術的には（**第9章**で説明する）オーバーロードです．Facebookでは，写真にタグを付けて誰が写っているかを示せますが（2005年12月に導入された機能），投稿やコメントにもタグ付けできます（2009年9月）．簡単のため，写真コンセプトは図から除外しました．

Facebookは，2013年3月に返信コンセプトを導入しました．それ以前は，コメント一覧の最後に新たなコメントを追加しなければ，ユーザがコメントに返信できず，流れが失われました．返信コンセプトはスレッドの考え方を導入し，ユーザがコメントに直接返信できるようになりました．返信はコメントとは別のコンセプトというわけではありません．投稿だけでなくコメントにもコメントできるように，コメントコンセプトを強化したものです．これを図で表すには，返信にスレッド付きコメントという新しい名前をつけ，返信のコメントへの依存を取り除き，部分集合がフラットコメントとスレッド付きコメントの2つのオプションのいずれかを選択できることを明確にすればよいです．

いいね！コンセプトは，Facebookの登場から5年後の2009年2月に導入されました．今では，賛成とかいいねとか返信といったコンセプトのないソーシャルメディアのアプリを想像することが難しいです．というのは，これらのコンセプトは，プラットフォームが価値を得る中心だからです．1つはユーザにちょっとした報酬となる心理的な刺激を与えることですし、もう1つはユーザの好みから個人情報を抜き出す陰湿な方法なのです．

85 **Safariのコンセプトのパラドックス**　プライベートブラウジングコンセプトは一見するとちょっとしたパラドックスですが，コンセプトの依存関係を理解すれば，それほど不可解ではありません．プライベートブラウジングコンセプトはCookieに依存しており，もしCookieがなければ，プライベートブラウジングコンセプトは必要ないからです．つまり，プライベートブラウジングはあるがCookieはない，という部分集合は意味をなしません．ところが，本質的なことは，（Safariでは，プライベートウィンドウを開いて）プライベートブラウジングを有効にするときはCookieを使用しないことなのです．

Safariが多くの相乗効果を必要な理由　ここで提案した相乗効果は，お気に入り，よく使う項目，reading listが，すべてブックマークに依存し，独立したバリエーションではなく，ブックマーク機能の拡張と見なせるような構造を形成します．お気に入りコンセプトは既に相乗効果を示しており，ブックマークコレクション中の定義済みフォルダに過ぎません．その他の機能は，疎な関係にあり，例えば，ブックマーク機能であってreading listの機能ではないので，reading listをフォルダで整理できませんし，通常のreading listをオフラインで利用しようとして保存することもできません．このように，関連するが比べようのないコンセプトが混乱を招いている証拠に，両者の微妙な違いを説明する記事がネット上に多数存在することを指摘しておきます．

86 **Keynoteのコンセプト**　Keynoteには，実は段落スタイルだけでなく，文字スタイルコンセプトがあります．シェイプスタイルは，最初の段落の段落スタイルも保存するようです．

どの関係を一次依存とするかの選択は，少々恣意的なことがあります．例えば，アニメーションは特別なブロックの箇条書きのポイントを再生するのに使用されることが頻繁にあるので，アニメーションは特別なブロックに一次依存します．複数の依存関係を（優先順位付けなしに）表現可能にする図式表記法を考えることもできますが，妥協できないくらい複雑になるでしょう（ノート83参照）．

Keynoteのデザインには，2つの点で未解決の課題があるように思えます．1つは遷移コンセプトで，これはスライド間の遷移を制御するのですが，アニメーションコンセプトとは違うものです．そこで，(「マジックムーブ」遷移のように) 遷移によってオブジェクトをアニメーションするときに，混乱を招きます．もう1つの厄介な側面は，特殊ブロックコンセプトに関連します．特殊ブロックは，段落をレベルの階層構造で構成できますが，アドホックな制限があります．スライドに特殊な「本体」ブロックが1つだけあり，(通常のテキストブロックは階層を持つことができず) 特殊ブロックはグループ化できません．このような制限の根拠は，特殊ブロック内のテキストを概略モードで入力できるようにすることだと思われます．つまり，特殊ブロックコンセプトは，概略コンセプトがあるからこそ意味を持つ (つまり，概略コンセプトに依存する) のです．

第8章　コンセプトマッピング

87　**ダークパターン**　英国のUXデザイナーのHarry Brignullは，2010年に，ユーザを欺くWebサイトで繰り返される題材を「ダークパターン」と呼びました[15]．ダークパターンの多くは，コンセプトとユーザインタフェースの対応付けを伴います．例えば，「ローチモーテル」パターンは，(無料試用期間のある定期購入など) 申し込みは簡単ですがキャンセルを難しくするものです．

通常，基本となるコンセプトそのものは関係しないのですが，悪意からデザインされたコンセプトがあるかどうかを調べてみたいと思っています．このような「ダークコンセプト」を真っ当な企業が使っている，という分かりやすい例は見つかっていません．セキュリティ分野では，(フィッシング，クロスサイトリクエスト偽装，インジェクション，クロスサイトスクリプティングなど) 多くの攻撃をダークコンセプトと見なせるかもしれません．

88　**Gmailのラベルマッピング**　Gmailのラベルマッピングの問題を回避する方法の1つは，(環境設定のトグルを切り替えて) 会話表示をオフにするだけです．これは，会話の構造から得られる利点を失うので，あまり満足できるものではありません．

現在のデザインでは，Gmailはメッセージを折りたたんだ状態で表示したり，展開した状態で表示したりします．最初，この切り替えは，問い合わせたラベルを持つメッセージに対応しているのではないかと期待しました．ところが，この機能は，最新のメッセージを表示する，最近変更された (例えば，スターを付けるなどの) メッセージを表示する，送信済みメッセージフィルタの場合には特定ラベルを持つメッセージを表示するなど，複数の一貫性のない方法で使用されているようです．

Apple Mailには，会話コンセプトとフォルダコンセプトの相互作用に，同じような問題があります．会話設定は，フォルダ単位でオン・オフが可能です．デフォルトでは，受信トレイの会話はオン，送信済みメッセージフォルダではオフになっています．ですから，送信済みメッセージを見たいとすると，見えるのはそれだけです．この解決方法は，ラベルの組み合わせによるフィルタリングに一般化できないので，Gmailではうまくいきません（Gmailのデザイナーは，ラベルアクションを使用してフォルダアクションをエミュレートすることで，ラベルとフォルダの利点を組み合わせようとしましたが[129]，上記の例は，このアプローチの限界の1つを示しています）．

89　**大きな痛みの兆候としての小さなデザイン欠陥**　懐疑的な人は，本書で論じたデザイン上の欠陥の多くは比較的小さなものだと不満を漏らすかもしれません．これに対して，まずは，事例を一流企業の主要製品に限定することで選択バイアスが生じると言えます．また，開発初期の製品や能力の低い企業の製品を含むサンプルを多く用いれば，より大きな問題が明らかになると思っています．

これまでに述べたデザイン上の欠陥の多くは，傍目には小さく見えても，プログラムコードの中で生じる複雑さに対処しなければならない開発者にとっては，かなりの苦痛をもたらしたと思います．これらの欠陥のいくつかは，発掘された頭蓋骨の小さな欠陥に見えるものが，その形成時に受けた苦痛を思い出させる深孔なのです（図E.6）．

90　**Backblazeの戦略の向上**　古いファイルを検索するには，より効率的な方法があります．一度に1日ずつ遡るのではなく，2分検索を行えます．例えば，あるファイルが壊れる直前のバージョンを見つけたい場合，破損が1月1日から3月1日の間に起こったことが分かっているとします．まず2月1日を選び，そのバージョンが壊れていたら1月15日を試し，そのバージョンが壊れていなければ，期待するバージョンが見つかると考えて2月15日を試すのです．

そうすると，検索を60ステップから6ステップに減らせます．また，ファイルの修正日も利用できます．例えば，2月1日のバックアップの修正日が1月5日の場合，1月15日を確認する意味はなく，次は1月5日を確認すればよいでしょう．

91　**フラグvs.ラベル**　フラグコンセプトとラベルコンセプトは似ています．フラグは通常，事前に定義され，相互に排他的です（1つのアイテムにつき，最大1つのフラグ）．フラグについて説明したフィルタリングの難しさは，ラベルにも

図E.6　深孔：小さなデザイン欠陥の比喩だろうか？（Hieronymus Bosch作 The Extraction of the Stone of Madnessより）

当てはまりますし，実際，変更可能なプロパティによってアイテムをフィルタリングするコンセプトであれば何にでも当てはまります．

92　**Lightroomのライブフィルタリングの難問**　フィルタを通ったアイテムだけを表示するフィルタリングされたアイテムリストは，一見すると当たり前のように思われますし，Adobe Lightroom Classicで使われています．これに伴って生じるユーザビリティの問題は，マッピングのデザインを考えるのに良いケーススタディとなります．

Lightroomでは，強力なフィルタバーがあり，さまざまなラベルやフラグが付けられた写真，メタデータが特定のキーワードを含む写真，モノクロに変換された写真を選択できます．例えば，カメラを特定するメタデータや，絞りやシャッタースピードのように固定された撮影パラメータもありますが，ユーザが変更することも可能です．フィルタの結果がフィルタ設定を常に反映するような単純なマッピング形式を採用すると，残念な結果になることがあります．

ここで例を2つ挙げます．モノクロ変換された写真だけを表示するようにフィルタをかけるとします．サムネイルの一覧から1枚を選び，さまざまな画像のレンダリングを試そうと，「現像モード」で写真を開いたとします．現像モードを終了すると，その写真を選択したままサムネイル表示に戻ります．このように，編集中の写真は現在選択されている画像です．

さて，現像モードで写真を開き，色調を調整したり，画像を切り取ったりできます．ここで，モノクロではなくカラーに切り替えるオプションを選択したとします．Lightroomでは切り替えが可能なのですが，選択中の写真は条件を満たさなくなります．この写真は即座に削除されるだけでなく（現像モードのままなので見えません），編集中の写真が常に選択されているという不変性を維持しようとして，現像ウィンドウが突然空白になり「選択された写真はありません」というメッセージが表示されます．これは不愉快ですし，非常に不便です．画像編集していないので，モノクロに戻すことはできないのです．Lightroom の素晴らしい取り消し機能は，この状態から救い出してくれるのですが，サムネイルモードに戻るだけです．

これは，ユーザが誤操作をしたときに（誤操作はよく起こりそうですが）問題となる相互作用の例を示しています．2つ目の例は，頻繁に行いたい作業で，このデザインのせいで回避策を考案する必要があったものです．

Lightroomでは，画像にキーワードを付けられます．写真に写っている人物を特定するのに，この機能を使用します．やりたいことは，あるキーワードを確認したい，あるいは別のキーワードに置き換えたい，ということです．例えば，娘の画像に「Rebecca」というキーワードをつけたとして，「Becca」というキーワードに置き換えたいとします．そこで，最初の（古い）キーワードを含む画像をフィルタリングし，これに2番目の（新しい）キーワードを一括して追加します．ここまでは順調にいきます．次に，古いキーワードを削除すると，画像すべてが消えます．というのは，フィルタ条件のキーワードを持たないからです．これは深刻な問題で，写真のキーワード編集結果をディスク上のファイルに保存して作業を完了させたいのですが，選択していない写真に，保存コマンドを実行できません．

（ちなみに，回避策としては，まず必要なキーワードで写真をフィルタしてから，すべてを選択します．次にフィルタをオフにすると，写真が適切に選択されたままの大きなコレクションになります．これで，キーワード変更に伴って写真が消えることなく，一括編集ができます．）

元のフィルタリングのアイテムをプロパティで印付けるAppleのデザインにしたがってもうまくいかないでしょう．（複数のプロパティを組み合わせることができるように）フィルタリングが強化されているからです．解決策としては，編集後にフィルタに一致しなくなった写真をグレーアウトすることが考えられます．そうすれば，ユーザはどの写真がフィルタに合っているかを簡単に確認でき，合っていない写真を選択できます．

93　**選択コンセプトとシングルトンのアクション**　似た問題は，ユーザが複数のアイテムを選択し，そのすべてにアクションをまとめて適用可能にする，選択コンセプトでも生じます．例えば，macOSのFinderのようなデスクトップのファイルマネージャで使われています．複数ファイルを選択し，ワンクリックですべて削除できます．1つのアイテムにしか適用できないアクションだと，複数アイテムが選択されているときに，そのアクション呼び出しが問題です．

解決策の1つは，単純に，そのようなアクションを禁止することです．Finderでは，2つのファイルを選択して，名前変更アクションを適用しようとすると，ブロックされます．もう1つの解決策は，選択されたアイテムに加えて，アクションのターゲットとなる単一のアイテムを（選択されたアイテムの中で）マークすることです．例えば，Lightroomでは，複数のサムネイルを選択すると，そのうちの1つが少し明るい枠でハイライトされます．また，選択してハイライトされるサムネイルを順番に変えていくユーザインタフェースアクションが用意されています．この方法は，Lightroomのコレクション削除の曖昧さの問題を解決するのに使用できます．複数のコレクションを選択すると，そのうちの1つが目立つでしょう．一方で，この解決策はやりすぎで，ユーザを混乱させる可能性が高いように思えます．

第9章　コンセプトの特異性

94　**Googleのうっかりユーモア**　Gmailのラベルとカテゴリーの違いを理解しようとして，Googleのヘルプドキュメントで「ラベル」を調べました．「ラベルはメッセージをカテゴリーに整理する…」と始まっています（図E.7）．

95　**Zoomが冗長なコンセプトを持つ理由**　Zoomの開発者が，既存コンセプト（チャット）を拡張するのではなく，わざわざ別コンセプト（ブロードキャスト）を作った理由は何でしょうか．ブレイクアウトのコンセプトをアプリに統合するよりも，ブレイクアウトルームを別のZoomコールとして扱う「完成度は低いが迅速な形」を選んだのだと思われます．このように考えると，ブレイクアウトルームのチャットでの「みんな」が，そのルームの参加者のみを指すことや，ブレイクアウトルームが閉じられるとチャットメッセージが失われることを説明できるようです．

96　**異なる目的による見かけの冗長さ**　重複しているように見える2つのコンセプトも，よくよく考えてみると，目的の違いを反映していることがあります．

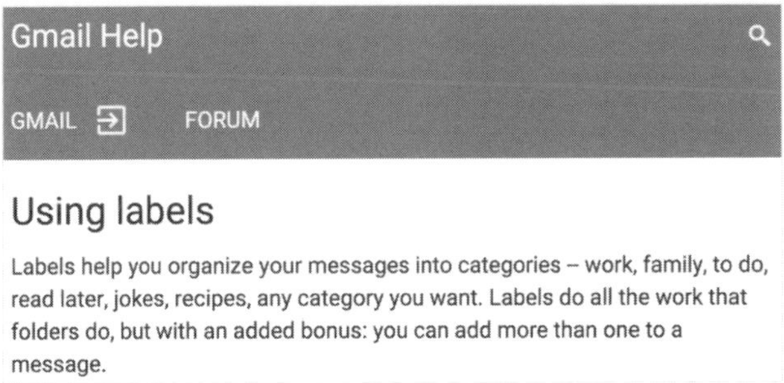

Gmail Help

GMAIL　FORUM

Using labels

Labels help you organize your messages into categories – work, family, to do, read later, jokes, recipes, any category you want. Labels do all the work that folders do, but with an added bonus: you can add more than one to a message.

図E.7　ラベルとカテゴリーの違い．Gmailのヘルプは，あまりヘルプにならない

Adobe Lightroom Classicでは，フラグコンセプトと星コンセプトは一見すると同じ目的に見えます．どちらも写真に何らかの形で賛成し，それに応じてフィルタします．

しかし，実はこの2つのコンセプトは，それぞれ異なる目的をもちます．フラグには「採用」と「拒否」の2種類があり，拒否した写真すべてを削除する専用アクションもあります．フラグは写真ファイルのメタデータに保存されないので，一時的な利用が想定されています．一方，星は0から5まであって，増減アクションがあり，ファイルに保存できます．

この違いは，2つのコンセプトの目的の違いに一致します．フラグコンセプトは削除の前段階として画像を選別，拒否するものですが，星コンセプトは，星と一緒にして，長期間保存する画像の評価に使います．

以前のバージョンのLightroomでは，フラグはコレクションごとに設定されており，例えば印刷用とWeb表示用で別々のコレクションを作成し，それぞれに異なるフラグを設定できました．一部のユーザを混乱させたので，Lightroomの開発者はこの便利な機能を取りやめたのだと思います．

97　**新約聖書にみるコンセプト**　　マタイ福音書は，1つのコンセプトは2つの目的を果たすことができない，という原則を先取りしたようです．「誰も2人の主人に仕えることはできない．一方を憎んで他方を愛するか，一方に尽くして他方を軽んじるか，どちらかである」［マタイ6：24］．

98　**機械デザインにおけるオーバーロード**　　機械システムのデザインでは，1つの部品が複数の目的を持つようにするのが一般的です．自動車のシートメタルボディは，構造を支えるだけでなく，雨風を防ぎ，流体力学からの姿形をとります．

また，車体の電気的なアースの役割も果たします．

Karl Uhrichは，1本の金属片がバネ（曲げ）と刃物（研ぎ）の両方の役割を果たす従来のデザインとは対照的に，1つの部品に複数の機能を持たせなかったら，爪切りはどうなるのだろうと考えました（図E.8）．

機械デザインは，オーバーロードに凝っているとも言えます．ところが，ソフトウェアは違います．機械デザインの場合，オーバーロードによってデザインを単純化し，製造コストを削減します．また，大きさと重量を減らすことで性能向上につながる可能性があります．ソフトウェアの場合，そのような配慮は必要ありません．直交するコンセプト2つは，相入れない目的を持つ単一コンセプトよりも理解しやすいし，数行のプログラムコードの追加だと性能や複雑さのコストは生じません．

機械工学分野でも，オーバーロードが問題になることがあり，その場合は，異なる目的を別個に制御可能な設計パラメータに分離すると有利です．公理的な設計[137]は機械デザインの理論で，より柔軟なデザインの実現を目的とします．ある機能要求を変更した時，他の機能要求に影響を与える設計パラメータの変更が必要ないようにすることです．

99 **社会のコンセプトにみるオーバーロード**　コンセプトデザインの原則のいくつかは，ソフトウェアだけでなく，人が担うコンセプト，つまり社会構造やポリシーにも適用できるようです．特に，評価やフィードバックに関連するポリシーでは，オーバーロードが，誤った収斂となり，問題を引き起こします．

多くの大学の学科では若手教員にメンターをつけます．メンターは，励ましや助言，道徳的な面をサポートすることになっています．昇進を検討する段になると，メンターは候補者の業績をよく知っているという理由から，コメントを最初に求められることが多いです．

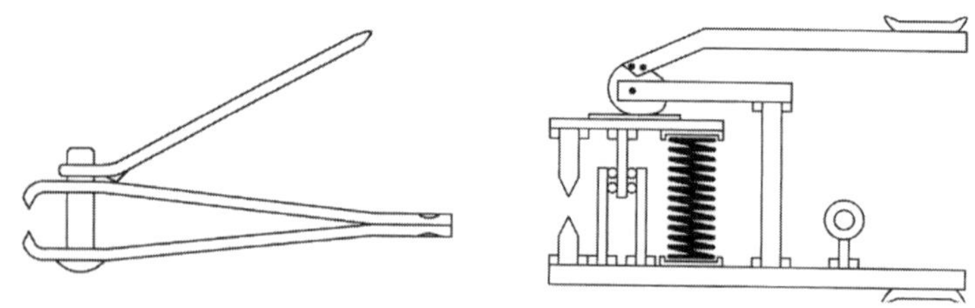

図E.8　爪切り：機能の共有あり（左）と共有なし（右）．文献[145]より

ところが，この2つの役割を担うことで，メンターはどうにもならない立場におかれます．候補者の不十分な点や懸念事項が明らかで，メンターの昇進を進めるべきかという評価に悪い影響を及ぼすとしたらどうでしょう．この場合，基本的な利害の衝突が生じます．メンターを昇進の決定から除外するか，少なくとも昇進の議論中は，候補者の利益のみを考えて行動するように指示すれば，利害の衝突を解消できるでしょう．

つまり，一方では支援や助言，もう一方では候補者の評価という2つの異なる目的があり，両者は相容れません．この2つの目的を果たすには，2つの異なる役割が必要です．

この評価と指導の間と同じような衝突は，学会が投稿論文に適用する査読のコンセプトでも生じます．査読の目的の1つは，論文著者に有益なフィードバックをすることです．これとまったく別の目的は，どの論文を学会誌に掲載すべきかを決めることです．査読者が，この両方を同時に満たすことはできません．論文を高く評価し，受理されることを望んでいても，論文の改善点を指摘する建設的な助言をすれば，他の査読委員が助言内容を不採択理由とする危険性があります．

このような誤った収斂を可視化するには，目的の明確化が必要です．論文査読の目的が（単にコンセプト名を繰り返すだけですが）「論文の査読」や（それ自体には何の価値もない）「専門家の助言を求める」ことであれば，問題は生じません．矛盾を明らかにするには，「受理すべき論文を選ぶ」と「著者に有益なフィードバックをする」という，正直でわかりやすい目的を示す必要があります．

社会的な環境でのオーバーロードのもう1つの例は，Kieran Eganによる教育理論[37]に見られます．彼の教育理論は，教育の3つの従来の目的，つまり，一般的な規範に学生を社会化すること，より高い真理を求め偏見を超越するのを教えること，個人の潜在能力を発揮するのを助けることが，根本的に両立しないという観察から出発しています．さらにEganは，あらゆる社会制度が成功するかどうかは，目的が一致している度合いにかかっていると主張します．例えば，刑務所は，その目的である刑罰と社会復帰が正反対であり，一方を達成するには他方を犠牲にしなければならないので，問題を含むといえます．

100 **Epsonのオーバーロードに関する追加**　Epsonのプリンタドライバーで，紙送りの設定を用紙サイズに限定するというオーバーロードは，プリンタダイアログ自体で紙送りを選択できれば緩和されると思えるかもかもしれません．

これは実際に可能ですが，Epsonのドライバーは，用紙サイズ設定の値と両立しない値を選択させません．言うまでもなく，これは多くのユーザを混乱させ，用紙サイズの選択がフィードの選択を決定したことに気づかず，設定したいフィードオプションが，ダイアログ上でグレーアウトしていることに困惑します．このように，（第6章の過剰同期の節で説明していますが）Epsonはユーザをエラーから救おうとするあまり，オーバーロードの欠陥に拍車をかけています．

101 **Photoshopのトリミング機能のオーバーロード**　写真愛好家に向けて，Adobeが最終的に修正したオーバーロードの詳しい例を紹介します．

Adobe Photoshopには，クロッピングコンセプトがあります．その目的は，画像の縁を切り取ることで，写真の不要な部分を削除することです．操作の原則は，画像内に寸法と位置を調整可能な切り抜き枠を作成し，トリミングコマンドを発行すると，枠の外側のピクセルが削除される，というものです．

少なくとも，現バージョンのアプリでは，このような操作の原則になっています．数年前まで，Photoshopでのトリミングは，もっと複雑でした．ユーザインタフェースの一部を特に見てみましょう（図E.9）．

トリミングフレームの幅と高さを入力するフィールドがあることに注目してください．アスペクト比を一定に保つという重要な機能をサポートします．特定の形状の用紙に印刷したい場合や，ポートフォリオ内の画像間で一貫性を保ちたい場合，画像を特定のアスペクト比（例えば2 × 3）に合わせることができます．

幅と高さのフィールドを使用すると，固定のアスペクト比を設定できます．こ

図E.9　Photoshop CS5のトリミング

れでトリミングフレームを調整すると，アスペクト比が維持されます．ところが，これらのフィールドを注意深く見ると，入力される値は，数字だけでなく単位を含むことに気づきます．この例では，単位がインチになっているので，実際の指定内容は，6×4ではなく，6インチ×4インチです．

トリミングは，2つの独立した結果をもたらします．1つは，トリミングフレームの外側のピクセルを削除することです．もう1つは，新しい画像が指定された寸法に設定されることです．6インチ×4インチでなかった写真が，処理後は6インチ×4インチになります．これは多くのアプリケーションでデフォルトの印刷サイズに影響します．

ところが，さらに複雑な問題があります．ダイアログで解像度が指定されている場合，切り抜きアクションはファイルの解像度を維持します．インチ単位の寸法を変更しようとしていて，解像度は固定されているので，画像のアップサンプリングあるいはダウンサンプリングを行って，ピクセル数を変更しなければならないことになります．

そもそも画像が6インチ×4インチで，1インチあたり200ピクセルだったとします．すると，画像には800×1,200＝96万ピクセルがありました．もし，画像の半分を切り取ると，元のピクセルの半分が削除されます．寸法と解像度の両方を維持しようとすると，全体のピクセル数は変えられないので，画像を再サンプリングする必要があります．

この結果，画像全体を含むトリミングフレームを定義する場合，つまりフレーム外のピクセルがない場合でも，トリミングアクションがファイルを変更する可能性があるという，意外な結果となりました．

ここで問題なのは，再サンプリングコンセプトをクロッピングコンセプトと抱き合わせにしていることです．その結果，専門家でない人には分かりにくい複雑なインタフェースになっているだけでなく，画像の寸法を変更せずに固定のアスペクト比を設定できないという奇妙なことになっています．

このデザイン上の欠陥は，Adobe Photoshop CS6（2012年）で，2つのコンセプトを分離することで修正されました．再サンプリングコンセプトの機能はクロッピングのダイアログに表示されなくなり，無次元単位でアスペクト比を設定できる新しいアスペクト比オプションが追加されています．

102 **推薦，賛成，カルマのコンセプト**　Facebookの「いいね！」コンセプトの分析では，ニュースフィードのキュレーションという目的を果たすのは，推薦コンセプトであり，賛成コンセプトではないことを確認しました．賛成コンセプトは，あるアイテムに対する賛成と反対を集約してランク付けするもので，新聞が読者のコメントを分類したり，RedditやHacker Newsなどのフォーラムが人気のある投稿をハイライトしたりします．これに対し，推薦コンセプトは，以前承認されたアイテムを用いて，アイテムの将来を予測するものです．これはカルマのコンセプトと関連しており，投稿者の過去の投稿に対する評価を集計して，公開フォーラムでの投稿をランク付けします．

Facebookへの提案の解決可能性　Facebookの「いいね！」コンセプトを分割し，リアクション送信とフィードのキュレーションを，ユーザが個別に制御することを提案しました．Facebookでは，これがうまくいくか疑問です．というのは，キュレーションアルゴリズムが明らかでなく，どのようにして投稿が選択されニュースフィード内で順序つけられるかをユーザは理解しておらず，余分な手間をかけて情報提供するとは思えないからです．ユーザの利益を重視し（こういうことが可能だとしたらですが）広告に振り回されないような新しいプラットフォームでは，上記のような区分けが有用でしょう．防御策としては，感情的な反応を選ぶクリックと親指を上げたり下げたりするクリックの2つにマッピングすることもできます．これは現在Facebookが取っている方法以上ではありません．

賛成コンセプトのデザイン上の問題　賛成コンセプトは，支持あるいは反感を示すのに使われ，多くの場合にオーバーロードの問題に悩まされます．賛成コンセプトの目的は賛成票を正確に集計するという目的と相反します．投票集計の公開を前提にすると，この衝突を解決するようなコンセプトの分割を思いつきません．これは生徒による教師評価で生じる問題，つまり，少数の怒り狂った生徒が教師の評価を下げようと，わざと低い評価を提出する問題と関連します．これまでの経験から，このような場合が生じていることは回答データから見て取れます．というのは，こういう生徒は，教師や授業のあらゆる面に最低評価を与え，公平さに欠ける評価を受けたと感じていることを頻繁にコメントするからです．

第10章　コンセプトの親しみやすさ

103 **当たり前のデザインと極端なデザイン**　Walter Vincenti は，『What Engineers Know and How They Know It』[147]の中で，「当たり前の」デザインと「極端な」デザインを区別しています．当たり前のデザインとは，既知の標準的なデザインを改良し，拡張したものです．例えば，自動車のデザイナーは，4つの車輪，従来のガソリンエンジンまたはハイブリッドエンジン，ギアボックスなどの基本的な構造を当然のものと考えます．当たり前のデザインでは，使い慣れた部品を使い慣れた方法で使用し，多くの経験があるので，デザイナーはデザインが期待通りに機能すると確信できます．

極端なデザインは，稀です．NASAのエンジニアがアポロ11号の月着陸船をデザインしたときがそうでした．誰もこんなものをデザインしたことがなかったし，うまく機能するかどうか，まったくわかりません．実際，月着陸船の降下中に，コンピュータが過負荷なことを示すアラームが発生し，いくつかのタスク（幸いなことに，安全な着陸に必要なタスクは含まれていませんでした）を切り離さなければなりませんでした．

ソフトウェアでは，当たり前のデザインは，明らかに，DrupalやWordPressのようなコンテンツ管理プラットフォームを使って構築されている無数の「CRUD」アプリケーションです（もちろん，当たり前のデザインが全てそうであるように，これらもかつては極端なデザインでした）．極端なデザインとしては，（Xerox PARCで発明され，Appleが商業的に実現した）最初のグラフィカルユーザインターフェイス，最初のスプレッドシート（Dan BricklinのVisiCalc），（Edgar Coddのデザインに基づく）最初のリレーショナルデータベースなどが挙げられます．

実際には，この区別は二値分類ではなく，ソフトウェアアプリケーションを含むほとんどのデザインが，この2つの間にあります．例えば，Tim Berners LeeによるWorld Wide Webの発明は，数十年前のコンセプト（特にハイパーテキストとマークアップ）を利用して劇的な新しい効果をもたらしました．デザインの目的は極端でないものの，ゲームチェンジャーとなるコンセプトを導入することがあります．Adobe Photoshopはレイヤーコンセプトとマスクコンセプトを導入して，これを成し遂げました．

製品の新しさすべてが，極端なデザインの結果とは限りません．ソフトウェアでは，新しいコンセプトは，新しい用途や新しい機会に対応し，時を経て，出現するものです．Twitterのハッシュタグコンセプトは，ユーザのアイデアを固め，拡張したものです．これは，Eric von Hippel[56]がいうところの，多くの産業で見られる典型的なパターンに従っています．つまり，イノベーションは提供者や製品からではなく，新しい機能の必要性を最初に感じ，自分用にプロトタイプするユーザからもたらされます．

重要なのは，極端なデザインは非典型的ということです．当たり前のデザインは，デザイナーたちが日々行っていることです．これは，デザイナーが，車輪を再発明するという意味ではありません．当たり前のデザインでも，小さな工夫の積み重ねで，やがて飛躍的な技術進歩を遂げることがあります．また，デザインが重要でないということでもありません．それどころか，ソフトウェアを含むあらゆる製品で，当たり前のデザインの品質が，成功と失敗を分けます．

極端といっても，デザインの至る所を変更する必要はありません．重要な部品を1つ変え，他の部品を固定しリスクを減らしながら，極端なデザインにすることができます．最初のハイブリッドカーのデザイナーは，エンジンを換えたものの，ステアリングホイールをジョイスティックに変えたり，窓ガラスをアクリルに変えたり，キャビンの形状を変更したりしませんでした．

ソフトウェアでも同様に，1つの新しいコンセプトで，極端なデザインになることがあります．World Wide Web のデザインで見られる極端さへの一歩，つまり，その発明者の重要な見方は，**第3章**で論じたように，url のコンセプトでした．その目的は，資源がどこに，どのように保存されているかとは無関係な，明確かつ持続的な名前を提供することです．これこそが，Webを（HyperCardのような）先行技術から区別し，大規模な情報共有インフラを可能にしました．

小さいスケールでは，Adobe Lightroomのデザイナーは，画像編集をPhotoshopのレイヤーやマスクのコンセプトではなく，画像のメタデータ中に履歴として保存する画像調整というアクションのコンセプトに基づいて行い，柔軟かつ非破壊的な画像編集を可能にしました．この変化は，非常に大きな意味を持ちます．インタラクションが簡明になり，非破壊編集が容易になり，修正内容が画像ファイル自体のメタデータとして保存され，ファイルサイズが劇的に縮小されたのです．

104 **Alexanderのデザインパターン**　異なる状況でインスタンス化可能なジェネリックな「デザインパターン」でデザインのノウハウを捉えるという考えは，建築家Christopher Alexanderの仕事に端を発しています[4, 5]．Alexanderは，「Gang of Four」を通じて，計算機科学者に知られています．オブジェクト指向プログラミングの大きな影響力を持つデザインパターン集[44]は，アイデアの源として，Alexanderを引用しています．

コンセプトは，実際のところ，Gang of Fourのパターンよりも，Alexanderのデザインパターンに近いです．というのは，Alexanderのパターンと同様に，コンセプトはユーザニーズが駆動し，製品のユーザ体験を形作るからです．一方，Gang of Fourのパターンは，主にプログラマーの（特に，時が経過してもプログラムコードを進化させやすくする）ニーズが動機です．ですが，デザインパターンとコンセプトには多くの共通点があり，Gang of Fourは，プログラミングに対する考え方を変えたという点で称賛に値します．

Alexanderにとってパターンは，デザインの基本的な課題，つまり，予期しないミスフィットが生じるという状況のわからなさの問題に対処するものです（ノート60を参照）．パターンは当たり前になったデザインで（ノート103を参照），しばしば生じるミスフィットに対処する長い経験を具現化しており，ゼロからデザインする場合に起こすデザインミスから救うのです．

ソフトウェアのデザインパターンに関する文献を通じて，Alexanderに出会った計算機科学者は，Alexanderの著作（特に最新の著作[6]）を読んで，彼がデザイナーとしてではなく，エンジニアとしてでもなく，むしろ詩人として，優れたデザインの精神を明らかにしていることに驚くでしょう．コンセプトデザインの精神的，審美的な側面は，まだ探求されていませんが，機能するソフトウェア以上の，喜びと感動を与えるソフトウェアにたどり着きたいのであれば，不可欠な点でしょう．

105 **PowerPointにカーソルのある理由**　PowerPointのセクションコンセプトの説明の中で，「選択されたスライド」について述べました．この単純な言葉の裏にも，コンセプトデザイン上の疑問が潜んでいます．多くのアプリでは，アイテムの列に，挿入，削除，移動といった操作を施します．そのどれにも，何らかの選択のコンセプトがあります．複数のアイテムを選択できるかどうか，選択できる場合，それらのアイテムは連続していなければならないか，などの違いがあります．

また，挿入箇所を示すカーソルのコンセプトを持つものも多くあります．テキストエディタでは，カーソル位置とその時点での選択の関係は非常に複雑で，例えば，この文章を入力しているエディタ（BBEdit）では，単語を選択するとカーソルが消えます．（右矢印キーで）カーソルを進めると単語の後に，（左矢印キーで）戻すと単語の前に，カーソルが位置付けられます．

テキストエディタに対象選択に加えてカーソルがある理由の1つは，置換をサポートすることです．選択後，タイプ入力を開始すると，新しい文字列が選択された文字列を置き換えます．選択せずにカーソルを位置付けると，置換せずに挿入できます．

カーソルと選択範囲の両方を持つのは複雑ですが，テキストエディタではうまく機能します．ところが，スライドプレゼンテーションのアプリでは必要ないように思われます．Keynoteにはカーソルがなく，スライドを選択して新しいスライドを追加すると，選択したスライドの後に新しいスライドが表示されるだけです（もちろん，スライドを置き換えることはありません）．一方，PowerPointとGoogleスライドには，カーソルと選択範囲の両方があります．テキストエディタでは単純なクリックで常にカーソルが設定されますが，これらのアプリでは，スライドを選択せずにカーソルを配置するのに，スライドの合間を慎重にクリックしなければなりません．

この複雑さが便利な理由はよくわかりません．新しいスライドが選択したスライドの前か後かを覚えておく必要がないので，スライド追加が少し直感的になると思うかもしれません．PowerPointのセクションの最初に新しいスライドを追加するには，スライドの直前にカーソルを置けば良いでしょう．ところが，悲しいことに，これはできません．カーソルは，セクション内のスライドの合間あるいは最後のスライドの後にのみ配置できます．

この議論全体が些細なことに思えるかもしれません．このような小さな複雑さの1つ1つは問題でないかもしれませんが，不必要な複雑さがたくさん蓄積されると，プログラマーもユーザも同様に，大きな代償を払うことになります．

106 **デザイン原則としての必然性**　PowerPointの例は，一般的なデザイン原則を説明しています．セクション追加コマンドがどのように動作するかを考えてみましょう．新しく作成したセクションに後続スライドを含めるか除外するか，スライドが選択されている場合，特定のスライドを含めるか除外するか，連続しないスライドが選択されているときにアクションを実行するかしないか，など，非常に多くの可能性があります．

このような可能性の中からデザインを決定する時，いくつかの可能性が同じくらい妥当で，少なくとも他より明らかに優れているものがない時，デザイナーが最適でない選択をする危険性があります．あらゆる選択肢が存在すること，そのことが，脆弱なデザイン過程を招き，デザイナーはあらゆる段階で間違いを犯し，恣意的な判断から，特異的で支離滅裂なデザインをたどることになります．このような選択ポイントに，可哀そうなユーザも直面します．ユーザは，同じように妥当に思える選択肢の中から，どのようにデザインが振る舞うかを推測しなければなりません．

このような判断箇所があることは，悪いデザインの兆候です．良いデザインでは，デザイン上の判断は必然的に行われるように思えます．選択肢の1つだけがもっともらしく，もし2つ以上がそうならば，製品内でなされる決定事項すべてに適用されるような一般的な規則や感性にしたがって選びます．ユーザは，どの時点でも，どの動作が可能性が高いかを予測できます．1つだけが理にかなっている，または，ユーザがそれまでに出会ったデザインや詳細な振舞いから，ユーザは，一般的な規則や感性を（おそらく無意識のうちに）知り，ガイドされるからです．

デザイナーにとって，1つの疑問が生じます．多くの可能性があるように思える意思決定ポイントに到達したとき，どうするのでしょうか．もちろん，選択肢を評価することから始めるべきでしょう．ある選択肢が他よりも明らかに優れているのであれば，つまり，チーム内で合意が得られれば，その選択肢を選ぶべきでしょう．そうでない場合，他の選択肢よりも1つを優先するような一般的な原則を作ればよいです．そのような一般原則があれば，その原則をデザイン全体に適用し，ある選択肢を選ぶことを正当化できます．そうでなければ，このような混乱に陥ることになった前回の決定事項を取り消すしかないと，個人的に思います．

つまり，各ポイントでのデザインの必然性は，デザインの質を示すだけでなく，それまでの判断が正しかったことを示す証拠でもあります．

107 **Lightroomの普通と違うエクスポートプリセットの詳細**　事前設定コンセプトの特殊な意味は，ユーザインタフェースへのマッピングにも反映されています．標準的なチェックボックスのウィジェットだと，ボックスの隣にあるラベルは，通常，制御対象として選択できません．これは，Don Normanのアフォーダンス問題です．事前設定名は，チェックボックスのトグルとは異なるクリックアフォーダンスを持たないことを示します．

テクニカルライターが混乱する複雑なコンセプト　事前設定コンセプトの複雑さは，ドキュメントにも表れています．ヘルプページには，「事前設定にチェックを入れると，なぜいくつかのセクションが隠されるのですか?」という質問に対するFAQがあります．与えられた答えは次のようなものです．「エクスポートダイアログで1つ以上のエクスポートの事前設定を選択すると，後処理セクションやサードパーティプラグインによって作成された他のセクションはエクスポート設定では非表示になります．しかし，エクスポートの事前設定の後処理やサードパーティプラグインによる他のセクションに定義されたエクスポート設定は尊重され，それらにしたがって画像がエクスポートされます」．ふむふむ．

プログラマーが混乱する複雑なコンセプト　事前設定ダイアログを理解しようと試しているうちに，アプリケーション全体が応答しなくなり，強制終了して再起動しなければならないことがありました．デザインのコンセプト上の複雑さが，プログラムコードの複雑さに拍車をかけているようで，Adobeは，ここで深孔を経験していたのかもしれません（ノート89）．

108 **連絡先でのニックネーム使用**　多くの人が連絡先に本名ではなくニックネームを使用している証拠として，イスラエルの新興企業NokNokが，これを利用したアプリを実際に販売したことを考えてください．このアプリをダウンロードしたユーザ同志は繋がり，相手が連絡先に使っているニックネームが表示されます．この会社は最終的に事業分野を転換し，現在は無料VOIP通話の提供に注力しています．当然といえば当然です．

Appleの連絡先アプリは，実際，ニックネームコンセプトをサポートしています．連絡先に追加できるフィールドの中から「ニックネーム」を選択できます．そこへの入力はプライベートです．メールにニックネームを入力すると，アドレスは入力されますが，送信されるメッセージにニックネームは表示されません．これなら，皇太子も安心して女王陛下を「ママ」と呼べます．

第11章　コンセプトの完全性

109 **メンタルモデルの頑健性**　メンタルモデルに関する初期の影響力が大きい研究で，Johan de KleerとJohn Seely Brownは，ある種のモデルだけがユーザに役立ち，（特に新しい状況で）振舞いを確実に予測できると述べました．これらのモデルは「頑健」と命名され，特定の「耽美的な原則」を満たす必要がありました[80]．

最初の最重要な原則は，「構造に機能なし」と呼ばれるもので，システムの構成要素の振舞いが文脈に依存しないことを要求しました．例えば，どのようにスイッチが機能するかの説明は，（もちろん，ある部品が作動するかどうかは，スイッチがオンかオフかに依存するかもしれませんが）回路の他の部分の機能を参照してはならないということです．

この原則は，心理学の観点から生まれたものですが，心強いことに，独立に説明可能な機能単位としてのコンセプトという考え方や，完全性の原則（ノート48にある「コンセプトの独立性」を参照）とよく一致しています．

110 **フィーチャーの相互作用と完全性**　コンセプトの完全性は，電話のフィーチャー相互作用の考え方と強く関連します（ノート48にある「コンセプトとフィーチャーの違い」を参照）.

フィーチャー相互作用の定義[122]として，また，可能な定義の最後[22]にあげられている定式化では，システムレベルの仕様を各フィーチャーと関連付け，あるフィーチャーの存在が他のフィーチャーの仕様を満たさない場合に相互作用が存在するとします.

これはまさにコンセプトの完全性の定義です．このような相互作用を排除することは，フィーチャー相互作用の文献の基準では，行き過ぎです．ところが，コンセプトの特徴を維持するには不可欠と思われます．そうでなければ，コンセプトをそれ自身で理解できないでしょう．というのは，コンセプトの振舞いは，それが置かれている状況依存だからです.

実際には，いくつかの理由から，コンセプトの完全性が不合理な要求を課すように思えません．第一に，すべてのフィーチャーをコンセプトとして実現する必要はありません．「ビジー時の転送」や「ビジー時のボイスメール」のような古典的な電話のフィーチャーは，それ自体をコンセプトにするよりも，コンセプト同期として表現するほうがよいでしょう．第二に，（例えば，「選択的な受信」と「選択的な拒否」のような）電話の機能は，1つのコンセプト（この場合は，優先リストに基づいて受信と拒否を管理するコンセプト）に含まれるでしょう.

第三に，コンセプトの仕様は自身のアクションにのみ影響するので，協調合成でコンセプトを同期させる場合，あるコンセプトが他コンセプトのアクションと衝突することはありません．例えば，通話転送が電話番号と電話回線の対応付けという観点から記述されて，通常の通話が回線間の接続を行うだけ（番号については関わらないの）であれば，これらの2つは完全性違反のリスクなしに合成できます.

最後に，コンセプトが合成されるとき，ユーザインタフェースへのマッピングによって，どのアクションがユーザに公開されるかが変わることがあります．例えば，電子メールコンセプトには，メッセージを永久に削除する削除アクションがあります．ところが，ゴミ箱コンセプトと合成すると，ユーザインタフェースの削除ボタンは email.delete アクションではなく，ゴミ箱コンセプトの削除アクションである trash.delete に関連付けられます．この場合，ユーザにとっては，削除してもメッセージが永久に削除されないので，完全性が損なわれているように見えるかもしれません．ユーザインタフェース制御とコンセプトアクションのマッピングをユーザが理解すれば，完全性が保たれていることを再確認できます．

111 **Apple Pagesのフォントマジックとフォーマットトグルの楽しみ**　Apple Pagesでは，Helvetica Lightのテキストを太字にするとHelvetica Boldになり，もう一度太字にするとHelvetica Lightに戻ります．また，Helvetica Regularで開始し，2回太字にすると，Helvetica Regularに戻ります．これは，トグルが維持されるので良いのですが，Helvetica Boldで表示されていたはずのテキストが，2つの場合で異なる扱いを受けることに気づくまでのことです．このアプリは，書式設定ダイアログの他の書式設定を記憶しているようで，他の理由から完全性を損なっています．

（何かおかしなことが起こっていることを，次のようにして明らかにできます．例えば，Helvetica Lightのテキストから始め，次に太字にします．もう一度太字にすると，Helvetica Lightに戻ります．ところが，その前にフォントスタイルメニューから「太字」を表示し，ハイライトされたメニュー項目をクリックすると，隠れた状態を解除することになり，再び太字にするとHelvetica Regularに戻ってしまいます）．

注意すべきは，Appleのスタイル機構は部分的なスタイル定義を許可しておらず，太字とイタリックをフォントのサブファミリーから独立した設定として分離するという重要な利点を失っていることです．Appleの生産性向上アプリの2009年版では，部分的なスタイルが認められていましたが（第8章の図8.12参照），これには別の問題がありました．プロフェッショナルフォントを単一の書体ファミリーとして扱うのではなく，そのファミリーを「サブファミリー」，TrueTypeフォントとOpenTypeフォントの両方で定義されている分類に分けました．Apple Pages '09のスクリーンショット（図E.10）では，「フォント」が「Magma Light」に設定されていて，これはMagma書体のサブファミリーの1つを表していることがわかります．そのサブファミリーがちょうど4つのバリエーション（regular，bold，italic，bold italic）を持っていれば，うまく機能します．しかし，サブファミリーの中には（Magma Lightのように）重さで定義されているものがあり，その場合は太字のバリエーションがありません．

Adobe InDesignは，太字と斜体のアクションがあるという点では，フォーマットトグルコンセプトを持ちます．このアクションは，TextEditと同じ問題を抱えています．しかし，Appleの生産性向上アプリと異なり，太字と斜体がスタイル設定にないので、必要とされる場所で何もないのと同じことです．

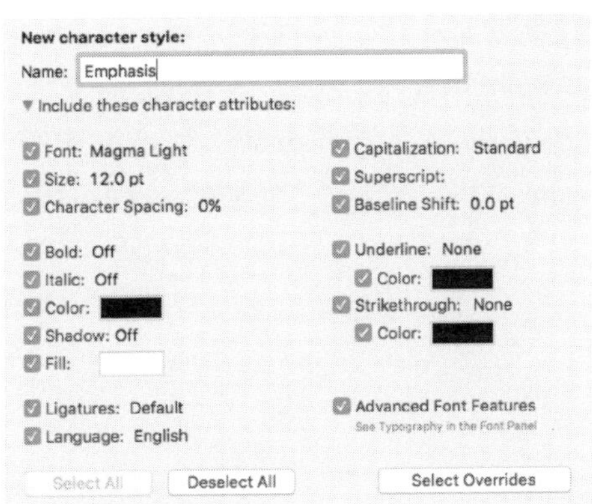

図E.10　書式トグルの完全性の問題を解決するApple Pages'09の試み

112 **バックアップがないGoogle Drive**　Google Driveにはバックアップ機能が内蔵されていません．古いバージョンのファイルを保存することは，重要な機能で可能なのですが，ファイルが削除されると古いバージョンも一緒に削除されます．Googleの同期ユーティリティは「バックアップならびに同期」という紛らわしい名前で呼ばれていますが，バックアップはコンピュータからGoogle Driveにファイルをバックアップすることで，逆方向のバックアップのことではありません．

113 **Google Driveの事故の詳細**　Google Driveがローカルマシン上の空フォルダを同期するとき，クラウド上のファイルが永久に削除されるわけではなく，代わりにゴミ箱に移されます．残念ながら，説明したシナリオでは，ユーザはゴミ箱を空にしてしました．「ローカルコンピュータ上でファイルを整理していました．ファイルを同期するGoogle Driveのフォルダ内外を移動させたりしました．何も考えていませんでした．その過程で，Googleからストレージ不足というメールが届きました．そこでGoogle Driveのサイトに行き，ゴミ箱を空にしました．何も考えていませんでした」．

ゴミ箱は，ここで述べた問題をほとんど防げません．疑うことを知らないユーザは，ゴミ箱を空にしようとして，同期されたフォルダからファイルを移動し，ドライブに空き容量を確保しようとするかもしれないからです．

この悲しい物語の全容は，Webページ http://googledrivesucks.com をご覧ください．おそらく，ユーザビリティの問題の深刻さを測る1つの指標は，わざわざドメインを登録するほどの苦痛を誰かに与えたかどうかということなのでしょう．

114 **本書のWebサイトとフォーラム**　本書について文句を言おうとして独自のドメインを登録する手間を省けるように，本書やコンセプトデザインに関する話題を扱う掲示板へのリンクを含むWebサイトを作りました．https://essenceofsoftware.com.です．皆様のご参加をお待ちしています．

文　献

[1] Jean-Raymond Abrial. *The B-Book: Assigning Programs to Meanings*. Cambridge University Press, 2005.

[2] M. Ainsworth, A. H. Cruikchank, P. J. L. Wallis, and L. J. Groves. Viewpoint specification and Z. *Information and Software Technology*, 36(1):43–51, 1994.

[3] Christopher Alexander. *Notes on the Synthesis of Form*. Harvard University Press, 1964.

[4] Christopher Alexander. *A Pattern Language: Towns, Buildings, Construction*. Oxford University Press, 1977.

[5] Christopher Alexander. *Timeless Way of Building*. Oxford University Press, 1979.

[6] Christopher Alexander. *The Nature of Order: An Essay on the Art of Building and the Nature of the Universe* (4 volumes). Center for Environmental Structure, 2002.

[7] Charles Bachman and Manilal Daya. The Role Concept in Data Models. *Proceedings of the Third International Conference on Very Large Data Bases*, Tokyo, Japan, Oct. 6–8, 1977, pp. 464–476.

[8] Don Batory and Sean O'Malley. The design and implementation of hierarchical soft- ware systems with reusable components. *ACM Transactions on Software Engineering and Methodology*, Vol. 1:4, Oct. 1992, pp. 355–398.

[9] Nels E. Beckman, Duri Kim, and Jonathan Aldrich. An empirical study of object protocols in the wild. *Proceedings of the European Conference on Object-Oriented Programming* (ECOOP '11), 2011.

[10] Dines Bjørner. Software systems engineering—From domain analysis via require- ments capture to software architectures. *Asia-Pacific Software Engineering Conference*, 1995.

[11] Dines Bjørner. *Domain Engineering: Technology Management, Research and Engineer- ing*. Japan Advanced Institute of Science and Technology (JAIST) Press, March 2009.

[12] Gerrit A. Blaauw and Frederick P. Brooks. *Computer Architecture: Concepts and Evolution*. Addison-Wesley Professional, 1997.

[13] Laurent Bossavit. *The Leprechauns of Software Engineering: How Folklore Turns into Fact and What to Do about It*, 2017.

[14] Douglas Bowman. *Goodbye, Google*. 20 March, 2009. At https://stopdesign.com/archive/2009/03/20/goodbye-google.html.

[15] Harry Brignull. Dark Patterns. At https://www.darkpatterns.org.

[16] Robert Bringhurst. *The Elements of Typographic Style*. Hartley & Marks, 1992

[17] Frederick P. Brooks. *The Mythical Man-Month*. Addison-Wesley, Reading, Mass., 1975; Anniversary edition, 1995.

[18] Frederick P. Brooks. No silver bullet—essence and accident in software engineering. *Proceedings of the IFIP Tenth World Computing Conference*, 1986, pp. 1069–1076.

[19] Frederick P. Brooks. *The Design of Design: Essays from a Computer Scientist*. Addi- son-Wesley Professional, 2010.

[20] Julien Brunel, David Chemouil, Alcino Cunha and Nuno Macedo. The Electrum Analyzer: Model checking relational first-order temporal specifications. *Proceedings of the 33rd ACM/IEEE International Conference on Automated Software Engineering* (ASE 2018), Association for Computing Machinery, New York, NY, USA, pp. 884–887, 2018.

[21] Jerome Bruner. *Toward a Theory of Instruction*. Harvard University Belknap Press, 1974.

[22] Glenn Bruns. Foundations for features. In S. Reiff-Marganiec and M.D. Ryans (eds.), *Feature Interactions in Telecommunications and Software Systems VIII*, IOS Press, 2005.

[23] Jerry R. Burch, Edmund M. Clarke, Kenneth L. McMillan, David L. Dill and L. J. Hwang. Symbolic model checking: 10^{20} states and beyond. *Information & Computa- tion* 98(2): 142–170, 1992.

[24] William Buxton. Lexical and pragmatic considerations of input structures. *ACM SIGGRAPH Computer Graphics*, Vol. 17:1, January 1983.

[25] Stuart Card and Thomas Moran. User technology—From pointing to pondering. *Proceedings of The ACM Conference on The History of Personal Workstations* (HPW '86), 1986, pp. 183–198.

[26] Stuart K. Card, Thomas P. Moran, and Allen Newell. *The Psychology of Human-Com- puter Interaction*, Lawrence Erlbaum Associates, 1986.

[27] Peter Chen. The entity-relationship model—Toward a unified view of data. *ACM Transactions on Database Systems*, Vol. 1:1, March 1976, pp. 9–36.

[28] Michael Coblenz, Jonathan Aldrich, Brad A. Myers, and Joshua Sunshine. Interdisciplinary programming language design. *Proceedings of the ACM SIGPLAN Interna- tional Symposium on New Ideas, New Paradigms, and Reflections on Programming & Software* (Onward! 2018), 2018.

[29] Richard Cook and Michael O'Connor. Thinking about accidents and systems. In K. Thompson and H. Manasse (eds.), *Improving Medication Safety*, American Society of Health-System Pharmacists, 2005.

[30] Nigel Cross. *Design Thinking: Understanding How Designers Think and Work*, Blooms- bury Academic, 2011.

[31] David L. Detlefs, K. Rustan M. Leino and Greg Nelson. Wrestling with rep exposure, SRC Report 156, Digital Systems Research Center, July 29, 1998.

[32] Edsger W. Dijkstra. The Structure of the "THE"–multiprogramming system. *ACM Symposium on Operating System Principles*, Gatlinburg, Tennessee, October 1–4, 1967.

[33] Edsger W. Dijkstra. A position paper on software reliability (EWD 627). 1977. At http://www.cs.utexas.edu/users/EWD/transcriptions/EWD06xx/EWD627.html.

[34] Edsger W. Dijkstra. On the role of scientific thought (EWD 447). 1974. At http:// www.cs.utexas.edu/users/EWD/ewd04xx/EWD447.PDF. Also in: Edsger W. Dijkstra, *Selected Writings on Computing: A Personal Perspective*, Springer-Verlag, 1982, pp. 60–66.

[35] Edsger W. Dijkstra. On anthropomorphism in science (EWD936), 25 September 1985. At https://www.cs.utexas.edu/users/EWD/transcriptions/EWD09xx/EWD936.html.

[36] Edsger W. Dijkstra. The tide, not the waves. In *Beyond Calculation: The Next Fifty Years of Computing*, Peter J. Denning and Robert M. Metcalfe (eds.), Copernicus (Springer-Verlag), 1997, pp. 59–64.

[37] Kieran Egan. *The Educated Mind: How Cognitive Tools Shape Our Understanding*. The University of Chicago Press, 1997.

[38] Eric Evans. *Domain-Driven Design: Tackling Complexity in the Heart of Software*. Ad- dison-Wesley, 2004.

[39] Rolf A. Faste. Perceiving needs. *SAE Journal*, Society of Automotive Engineers, 1987.

[40] Robert W. Floyd. Assigning meanings to programs. *Proceedings of Symposia in Applied Mathematics*, Vol. 19, 1967, pp. 19–32.

[41] James D. Foley and Andries van Dam. *Fundamentals of Interactive Computer Graphics*. Addison-Wesley Publishing Company, 1982.

[42] Martin Fowler. *Analysis Patterns: Reusable Object Models*. Addison-Wesley Professional, 1997.

[43] Richard Gabriel. Designed as designer. *23rd ACM SIGPLAN Conference on Object-Oriented Programming, Systems, Languages and Applications* (OOPSLA '08), Oct. 2008.

[44] Erich Gamma, Richard Helm, Ralph Johnson, and John Vlissides. *Design Patterns: Elements of Reusable Object-Oriented Software*. Addison-Wesley Professional, 1994.

[45] Joseph A. Goguen and Malcolm Grant (eds.). *Software Engineering with OBJ*. Spring- er, 2000.

[46] Thomas R. G. Green. Cognitive dimensions of notations. In A. Sutcliffe and L. Macaulay (eds.), *People and Computers*. Cambridge University Press, pp. 443–460, 1989.

[47] Thomas R. G. Green and Marian Petre. Usability analysis of visual programming environments: a 'cognitive dimensions' framework. *Journal of Visual Languages & Computing*, June 1996.

[48] Saul Greenberg and Bill Buxton. Usability evaluation considered harmful (some of the time). *Proceedings of Computer Human Interaction* (CHI 2008), Apr. 2008.

[49] Carl A. Gunter, Elsa L. Gunter, Michael Jackson and Pamela Zave. A reference model for requirements and specifications. *IEEE Software*, Vol. 17:3, May 2000, pp. 37–43.

[50] John Guttag and J. J. Horning. Formal specification as a design tool. *Proceedings of the 7th ACM SIGPLAN-SIGACT Symposium on Principles of Programming Languages* (POPL '80), 1980, pp. 251–261.

[51] John V. Guttag and James J. Horning. *Larch: Languages and Tools for Formal Specifi- cation*. Springer, 1993 (reprinted 2011).

[52] Michael Hammer and Dennis McLeod. Database description with SDM: A semantic database model. *ACM Transactions on Database Systems*, Vol. 6:3, Sept. 1981, pp. 351–386.

[53] David Harel. Dynamic logic. In Gabbay and Guenthner (eds.), *Handbook of Philosophical Logic*. Volume II: Extensions of Classical Logic, Reidel, 1984, p. 497–604.

[54] Michael Harrison and Harold Thimbleby (eds.). *Formal Methods in Human-Computer Interaction*. Cambridge University Press, 2009.

[55] Ian Hayes (ed.). *Specification Case Studies*. Prentice Hall International, 1987.

[56] Eric von Hippel. *Free Innovation*. MIT Press, 2017. Full text at https://papers.ssrn. com/sol3/papers.cfm?abstract_id=2866571.

[57] C.A.R. Hoare. The emperor's old clothes. *Communications of the ACM*, Vol. 24:2, 1981, pp. 75–83.

[58] C.A.R. Hoare. *Communicating Sequential Processes*. Prentice-Hall, 1985.

[59] Walter Isaacson. *Steve Jobs*. Simon & Schuster, 2011.

[60] Edwin Hutchins, James Hollan and Donald Norman. Direct Manipulation Interfaces. *Human-computer Interaction*. Vol. 1:4, Dec. 1985, pp. 311–338.

[61] Daniel Jackson. Structuring Z specifications with views. *ACM Transactions on Soft- ware Engineering and Methodology*, Vol. 4:4, 1995, pp. 365–389.

[62] Daniel Jackson and Craig A. Damon. Elements of style: analyzing a software design feature with a counterexample detector. *IEEE Transactions on Software Engineering*, Vol. 22:7, July 1996, pp. 484–495.

[63] Daniel Jackson. Module dependencies in software design. *9th International Workshop on Radical Innovations of Software and Systems Engineering in the Future* (RISSEF 2002), Venice, Italy, Oct. 2002, pp.198–203.

[64] Daniel Jackson, Martyn Thomas, and Lynnette Millett, eds. *Software for Dependable Systems: Sufficient Evidence?* National Research Council. National Academies Press, 2007. http://books.nap.edu/openbook.php?isbn=0309103940.

[65] Daniel Jackson. A direct path to dependable software. *Communications of the Associ- ation for Computing Machinery*, Vol. 52:4, Apr. 2009, pp. 78–88.

[66] Daniel Jackson. *Software Abstractions*. MIT Press, 2012.

[67] Daniel Jackson. Alloy: A language and tool for exploring software designs. *Communications of the ACM*, Vol. 62:9, Sept. 2019, pp. 66–76. At https://cacm.acm.org/magazines/2019/9/238969-alloy.

[68] Michael Jackson. *System Development*. Prentice Hall, 1983.

[69] Michael Jackson. *Software Requirements and Specifications: A Lexicon of Practice, Prin- ciples and Prejudices*. Addison-Wesley, 1995.

[70] Michael Jackson. *Problem Frames: Analysing & Structuring Software Development Problems*. Addi-

son-Wesley Professional, 2000.

[71] Michael Jackson. *The World and the Machine*. At https://www.theworldandthema- chine.com.

[72] Michael Jackson. The operational principle and problem frames. In Cliff B. Jones, A. W. Roscoe and Kenneth R. Wood (eds.), *Reflections on the Work of C.A.R. Hoare*, Springer Verlag, London, 2010.

[73] Ivar Jacobson. *Object Oriented Software Engineering: A Use Case Driven Approach*. Addison-Wesley Professional, 1992.

[74] Natasha Jen. *Design Thinking Is Bullsh*t*. 99U Conference, 2017. Video online at: https://99u.adobe.com/videos/55967/natasha-jen-design-thinking-is-bullshit

[75] Cliff B. Jones. *Systematic Software Development Using VDM*. Prentice Hall, 1990.

[76] Kyo C. Kang, Sholom G. Cohen, James A. Hess, William E. Novak and A. Spencer Peterson. *Feature-Oriented Domain Analysis (FODA) Feasibility Study*. Technical Report CMU/SEI-90-TR-021, Software Engineering Institute, Carnegie Mellon University, 1990.

[77] Ruogu Kang, Laura Dabbish, Nathaniel Fruchter and Sara Kiesler. My data just goes everywhere: User mental models of the internet and implications for privacy and security. *Symposium on Usable Privacy and Security* (SOUPS), Jul. 2015.

[78] Mitchell Kapor. A software design manifesto. Reprinted as Chapter 1 of [149].

[79] Tom Kelley and David Kelley. *Creative Confidence: Unleashing the Creative Potential Within Us All*. Crown Business, 2013.

[80] Johan de Kleer and John Seely Brown. Mental models of physical mechanisms and their acquisition. In J. R. Anderson (ed.), *Cognitive Skills and Their Acquisition*, Law- rence Erlbaum, 1981, pp. 285–309.

[81] Amy J. Ko and Yann Riche. The role of conceptual knowledge in API usability. *IEEE Symposium on Visual Languages and Human-Centered Computing* (VL/HCC), 2011, pp. 173–176.

[82] Amy J. Ko. The problem with "learnability" in human-computer interaction. *Bits and Behavior Blog*, February 16, 2019. At https://medium.com/bits-and-behavior/the-problem-with-learnability-in-human-computer-interaction-91e598aed795.

[83] Amy J. Ko, with contributions from Rachel Franz. *Design Methods*. Full text at https://faculty.washington.edu/ajko/books/design-methods.

[84] James Koppel and Daniel Jackson. Demystifying dependence. *Proceedings of the ACM SIGPLAN International Symposium on New Ideas, New Paradigms, and Reflections on Programming & Software* (Onward! 2020), 2020.

[85] Leslie Lamport. The temporal logic of actions. *ACM Transactions on Programming Languages and Systems*, Vol. 16:3, May 1994, pp. 872–923.

[86] Butler W. Lampson. *Principles of Computer Systems*, 2006. At http://www.bwlampson.site/48-POCScourse/48-POCS2006.pdf.

[87] Axel van Lamsweerde. Goal-oriented requirements engineering: A guided tour. *Fifth IEEE International Symposium on Requirements Engineering* (RE'01), 2001.

[88] Axel van Lamsweerde and Emmanuel Letier. Handling obstacles in goal-oriented re- quirements engineering. *IEEE Transactions on Software Engineering*, Vol. 26:10, Oct. 2000, pp. 978–1005.

[89] Axel van Lamsweerde. *Requirements Engineering: From System Goals to UML Models to Software Specifications*. Wiley, 2009.

[90] Bruno Latour. Where are the missing masses? The sociology of a few mundane artifacts. In Wiebe Bijker and John Law (eds.), *Shaping Technology/Building Society: Studies in Sociotechnical Change*, MIT Press, 1992, pp. 225–258.

[91] Michael Leggett. The evolution of Gmail labels. July 1, 2009. At https://googleblog.blogspot.com/2009/07/evolution-of-gmail-labels.html.

[92] Nancy G. Leveson and Clark S. Turner. An investigation of the Therac-25 accidents. *Computer*, Vol. 26:7,

July 1993, pp. 18–41.

[93] Matthys Levy and Mario Salvadori. *Why Buildings Fall Down: How Structures Fail*. Norton, 1992.

[94] Karl J. Lieberherr and Ian Holland. Assuring good style for object-oriented programs. *IEEE Software*. Vol. 6:5, Sept. 1989, pp. 38–48.

[95] Barbara Liskov and Stephen Zilles. Programming with abstract data types. *Proceedings of the ACM SIGPLAN Symposium on Very High Level Languages*, 1974, pp. 50–59.

[96] Barbara Liskov and John Guttag. *Abstraction and Specification in Program Develop- ment*. MIT Press, 1986.

[97] Vernon Loeb. 'Friendly fire' deaths traced to dead battery. *Washington Post*, March 24, 2002.

[98] Donna Malayeri and Jonathan Aldrich. Is structural subtyping useful? An empirical study. *Proceedings of the European Symposium on Programming* (ESOP '09), March 2009.

[99] George Mathew, Amritanshu Agrawal, and Tim Menzies. Trends & topics in software engineering. Presentation at Community Engagement Session, *International Conference on Software Engineering* (ICSE'17), 2017. At http:// tiny.cc/tim17icse.

[100] Steve McConnell. *Code Complete: A Practical Handbook of Software Construction*, 2nd Edition. Microsoft Press, 2004.

[101] Malcolm Douglas McIlroy. Mass produced software components. *Software Engineering: Report of a Conference Sponsored by the NATO Science Committee*, Garmisch, Germany, 7–11 Oct. 1968.

[102] George H. Mealy. Another look at data. *Proceedings of the Fall Joint Computer Confer- ence* (AFIPS '67), 1967, pp. 525–534.

[103] Thomas P. Moran. The command language grammar: A representation for the user interface of interactive computer systems? *International Journal of Man-Machine Studies*, Vol. 15:1, Jul. 1981, pp. 3–50.

[104] Steven J. Murdoch, Saar Drimer, Ross Anderson and Mike Bond. Chip and PIN is Broken. *31st IEEE Symposium on Security and Privacy* (S&P 2010), 2010.

[105] John Mylopoulos. Conceptual modeling and Telos. In P. Loucopoulos and R. Zicari (eds.), *Conceptual Modelling, Databases and CASE: An Integrated View of Information Systems Development*, McGraw Hill, New York, 1992.

[106] Jakob Nielsen. Usability engineering at a discount. *3rd International Conference on Human-Computer Interaction*, Sept. 1989.

[107] Jakob Nielsen and Rolf Molich. Heuristic evaluation of user interfaces. *Proceedings of the SIGCHI Conference on Human Factors in Computing Systems* (CHI '90), 1990.

[108] Jakob Nielsen. 10 Usability Heuristics for User Interface Design. 1994. At https://www.nngroup.com/articles/ten-usability-heuristics.

[109] Robert L. Nord. *Deriving and Manipulating Module Interfaces*. Doctoral Dissertation, School of Computer Science, Carnegie Mellon University, 1992.

[110] Donald Norman. *The Design of Everyday Things*. Originally published under the title *The Psychology of Everyday Things*. Basic Books, 1988.

[111] Donald Norman. *The Design of Everyday Things: Revised and Expanded Edition*. Basic Books, 2013.

[112] Donald Norman and Bruce Tognazzini. How Apple is giving design a bad name. *Codesign*, November 10, 2015. At http://www.fastcodesign.com/3053406/how-apple-is-giving-design-a-bad-name.

[113] Omnicognate Blog. In CSS, "px" is not an angular measurement and it is not non-lin- ear. January 7, 2013. At https://omnicognate.wordpress.com/2013/01/07/in-css-px- is-not-an-angular-measurement-and-it-is-not-non-linear.

[114] Shira Ovide. No, the best doesn't win. *New York Times*, April 27, 2020. At https://www.nytimes.com/2020/04/27/technology/no-the-best-doesnt-win.html.

[115] David L. Parnas. On the criteria to be used in decomposing systems into modules. *Communications of the*

ACM, Vol. 15:12, Dec. 1972, pp. 1053–1058.

[116] David L. Parnas. Designing software for ease of extension and contraction. *IEEE Transactions on Software Engineering*, Vol. 5:2, March 1979.

[117] Chris Partridge, Cesar Gonzalez-Perez and Brian Henderson-Sellers. Are conceptual models concept models? *Proceedings of the 32nd International Conference on Conceptual Modeling* (ER 2013), Volume 8217, Springer-Verlag, 2013.

[118] Santiago Perez De Rosso and Daniel Jackson. Purposes, concepts, misfits, and a redesign of git. *ACM SIGPLAN International Conference on Object-Oriented Programming, Systems, Languages, and Applications* (OOPSLA 2016), 2016, pp. 292–310.

[119] S. Perez De Rosso, D. Jackson, M. Archie, C. Lao, and B. McNamara III. Declarative assembly of web applications from predefined concepts. *Proceedings of the ACM SIGPLAN International Symposium on New Ideas, New Paradigms, and Reflections on Programming & Software* (Onward! 2019), 2019.

[120] Charles Perrow. *Normal Accidents: Living with High-Risk Technologies*. Princeton University Press. Revised edition, 1999.

[121] Henry Petroski. *To Engineer Is Human: The Role of Failure in Successful Design*. Vin- tage Books, 1985.

[122] Malte Plath and Mark Ryan. Feature integration using a feature construct. *Science of Computer Programming*, 41(1):53–84, 2001.

[123] Amir Pnueli. The temporal logic of programs. *Proceedings of the 18th Annual Sympo- sium on Foundations of Computer Science* (FOCS), Nov. 1977.

[124] Michael Polanyi. *The Tacit Dimension*, University of Chicago Press, 1966.

[125] Michael Polanyi. *Personal Knowledge: Towards a Post-Critical Philosophy*. University of Chicago Press, 1974.

[126] Edouard de Pomiane. *French Cooking in Ten Minutes: Adapting to the Rhythm of Mod- ern Life*. Original, 1930; English translation, Farrar, Strauss and Giroux, 1977.

[127] Colin Potts. Using schematic scenarios to understand user needs. *ACM Symposium on Designing interactive Systems: Processes, Practices and Techniques* (DIS'95), Aug. 1995.

[128] Trygve Reenskaug with Per Wold and Odd Arild Lehne. *Working with Objects: The OOram Software Engineering Method*. Manning/Prentice Hall, 1996.

[129] Kerry Rodden and Michael Leggett. Best of both worlds: Improving gmail labels with the affordances of folders. *ACM Conference on Human Factors in Computing Systems* (CHI 2010), Apr. 2010.

[130] David Rose. *Enchanted Objects*. Scribner, 2014.

[131] James Rumbaugh, Michael Blaha, William Premerlani, Frederick Eddy and William Lorensen. *Object-Oriented Modeling and Design*. Prentice Hall, 1994.

[132] Jerome H. Saltzer and M. Frans Kaashoek. *Principles of Computer System Design: An Introduction*. Morgan Kaufmann, 2009.

[133] Mario Salvadori. *Why Buildings Stand Up: The Strength of Architecture*. Norton, 1980.

[134] Ben Shneiderman, Catherine Plaisant, Maxine Cohen, Steven Jacobs and Niklas Elmqvist. *Designing the User Interface: Strategies for Effective Human-Computer Interaction*, Sixth Edition, Pearson, 2016.

[135] Herbert A. Simon. The architecture of complexity. *Proceedings of the American Philo- sophical Society*, Vol. 106:6, Dec. 1962, pp. 467–482.

[136] John Michael Spivey. *The Z Notation: A Reference Manual*. International Series in Computer Science (2nd ed.), Prentice Hall, 1992. Full text at https://spivey.oriel. ox.ac.uk/wiki/files/zrm/zrm.pdf.

[137] Nam P. Suh. *The Principles of Design*. Oxford Series on Advanced Manufacturing (Book 6), Oxford University Press, 1990.

[138] Alfred Tarski and John Corcoran (ed.). What are logical notions? *History and Philos- ophy of Logic*, 7:143–154, 1986.

[139] Harold Thimbleby. *User Interface Design*, ACM Press, 1980.

[140] Harold Thimbleby, Jeremy Gow and Paul Cairns. Misleading behaviour in interactive systems. *Proceedings of the British Computer Society HCI Conference*, Research Press International, 2004.

[141] Harold Thimbleby. *Press On: Principles of Interaction Programming*, MIT Press, 2007.

[142] Harold Thimbleby. *Fix IT: See and Solve the Problems of Digital Healthcare*. Oxford University Press, 2021.

[143] Bruce Tognazzini. *First Principles of Interaction Design*, revised & expanded, 2014. At https://asktog.com/atc/principles-of-interaction-design.

[144] Jan Tschichold. *The Form of the Book: Essays on the Morality of Good Design*. Hartley & Marks, 1975.

[145] Karl Ulrich. *Computation and Pre-parametric Design*. Doctoral Dissertation, Depart- ment of Mechanical Engineering, MIT, July 1988.

[146] Bret Victor. *A Brief Rant on the Future of Interaction Design*, November 8, 2011. At http://worrydream.com/ABrief RantOnTheFutureOf InteractionDesign.

[147] Walter G. Vincenti. *What Engineers Know and How They Know It*. Johns Hopkins University Press, 1990.

[148] Forrest Wickman. What was "poking"? Maybe even Mark Zuckerberg doesn't know. *Slate*, February 4, 2014. At https://slate.com/technology/2014/02/facebooks-poke-function-still-a-mystery-on-the-social-networks-10th-anniversary.html.

[149] Terry Winograd with John Bennett, Laura De Young, and Bradley Hartfield (eds.), *Bringing Design to Software*. Addison-Wesley, 1996.

[150] Gary Wolf. Steve Jobs: The next insanely great thing. *Wired Magazine*, February 1, 1996. At https://www.wired.com/1996/02/jobs-2.

[151] Edward Yourdon. *Modern Structured Analysis*. Prentice Hall, 1989. Chapter 10: Data Dictionaries.

[152] Eric S. K. Yu. Towards modeling and reasoning support for early-phase requirements engineering. *Proceedings of the 3rd IEEE International Symposium on Requirements Engineering* (RE '97), 1997.

[153] Pamela Zave and Michael Jackson. Conjunction as composition. ACM Transactions on Software Engineering and Methodology, Vol. 2:4, 1993.

[154] Pamela Zave. Secrets of call forwarding: A specification case study. In *Formal Tech- niques for Networked and Distributed Systems (FORTE)*, 1995.

[155] Pamela Zave and Michael Jackson. Four dark corners of requirements engineering. *ACM Transactions on Software Engineering and Methodology*, Vol. 6:1, Jan. 1997, pp. 1–30.

索　引

アプリケーション名索引

コンセプト名索引

人名索引

用語索引

原著者
Daniel Jackson
マサチューセッツ工科大学教授

訳者
中島 震（なかじま・しん）
国立情報学研究所名誉教授

優れたデザインにとってコンセプトが重要な理由
―― 使いやすく安心なソフトウェアを作るために

令和 5 年 6 月 30 日　発　行

訳　者　中　島　　震

発行者　池　田　和　博

発行所　丸善出版株式会社
〒101-0051 東京都千代田区神田神保町二丁目17番
編集：電話(03)3512-3266／FAX(03)3512-3272
営業：電話(03)3512-3256／FAX(03)3512-3270
https://www.maruzen-publishing.co.jp

組版・月明組版
印刷・日経印刷株式会社／製本・株式会社松岳社

ISBN 978-4-621-30813-4　C 3055　　Printed in Japan